北大版普通高等教育“十三五”规划教材
21世纪高校应用人才培养信息技术类规划教材

空间数据库实践教程

毕硕本　编著

图书在版编目(CIP)数据

空间数据库实践教程/毕硕本编著. —北京：北京大学出版社，2020.8
21世纪高校应用人才培养信息技术类规划教材
ISBN 978-7-301-31457-9

Ⅰ.①空… Ⅱ.①毕… Ⅲ.①空间信息系统—实验—高等学校—教材 Ⅳ.①P208-33

中国版本图书馆CIP数据核字（2020）第126811号

书　　名	空间数据库实践教程 KONGJIAN SHUJUKU SHIJIAN JIAOCHENG
著作责任者	毕硕本　编著
策划编辑	温丹丹
责任编辑	温丹丹
标准书号	ISBN 978-7-301-31457-9
出版发行	北京大学出版社
地　　址	北京市海淀区成府路205号　100871
网　　址	http://www.pup.cn　新浪微博：@北京大学出版社
电子信箱	zyjy@pup.cn
电　　话	邮购部010-62752015　发行部010-62750672　编辑部010-62756923
印刷者	河北滦县鑫华书刊印刷厂
经销者	新华书店
	787毫米×1092毫米　16开本　12.5印张　313千字
	2020年8月第1版　2020年8月第1次印刷
定　　价	35.00元

前　言

空间数据库技术是数据库技术在空间信息领域的分支与扩展。普通关系数据库在空间数据的存储、管理、检索和显示等方面存在较大问题，引发了学界对空间数据库技术的研究。目前，在各类 GIS(地理信息系统)中，不论是 GIS 二次开发，还是 Web GIS 开发，空间数据库以其众多的优势，已经成为空间数据的重要组织与管理形式。

“空间数据库”是地理信息科学、遥感科学与技术、测绘工程等相关专业的必修课程，而目前有关空间数据库及其实验指导的教材，内容多为理论知识，操作性有待加强。因此，本书在编写过程中本着通俗易懂、详细可行的原则，对关系数据库的建立及其管理系统开发、空间数据库的建立及其管理系统开发的各个流程环节进行了翔实的描述，并使用大量的图片进行说明，步骤清晰、层次分明，对实践操作具有较强的指导性。

第 1 编介绍了服务器端数据库管理系统的功能，由第 1～4 章组成。本书选用 SQL Server 2012 数据库管理系统，主要介绍 SQL Server 2012 的安装与配置，主要工具的使用方法，在该环境中建立数据库、关系表以及数据完整性约束的方法，进行安全管理的方法，以及实现备份和恢复数据库的方法。

第 2 编为空间数据库综合实验，内容包括两个部分，共 9 个基础实验，由第 5 章和第 6 章组成。第一部分是关系数据库的建立与开发，包括建立数据库、编辑数据库数据和利用 ADO. NET 连接数据库。第二部分是 Geodatabase 数据库的建立，分别利用 ArcGIS 10. 2 的 ArcCatalog、ArcToolbox 和 ArcMap 功能模块，以及 MapGIS 6. 7 建立的 Geodatabase 数据库，进行不同格式的空间数据的入库、图形数据的配准，以及矢量化数据属性的编辑操作。

本书的特点是实践性强、综合性好，而且内容涵盖全面、操作步骤细致，既包括关系数据库的客户端和服务器端的应用操作，又包括空间数据库的建立与开发等具体步骤。SQL Server 是应用范围日益广泛并且易于获得的关系数据库管理系统，因此本书选取该系统的 2012 版本作为数据库管理系统的实践平台。同时，ArcGIS 是目前应用广泛、功能强大的 GIS 应用平台，因此本书选用该系统的 10. 2 版本作为 GIS 的实践平台。

本书在编写过程中倾注了大量的热情,付出了艰辛的劳动,但由于水平有限,难免存在不妥之处,恳请广大读者及专家同仁不吝指正。

编者

2020 年 7 月

目　录

第1编　SQL Server 2012 基础与使用

第2编 空间数据库综合实验

第1编

SQL Server 2012基础与使用

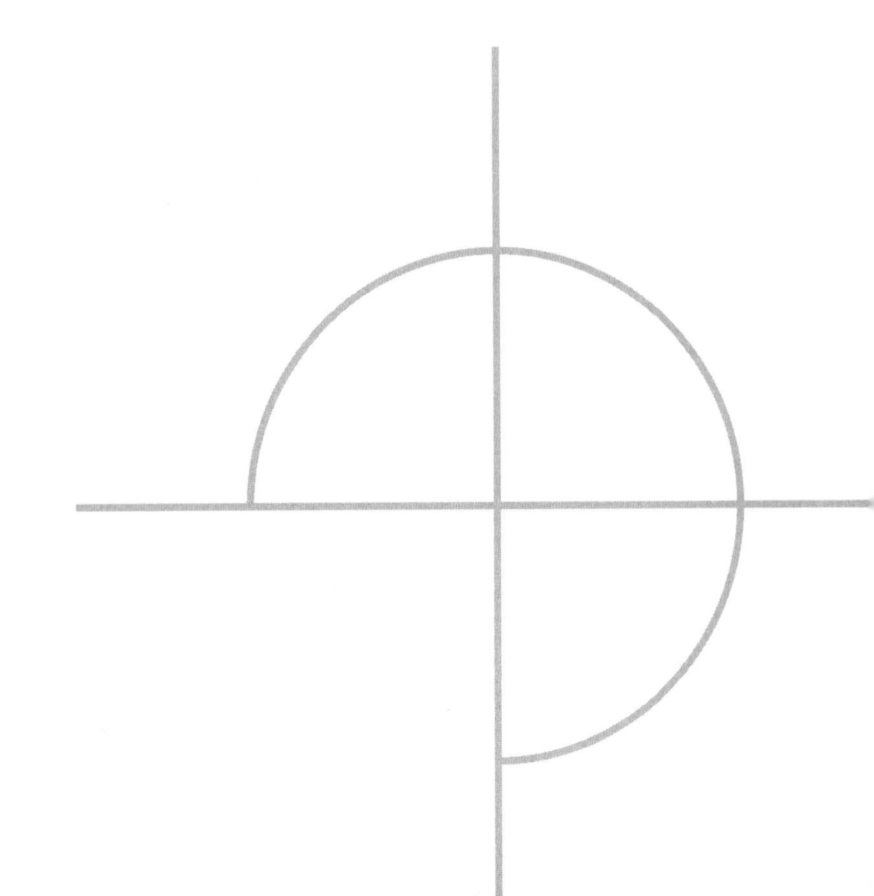

本编以 SQL Server 2012 为依据,介绍 SQL Server 数据库管理系统,内容包括 SQL Server 2012 的安装与配置,主要工具的使用方法,在该环境中建立数据库、关系表以及数据完整性约束的方法,进行安全管理的方法,以及实现备份和恢复数据库的方法。SQL Server 是微软公司开发的数据库产品,也是该公司鼎力推出的数据库管理系统,SQL Server 2012 无论在功能上还是性能上都较以前的版本有较大的改进。

本编的目标是通过将数据库的一些概念应用在实际的操作中,使读者深刻地体会用数据库管理数据的特点以及数据库管理系统的功能。

第1章 SQL Server 2012基础

SQL Server 是微软公司推出的适用于大型网络环境的数据库产品,一经推出很快得到广大用户的积极响应并迅速推广到 Windows NT 环境下的数据库领域,成为数据库中的一个重要产品。微软公司对 SQL Server 不断更新,SQL Server 主要版本的发展过程为:2000→2005→2008→2012→2014→2016→2017→2019,目前的最新版本为 SQL Server 2019。在 SQL Server 的主流版本中,由于 SQL Server 2012 的功能比较完善和丰富,故本书选用它作为关系数据管理的实践平台。

本章首先介绍 SQL Server 2012 的安装要求、安装选项以及安装后的配置,然后介绍其中常用工具的使用。

1.1 认识 SQL Server 2012

SQL Server 2012 是微软公司推出的数据库管理系统,它已经不是传统意义的数据库系统,而是整合了数据库引擎、商务智能(Business Intelligence,BI)、分析服务、报表服务等多种技术的数据平台。

SQL Server 2012 与其他数据库产品在数据存储能力、并行访问能力、安全管理等关键性指标上并没有太大的差别,但它在多功能集成、操作速度、数据仓库构建、数据挖掘和数据报表等方面,比其他数据库产品有优势。

1. 数据库引擎

数据库引擎实际上就是数据库管理系统,它是存储、处理、管理数据的核心模块。SQL Server 2012 数据库引擎引入了新的可编程性增强功能,比如与 Microsoft. NET Framework 集成,增强 Transact-SQL(SQL Server 访问数据库的语言,简称 T-SQL)功能等。同时,SQL Server 2012 增加了新的 XML 功能和新的数据类型,并改进了数据库的可伸缩性和可用性。数据库引擎是 SQL Server 2012 系统的核心组成部分,也是绝大多数数据库管理系统的后台支撑。

2. 分析服务

SQL Server 2012 不仅具有传统的数据处理能力,而且还拥有多维分析、数据挖掘等功能,用户可以在不购买其他商务智能软件产品的情况下,将数据按数据分析的要求进行组织,并进行多维分析和数据挖掘等工作。在数据挖掘方面,SQL Server 2012 比 SQL Server 2000 有了非常大的改进。

3. 集成服务

SQL Server 2012 用集成服务(Integration Services, IS)代替了 SQL Server 2000 中的数据转换服务(Data Transformation Service, DTS),它是一个用于构建高性能数据集成解决方案的平台,解决了很多 DTS 的限制。集成服务为构建数据仓库平台提供了强大的数据清理、转换和加载功能。

4. 复制技术

复制技术将数据和数据库对象从一个数据库复制和分发到另一个数据库中,然后在数据库间进行同步,以维护数据的一致性。复制技术可以通过局域网、广域网、拨号连接、无线连接和互联网等,将数据分发给在不同位置的用户和移动用户。

5. 通知服务

通知服务是一种应用程序,它可以向上百万的订阅者及时发送个性化的消息,还可以向各种各样的设备传递这些消息。通知服务最早发布于 2002 年,是 SQL Server 2012 中的一个可下载组件。在 SQL Server 2012 中,通知服务被集成到 SQL Server 管理工具(SQL Server Management Studio,SSMS)中,并新增加了数据库的独立性、可驻留执行引擎等功能。

6. 报表服务

报表服务是 SQL Server 2012 之前的版本所没有的服务,它是一种基于服务器的解决方案,用于生成企业报表,该报表可从多种关系数据源和多维数据源中提取数据。所创建的报表可以通过互联网进行查看,也可以通过 Windows 应用程序进行查看。

7. 服务代理

服务代理是一项全新的技术,是一种分布式异步数据库应用程序,具有可靠、可伸缩以及安全等特点。在需要异步执行处理程序以及跨多个计算机处理应用程序时,服务代理起着非常重要的作用。服务代理的典型使用包括:异步触发器、可靠的查询处理、可靠的数据收集等。

8. 全文搜索

全文搜索是通过建立全文索引来实现的。普通的索引一般建立在身份证号、职工编号等数值字段或者长度比较短的字符字段上,而全文索引建立在个人简历、产品简介等比较长的大文本字段上。全文搜索功能不是简单的模糊查询,而是根据特定的语言规则对词和短语进行搜索。

1.1.1 主要服务器组件

SQL Server 2012 的服务器组件主要包括 5 个,即数据库引擎、分析服务、报表服务、集成服务及主数据服务,用户在安装 SQL Server 2012 时可根据自己的需要安装部分或全部组件。

1. 数据库引擎

数据库引擎包括数据库引擎服务(用于存储、处理和保护数据的核心服务)、复制、全文搜索、用于管理关系数据和 XML 数据的工具以及数据质量服务(Data Quality Services, DQS)服务器。

2. 分析服务

分析服务包括用于创建和管理联机分析处理(Online Analytical Processing, OLAP)以及数据挖掘应用程序的工具。

3. 报表服务

报表服务包括用于创建、管理和部署表格报表、矩阵报表、图形报表以及自由格式报表的服务器和客户端组件。报表服务还是一个可用于开发报表应用程序的可扩展平台。

4. 集成服务

集成服务是一组图形工具和可编程对象,用于移动、复制和转换数据。它包括集成服务的 DQS 组件。

5. 主数据服务

主数据服务(Master Data Services,MDS)是针对主数据管理的 SQL Server 解决方案,可以通过配置 MDS 来管理任何领域(如产品、客户、账户等);MDS 中可以包括层次结构、各种级别的安全性、事务、数据版本控制和业务规则,以及可用于管理数据、Excel 的外接程序。

1.1.2　管理工具

SQL Server 2012 提供了如下管理工具,客户可根据自己的实际需要进行选择安装。

1. SSMS

SSMS 是用于访问、配置、管理和开发 SQL Sever 组件的集成环境。SSMS 使各种技术水平的开发人员和管理人员都能使用 SQL Server。

2. SQL Server 配置管理器

SQL Server 配置管理器为 SQL Server 服务、服务器协议、客户端协议和用户端别名提供基本配置管理。

3. SQL Server 事件探查器

SQL Server 事件探查器提供了一个图形用户界面,用于监视数据库引擎实例 Analysis Services。

4. 数据库引擎优化顾问

数据库引擎优化顾问可以协助创建索引、索引视图和分区的最佳组合。

5. 数据质量客户端

数据质量客户端提供了一个非常简单和直观的图形用户界面,用于连接 DQS 数据库并执行数据清理操作。它还允许用户集中监视在数据清理操作过程中执行的各项活动。

6. SQL Server 数据工具

SQL Server 数据工具(SQL Server Data Tools,SSDT)提供集成开发环境(Integrated Development Environment, IDE)以便为商务智能组件分析服务、报表服务和集成服务,生成解决方案。该工具在 SQL Server 之前的版本中称为商务智能开发工具(Business Intelligence Development Studio, BIDS)。

SSDT 还包含数据库项目,为数据库开发人员提供集成开发环境,以在 Visual Studio 内为任何 SQL Server 平台(包括本地和外部)执行其所有数据库的设计工作,数据库开发人员可以使用 Visual Studio 中功能增强的服务器资源管理器,轻松创建、编辑或查询数据库对象和数据。

7. 连接组件

连接组件用于安装客户端和服务器之间通信的组件,以及 DB-Library、开放数据库互连(Open Database Connectivity, ODBC)和对象链接嵌入数据库(Object Linking and Embedding

Database, OLE DB)的网络数据库。

1.1.3 主要版本

SQL Server 2012 有多个版本,具体需要安装哪个版本和哪些组件,要根据应用需求来定。不同版本的 SQL Server 2012 在价格、功能、存储能力、支持的 CPU 等很多方面都不同,当前微软发行的 SQL Server 2012 有如下几种版本。

1. 主要版本

(1) 企业版。

作为高级版本,企业版(Enterprise Edition,32 位和 64 位)提供了全面的高端数据中心功能,性能极为快捷并且虚拟化不受限制。此外,企业版还具有端到端的商务智能,可为关键任务的执行提供较高的服务级别,支持最终用户访问深层数据。

(2) 商务智能版。

商务智能版(Business Intelligence Edition)提供了综合性平台,可支持组织构建和部署安全、可扩展且易于管理的商务智能解决方案。它提供了基于浏览器的数据浏览与可见性等卓越功能、功能强大的数据集成功能,以及增强的集成管理。

(3) 标准版。

标准版(Standard Edition,32 位和 64 位)提供了基本数据管理和商务智能数据库,使部门和小型组织能够顺利运行其应用程序;支持将常用开发工具用于内部部署和云部署,有助于以最少的 IT 资源获得高效的数据库管理。

2. 专业化版本

专业化版本面向不同的业务工作负荷,主要是 Web 版。

Web 版(Web Edition,32 位和 64 位)对于为从小规模至大规模的 Web 资产提供可伸缩性、经济性和可管理性功能的 Web 宿主和 Web VAP 来说,是一项总拥有成本较低的选择。

3. 扩展版本

扩展版本是针对特定的用户而设计的,可免费或只需支付极少的费用获取。下面介绍 SQL Server 的扩展版本。

(1) 开发版。

开发版(Developer Edition,32 位和 64 位)支持开发人员基于 SQL Server 构建任意类型的应用程序,包括企业版的所有功能,但有许可限制,只能用作开发和测试系统,而不能用作生产服务器。开发版是构建和测试应用程序人员的理想之选。

(2) 简化版。

简化版(Express Edition,32 位和 64 位)是入门级的免费数据库,用户可以学习和构建桌面及小型服务器数据驱动应用程序。它是独立软件供应商、开发人员和热衷于构建客户端应用程序人员的最佳选择。如果用户需要使用更高级的数据库功能,则可以将简化版无缝升级到其他更高端的 SQL Server 版本。SQL Server 2012 中新增加了 SQL Server Express LocalDB,这是简化版的一种轻型版本。该版本具备所有可编程性功能,并且具有快速的零配置安装和必备组件要求较少的特点。

1.1.4 主要版本的功能差异

表 1-1 列出了 SQL Server 2012 各种版本的主要功能差异。由于开发版和企业版的功能相同,因此表 1-1 没有列出开发版的功能。

表 1-1　SQL Server 2012 各种版本的主要功能差异

功能名称	SQL Server 2012 各种版本				
	企业版	商务智能版	标准版	Web 版	简化版
数据库引擎最大计算能力	操作系统支持的最大值	限制为 4 个插槽或 16 核,取二者中的较小值	限制为 4 个插槽或 16 核,取二者中的较小值	限制为 4 个插槽或 16 核,取二者中的较小值	限制 14 个插槽或 4 核,取二者中的较小值
利用的最大内存	操作系统支持的最大值	64 GB	64 GB	64 GB	1 GB
最大关系数据大小	524 PB	524 PB	524 PB	524 PB	10 GB

表 1-2 列出了 SQL Server 2012 各种版本支持的主要管理工具。

表 1-2　SQL Server 2012 各种版本支持的主要管理工具

管理工具	SQL Server 2012 各种版本				
	企业版	商务智能版	标准版	Web 版	简化版
SSMS	支持	支持	支持	支持	—
SQL Server 配置管理器	支持	支持	支持	支持	支持
SQL Server 事件探查器	支持	支持	支持	不支持	不支持
数据库引擎优化顾问	支持	支持	支持	支持	—

表 1-3 列出了 SQL Server 2012 各种版本支持的主要开发工具。

表 1-3　SQLSefver 2012 各种版本支持的主要开发工具

开发工具	SQL Server 2012 各种版本				
	企业版	商务智能版	标准版	Web 版	简化版
Microsoft Visual Studio 集成	支持	支持	支持	支持	支持
Intellisence(T-SQL 和 MDX)	支持	支持	支持	支持	支持
SSDT	支持	支持	支持	支持	—

1.1.5　软硬件要求

SQL Server 2012 安装时对计算机的软硬件有一定的要求。而且,不同的 SQL Server 2012 版本对操作系统及软硬件的要求也不完全相同。下面仅介绍 32 位 SQL Server 2012 对操作系统以及硬件的一些要求。

在安装 SQL Server 2012 的过程中,Windows Installer 会在系统驱动器中创建临时文件。在运行安装程序之前,应确保系统驱动器中至少有 6 GB 的可用磁盘空间用来存储这些文件。

SQL Server 2012 实际的硬盘空间需求取决于系统配置和决定安装的功能,表 1-4 列出了 SQL Server 2012 各种功能需要的磁盘空间。

表 1-4　SQL Server 2012 各种功能需要的磁盘空间

功　　能	磁盘要求/MB
数据库引擎、数据文件、复制、全文搜索以及 Data Quality Services	811
分析服务和数据文件	345
报表服务和报表管理	304
集成服务	591
主数据服务	243
客户端组件(除了 SQL Server 联机丛书组件和集成服务工具之外)	1823
用于查看和管理帮助内容的 SQL Server 联机丛书组件	375
下载联机丛书内容	200

表 1-5 列出了 SQL Server 2012 各种版本对内存及处理器的要求。

表 1-5　SQL Server 2012 各种版本对内存及处理器的要求

功　　能	要　　求
内存	• 最小值 简化版:512 MB; 其他版本:1 GB • 建议值 简化版:1 GB; 其他版本:至少 4 GB 并应该随着数据库大小的增加而增加,以便确保最佳的性能
处理器速度	• 最小值 X86 处理器:1.0 GHz; X64 处理器:1.4 GHz • 建议值 2.0 GHz 或更快
处理器类型	• X86 处理器:Intel Pentium III 兼容处理器或更快; • X64 处理器:AMD Opteron、AMD Athlon 64、支持 Intel EM64T 的 Intel Xeon、支持 EM64T 的 Intel Pentium IV

除了对计算机的硬件要求之外,安装 SQL Server 2012 还需要一定的操作系统支持,不同版本的 SQL Server 2012 要求不同的 Windows 操作系统版本和补丁(Service Pack)。由于操作系统的版本比较多,因此这里不再一一列出 SQL Server 2012 各个版本对操作系统的要求,有兴趣的读者可以参阅微软官方网站上的相关 SQL Server 文档。

1.1.6　实例

在安装 SQL Server 2012 之前,我们首先需要理解一个概念:实例。各个数据库厂商对实例的解释不完全一样。在 SQL Server 中可以这样理解实例:当在一台计算机上安装一次 SQL Server 时,就形成了一个实例。

1. 默认实例和命名实例

如果是在计算机上第一次安装 SQL Server 2012(并且此计算机上也没有安装其他的 SQL Server 版本),则 SQL Server 2012 安装向导会提示用户把这次安装的 SQL Server 实例作为默认实例还是命名实例(通常默认选项是“默认实例”)。命名实例只是表示在安装过程中为实例指定了一个名称,然后就可以用该名称访问该实例。默认实例是用当前使用的计算机名称为其实例名称的。

在客户端访问默认实例的方法是:在 SQL Server 2012 客户端工具中输入“计算机名称”或者计算机的“IP 地址”。在客户端访问命名实例的方法是:在 SQL Server 客户端工具中输入“计算机名称”或者“命名实例名称”。

在一台计算机上只能安装一个默认实例,但可以安装多个命名实例。

注意　在第一次安装 SQL Server 2012 时,建议选择使用“默认实例”,这样便于初级用户理解和操作。

2. 多实例

数据库管理系统的一个实例代表一个独立的数据库管理系统,SQL Server 2012 支持在同一台服务器上安装多个 SQL Server 2012 实例,或者在同一个服务器上同时安装 SQL Server 2012 和 SQL Server 的早期版本。在安装过程中,数据库管理员可以选择安装一个不指定名称的实例(默认实例),在这种情况下,实例名称将采用服务器的机器名称作为默认实例名称。计算机上除了安装 SQL Server 的默认实例以外,如果还要安装多个实例,则必须给这些实例取不同的名称,这些实例均是命名实例。在一台服务器上安装 SQL Server 的多个实例,使不同的用户可以将自己的数据放置在不同的实例中,从而避免不同用户数据之间的相互干扰。多实例的功能使用户不仅能够使用计算机上已经安装的 SQL Server 的早期版本,而且还能够测试开发软件,可以相互独立地使用 SQL Server 数据库管理系统。

但并不是在一台服务器上安装的 SQL Server 2012 实例越多越好,因为安装多个实例会增加管理开销,导致组件重复。SQL Server 和 SQL Server Agent 服务的多个实例需要额外的计算机资源,如内存和处理能力等。

1.2　安装 SQL Server 2012

建议大家在使用 NTFS 文件系统的计算机上运行 SQL Server 2012,微软支持但是不建议在具有 FAT32 文件系统的计算机上安装 SQL Server 2012,因为 FAT32 文件系统没有 NTFS 文件系统安全。

本章以在 Windows 10 环境中安装 SQL Server 2012 开发版为例,介绍其安装过程。

① 运行 SQL Server 2012 安装软件中的 setup. exe 程序,出现的第一个安装界面如图 1-1 所示,在该界面左侧列表框中选择“安装”项,然后在右侧列表框中选择“全新 SQL Server 独立安装或向现有安装添加功能”项,经过一段时间的检测后进入图 1-2 所示的“安装程序支持规则”界面。

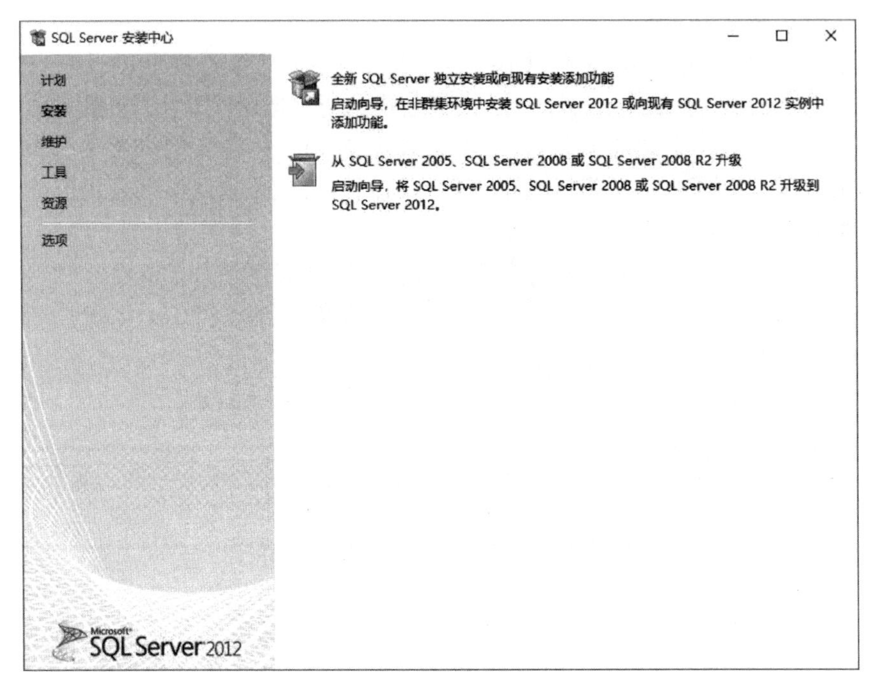

图 1-1　第一个安装界面

② 在图 1-2 所示的界面检测通过后，单击“下一步”按钮进入图 1-3 所示的“安装类型”界面。如果是要进行全新的安装，则在此界面上选择“执行 SQL Server 2008 的全新安装”项；如果是向之前已经安装好的 SQL Server 2008 实例中增加新的功能，则可选择“向 SQL Server 2008 的现有实例中添加功能”项，并单击“下一步”按钮进入图 1-4 所示的“产品密钥”界面。

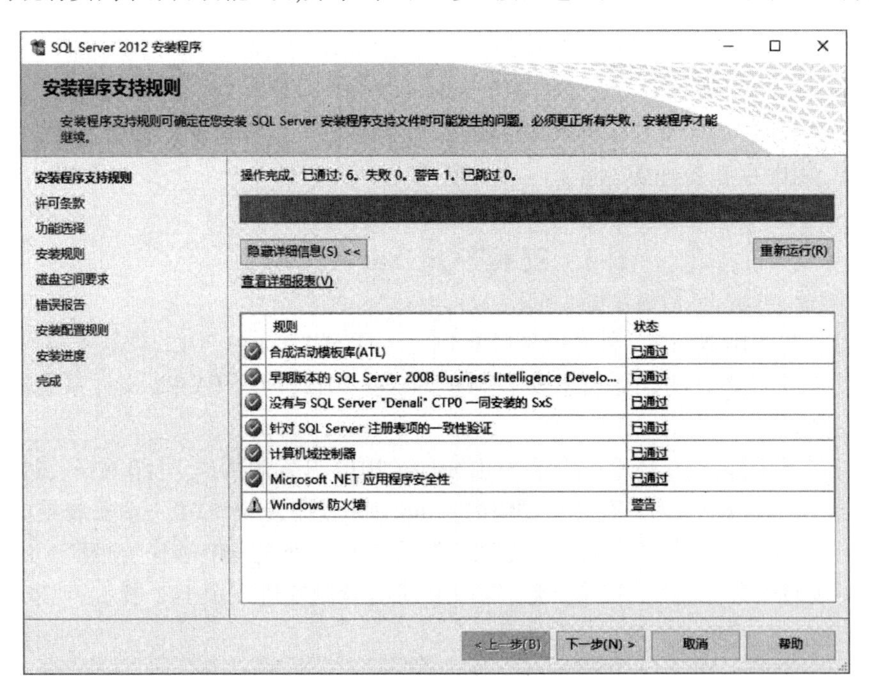

图 1-2　“安装程序支持规则”界面

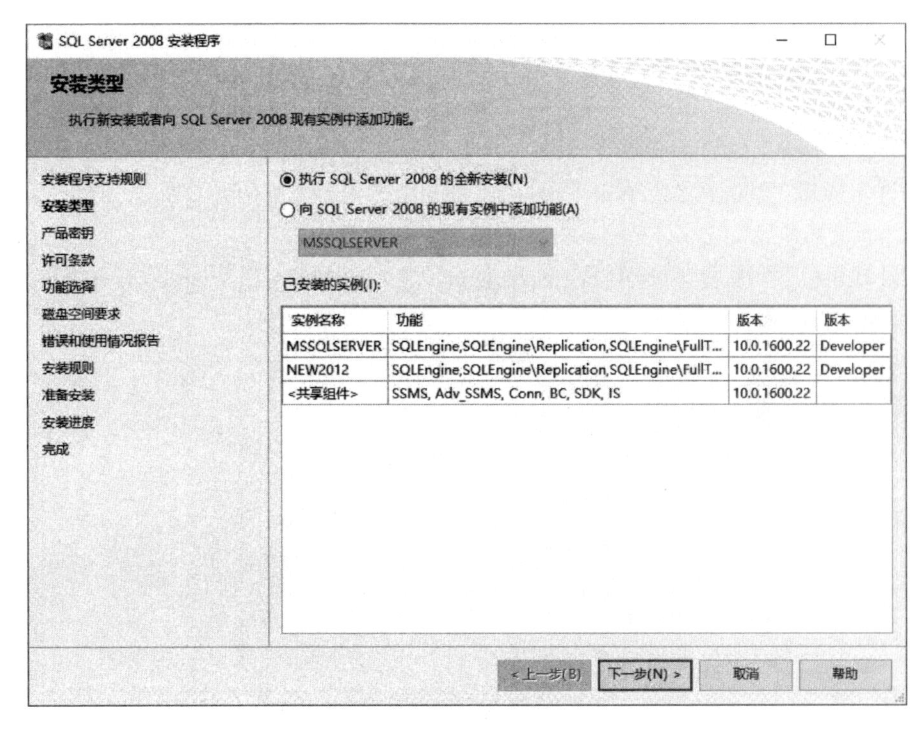

图 1-3　“安装类型”界面

图 1-4　“产品密钥”界面

说明　因为本次安装是先安装 SQL Server 2008，然后再升级到 SQL Server 2012，所以有些界面是 SQL Server 2008 的安装界面。

③ 在图 1-4 所示的界面上单击“下一步”按钮，进入“许可条款”界面，在此界面上选择“我接受许可条款”单选按钮，单击“下一步”按钮，进入“设置角色”界面（有的版本没有该步骤）。

在“设置角色”界面选择“SQL Server 功能安装”项，然后单击“下一步”按钮，进入图 1-5 所示的“功能选择”界面。

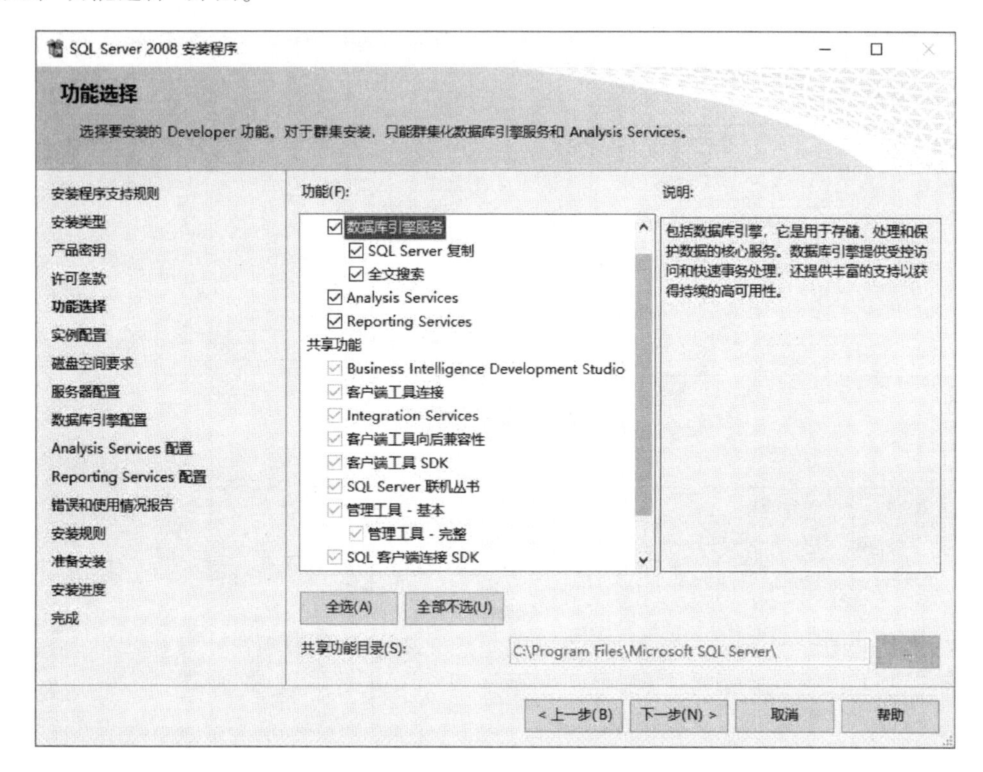

图 1-5　“功能选择”界面

④ 在图 1-5 所示的界面中可以选择要安装的功能。界面中的“数据库引擎服务”是必须安装的，它是 SQL Server 中最核心的数据库服务，可实现日常的数据维护和操作功能。

另外，还应该安装 SQL Server Management Studio，它是 SQL Server 提供给用户操作后台数据库数据的客户端实用工具。如果有必要进行多维分析和数据挖掘，则应该安装 SQL Server Data Tools。选择好要安装的功能后单击“下一步”按钮进入图 1-6 所示的“安装规则”界面。

⑤ 在图 1-6 界面上单击“下一步”按钮进入图 1-7 所示的“实例配置”界面。

一个实例是 SQL Server 一个独立的数据库服务器，此处选择安装一个默认实例。

⑥ 如果要安装命名实例，则须在图 1-7 所示的“命名实例”部分输入一个实例名称。单击“下一步”按钮，进入图 1-8 所示的“磁盘空间要求”界面。

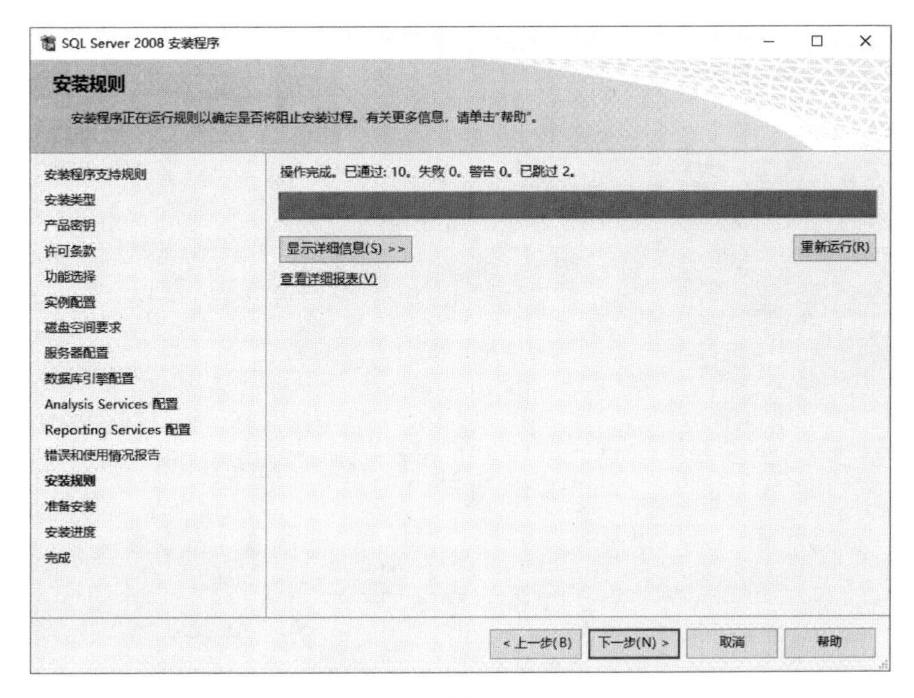

图 1-6　"安装规则"界面

图 1-7　"实例配置"界面

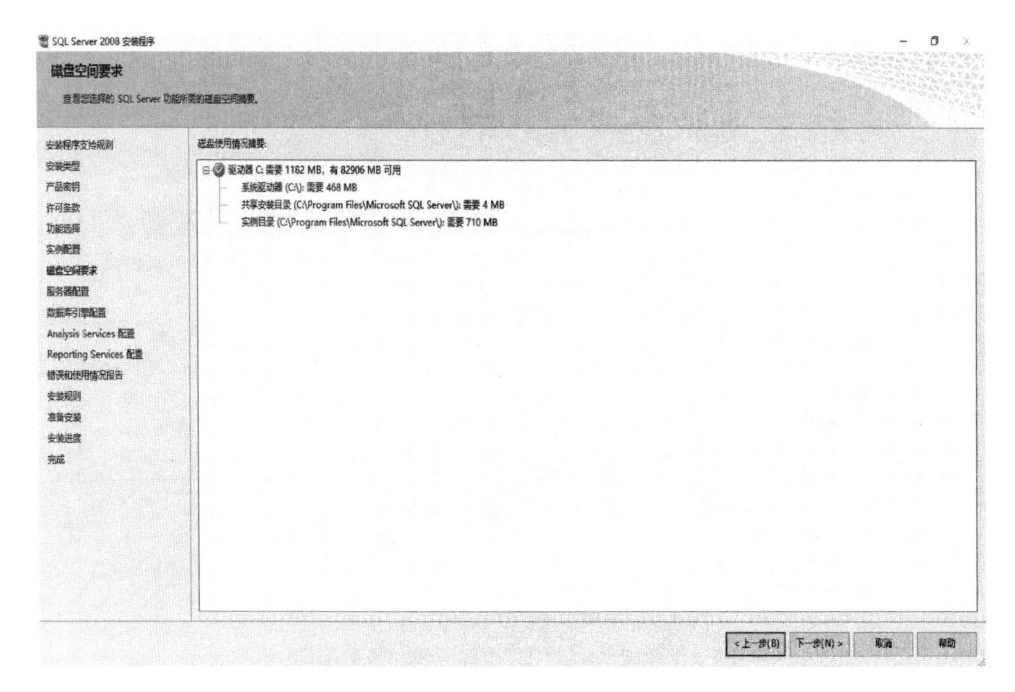

图 1-8　“磁盘空间要求”界面

⑦ 在图 1-8 中单击“下一步”按钮,进入图 1-9 所示的“服务器配置”界面,在该界面上可以使用默认设置。

⑧ 在图 1-9 中单击“下一步”按钮,进入图 1-10 所示的“数据库引擎配置”界面。

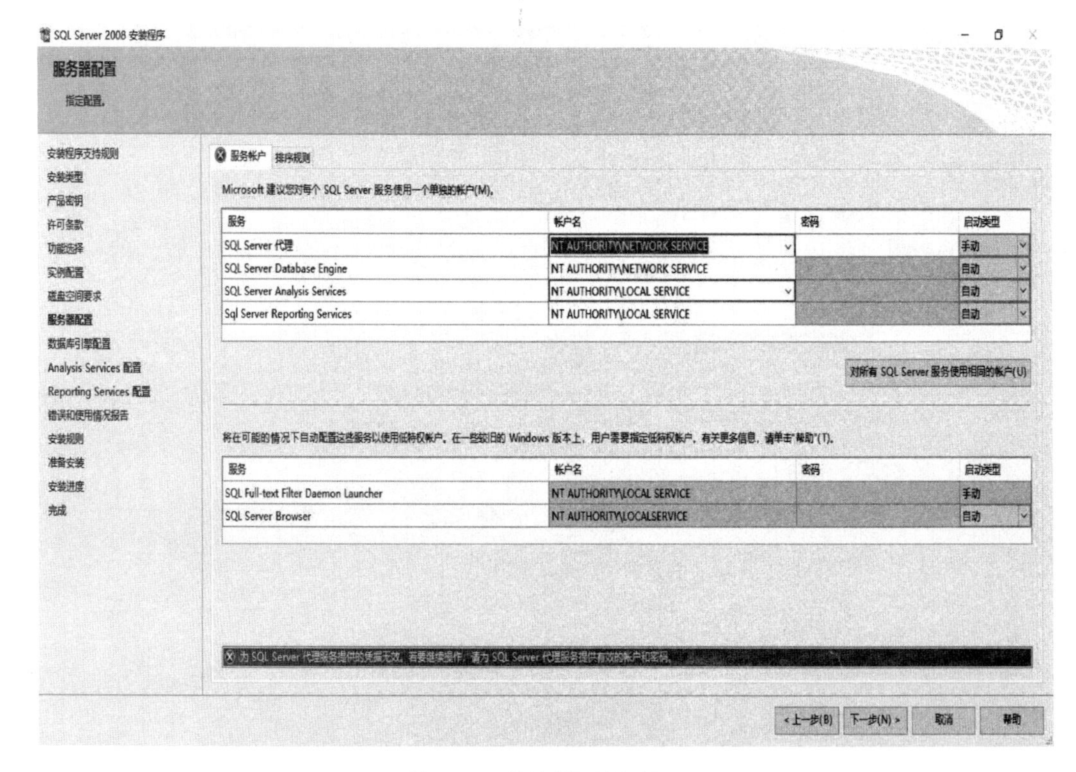

图 1-9　“服务器配置”界面

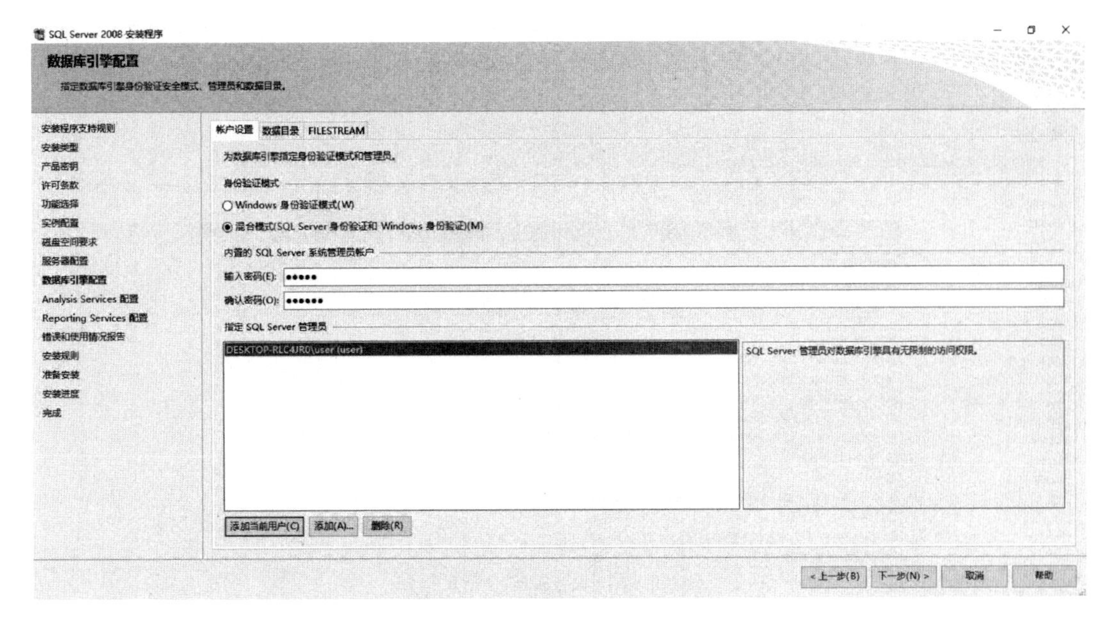

图 1-10　“数据库引擎配置”界面

⑨ 在图 1-10 所示的界面上,选择“混合模式(SQL Server 身份验证和 Windows 身份验证)”项,同时在“输入密码”和“确认密码”文本框中输入 sa(SQL Server 提供的默认系统管理员)的密码。再单击下面的“添加当前用户”按钮,表示当前登录的 Windows 用户也作为 SQL Server 服务的系统管理员。单击“下一步”按钮,进入如图 1-11 所示的“错误和使用情况报告”界面。

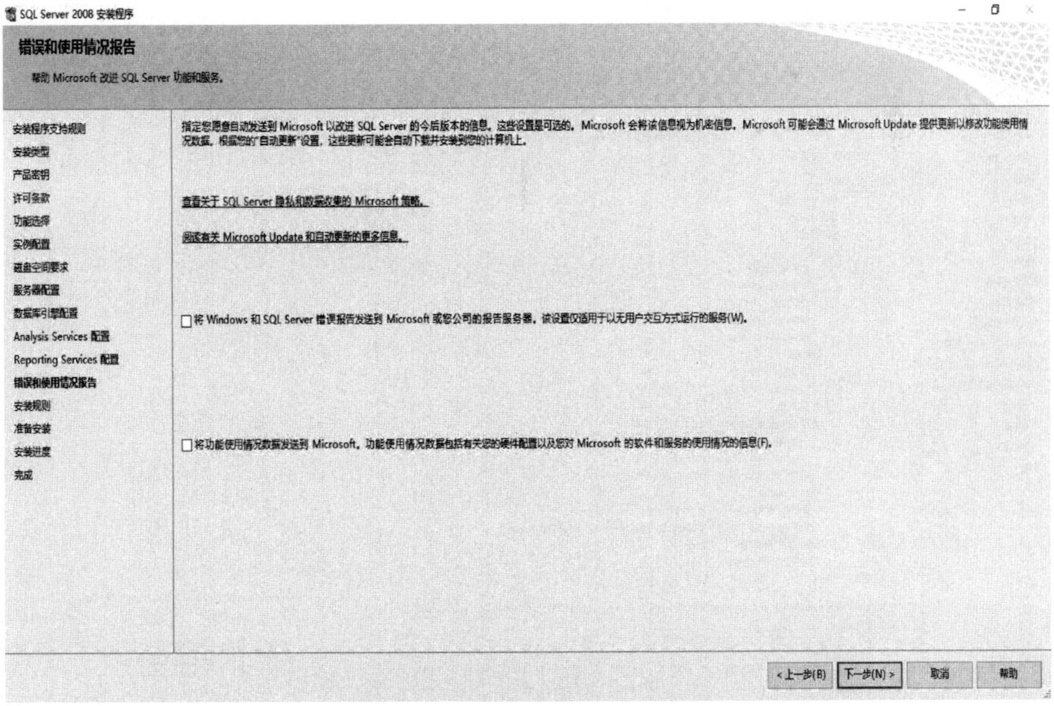

图 1-11　“错误和使用情况报告”界面

⑩ 在图 1-11 所示的界面中单击“下一步”按钮，进入图 1-12 所示的“安装规则”界面。在此界面单击“下一步”按钮，进入图 1-13 所示的“准备安装”界面。

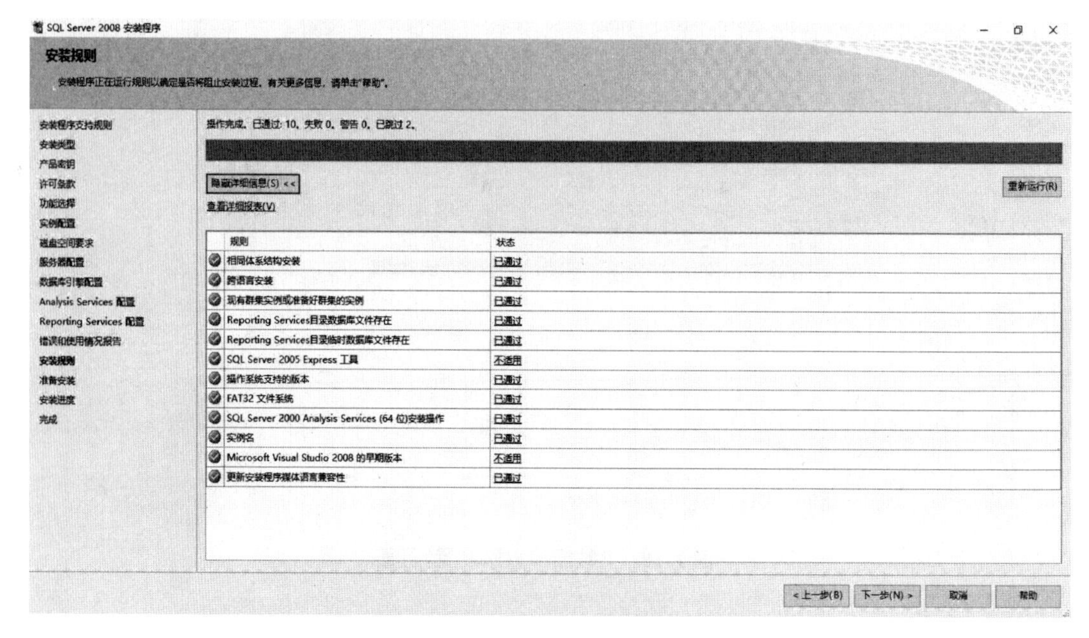

图 1-12　“安排规则”界面

⑪ 在图 1-13 所示的“准备安装”界面上单击“安装”按钮，开始安装 SQL Server 2012。图 1-14 所示为安装过程中的“安装进度”界面，图 1-15 所示为“完成”界面。

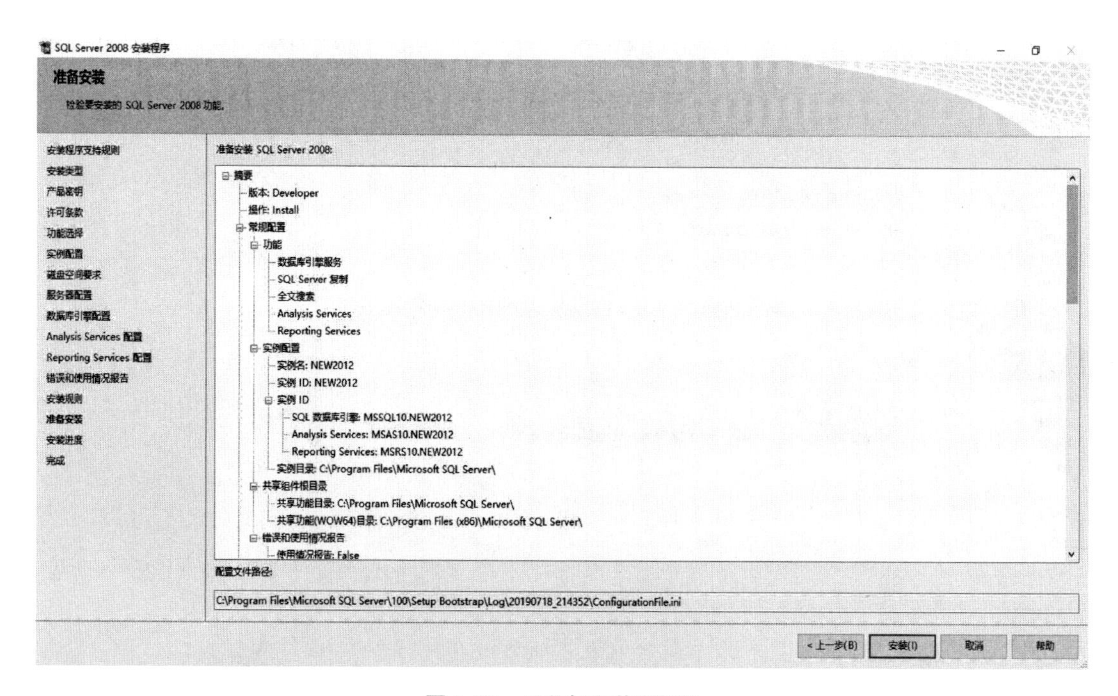

图 1-13　“准备安装”界面

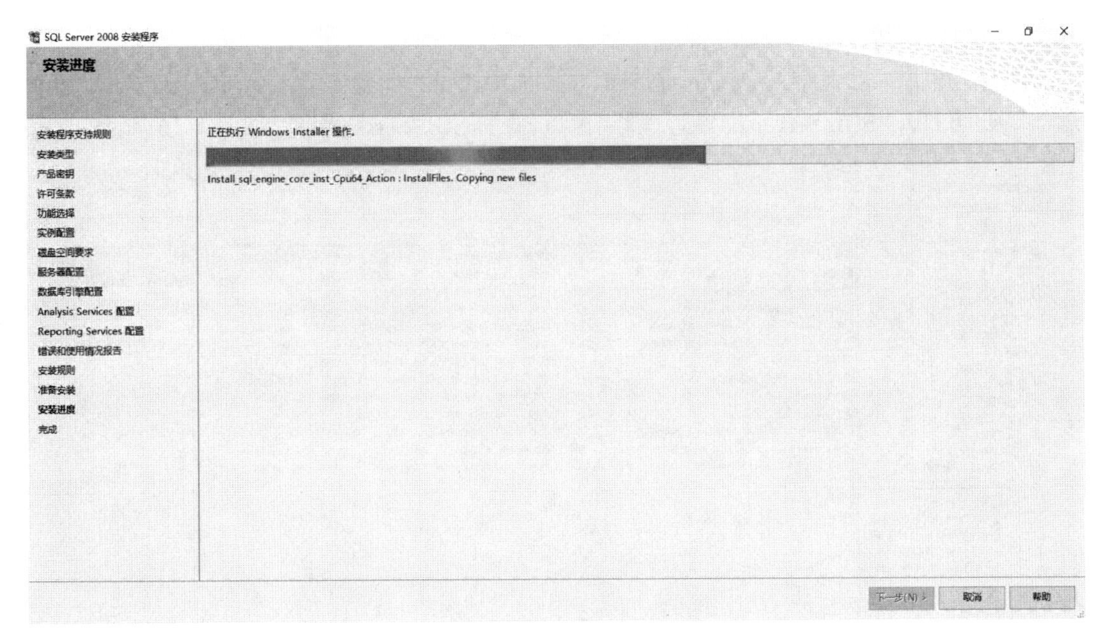

图 1-14　“安装进度”界面

SQL Server 2008 安装程序

完成

SQL Server 2008 安装已成功完成。

安装程序支持规则
安装类型
产品密钥
许可条款
功能选择
实例配置
磁盘空间要求
服务器配置
数据库引擎配置
Analysis Services 配置
Reporting Services 配置
错误和使用情况报告
安装规则
准备安装
安装进度
完成

已将摘要日志文件保存到以下位置:

C:\Program Files\Microsoft SQL Server\100\Setup Bootstrap\Log\20190718_214352\Summary_DESKTOP-RLC4JR0_20190718_214352.txt

关于安装程序操作或可能的随后步骤的信息(I):

SQL Server 2008 安装已成功完成。

补充信息(S):

下列说明仅适用于此发行版的 SQL Server。

Microsoft Update

有关如何使用 Microsoft Update 来确定 SQL Server 2008 的更新的信息，请访问 Microsoft Update 网站 <http://go.microsoft.com/fwlink/?LinkId=108409>，网址为 http://go.microsoft.com/fwlink/?LinkId=108409。

Reporting Services

关闭　帮助

图 1-15　“完成”界面

1.3　管理工具

1.3.1　SQL Server 配置管理器

为了更好地使用 SQL Server，可以使用 SQL Server 配置管理器对 SQL Server 服务、网络和协议等进行配置。

选择“开始”→“程序”→Microsoft SQL Server 2012→ “配置工具”→“SQL Server 配置管理器”项,可打开“SQL Server 配置管理器”窗口,查看 SQL Server 服务,如图 1-16 所示。

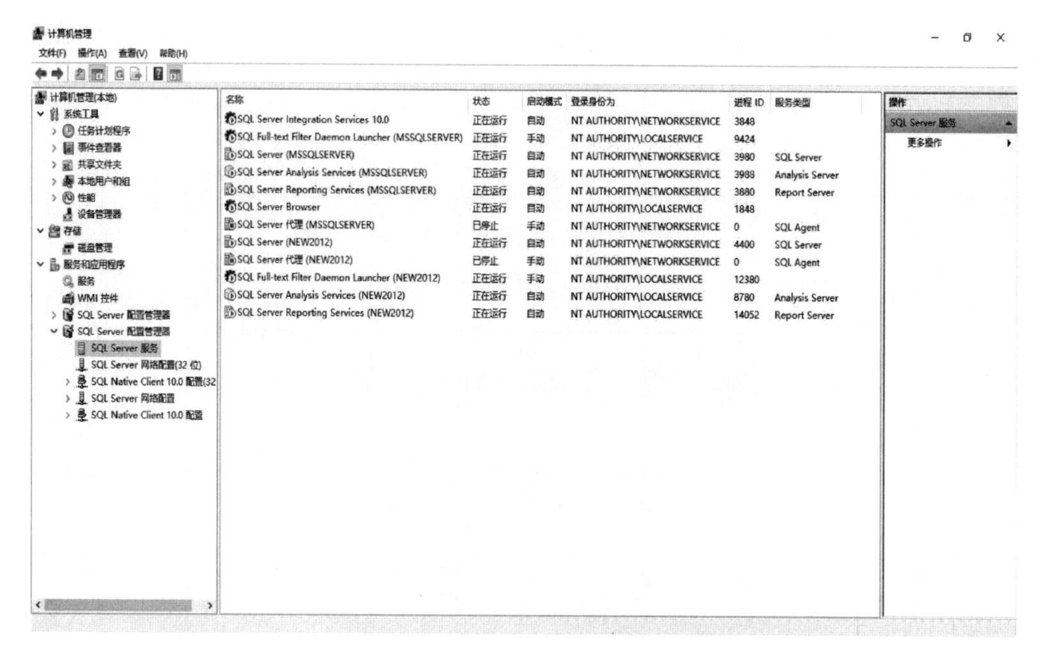

图 1-16 查看“SQL Server 配置管理器”中的“SQL Server 服务”

1. 设置服务启动方式

在单击图 1-16 所示的窗口左边的“SQL Server 服务”节点后,窗口的右边就会列出已安装的 SQL Server 服务。其中,SQL Server 服务是 SQL Server 2012 的核心服务,也就是所说的数据库引擎。只有启动 SQL Server 服务,SQL Server 数据库管理系统才能发挥其作用,用户也才能建立与 SQL Server 数据库服务器的连接。

若想启动或停止所安装的服务,则可通过下面的操作来实现:选择要启动或停止的服务,右击后在弹出的快捷菜单中选择“启动”或“停止”项即可。

此外,也可以通过配置管理器设置服务的启动方式,比如自动启动还是手工启动。具体实现方式是:双击某个服务或在某个服务上右击,在弹出的快捷菜单中选择“属性”项后,均会弹出服务的属性窗口。图 1-17 所示为“SQL Server(MSSQLSERVER)属性”窗口。

在 SQL Server(MSSQLSERVER)属性窗口的“登录”选项卡中可以设置启动服务的账户,在“服务”选项卡中可以设置服务的启动模式,如图 1-18 所示。这里有三种启动模式:自动、手动和已禁用。

① 自动:每当操作系统启动时自动启动该服务。

② 手动:每次使用该服务时都需要用户手工启动。

③ 已禁用:要禁止启动该服务。

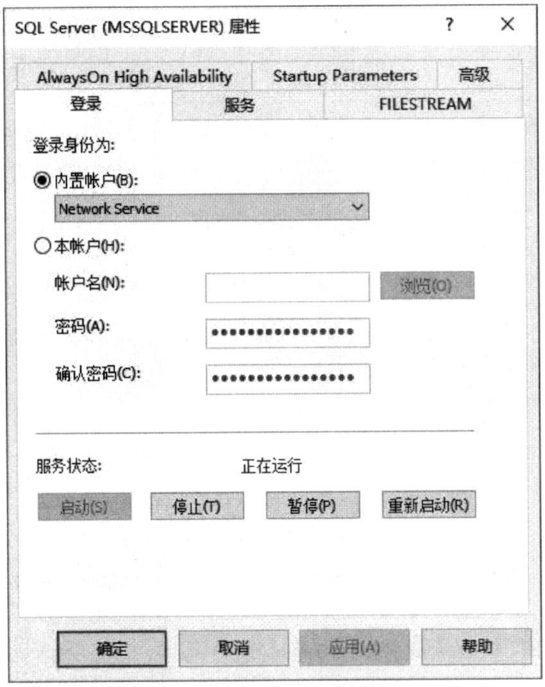

图 1-17　"SQL Server(MSSQLSERVER)属性"窗口

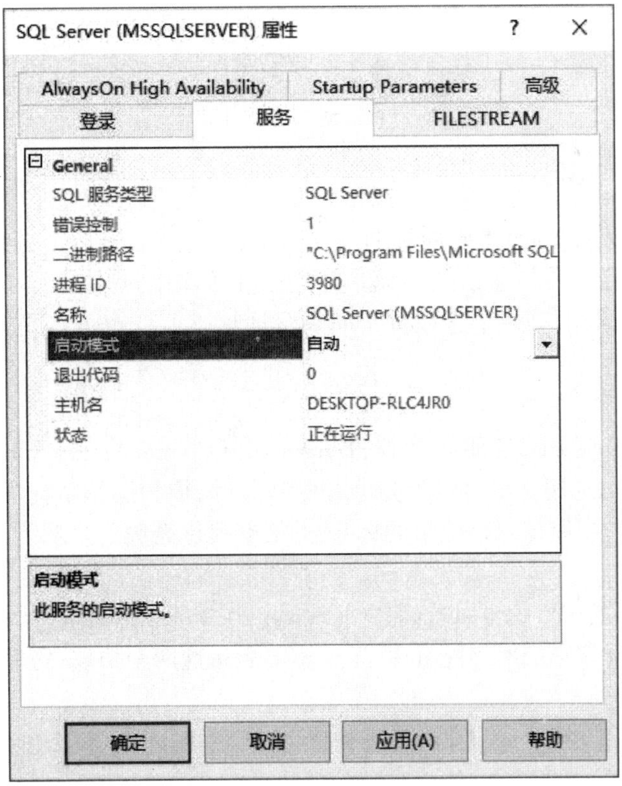

图 1-18　在"服务"选项卡中可以设置服务的启动模式

2. 服务器端网络配置

如图 1-19 所示，展开“SQL Server 网络配置”→“MSSQLSERVER 的协议”节点。

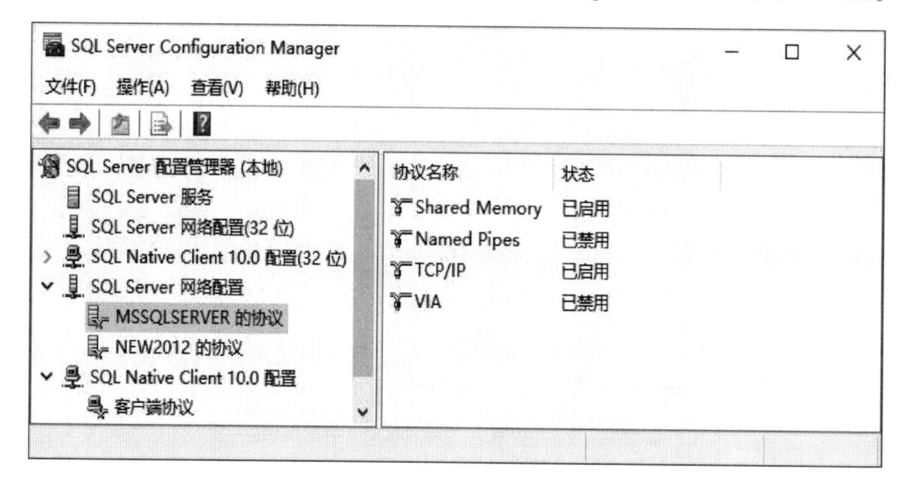

图 1-19　SQL Server Configuration Manager 窗口

从图 1-19 所示的窗口可以看出，SQL Server 2012 提供了 Shared Memory、Named Pipes、TCP/IP 三种网络协议。只有在服务器端至少启用这三种协议中的一个协议，SQL Server 2012 才能正常工作。

下面简单介绍这三种网络协议：

（1）Shared Memory。

Shared Memory（共享内在）是可供使用的最简单协议，不需要设置。使用该协议的客户端仅可以连接到在同一台计算机上运行的 SQL Server 2012 实例。这个协议对于其他计算机上的数据库是无效的。

（2）Named Pipes。

Named Pipes（命名管道）是为局域网开发的协议。例如，有两个进程，第一个进程使用一部分内存向第二个进程传递信息，因此第一个进程的输出就是第二个进程的输入。第二个进程可以是本地的（与第一个进程位于同一台计算机上），也可以是远程的（位于联网的计算机上）。

（3）TCP/IP。

TCP/IP（传输控制协议/互联网协议，Transmission Control Protocol/Internet Protocol）是互联网上使用最广泛的通用协议，可以与互联网中硬件结构和操作系统各异的计算机进行通信。其中，TCP/IP 包括路由网络流量的标准，并能够提供高级安全功能，是目前互联网中最常用的协议。

从图 1-19 所示的窗口中可以看到，SQL Server 2012 的服务器端已经启用 Shared Memory 和 TCP/IP。因此，在客户端网络配置中，至少也要启用这两个协议，否则用户将连接不到数据库服务器。

若想启用或禁用某个协议，则可通过下面的操作来实现：在某个协议上右击，然后在弹出的快捷菜单中选择“启用”或“禁用”项即可。

3．客户端网络配置

客户端网络配置用于设置 SQL Server 的客户端能够使用哪种网络协议来连接到 SQL Server 2012 服务器。

如图 1-20 所示，展开“SQL Native Client 10.0 配置”→“客户端协议”节点。

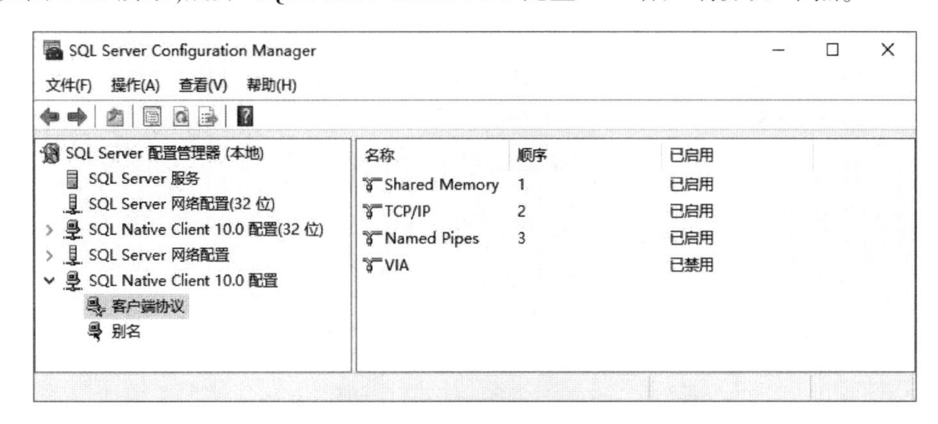

图 1-20　配置客户端协议

从图 1-20 所示的窗口中可以看到，当前客户端已启用 Shared Memory、TCP/IP 和 Named Pipes 三种协议。也就是说，如果在服务器端的网络配置中启用了上述三种协议中的任何一种，那么客户端就可以连接到服务器上。用户同样可以在这些协议上右击，然后在弹出的快捷菜单中通过选择“启用”和“禁用”项来设置是否启用某服务。

1.3.2　SQL Server Management Studio

SQL Server Management Studio(SSMS)是 SQL Server 2012 中最重要的管理工具，为用户提供了一个简洁的操作数据库的实用工具，通过这个工具，用户既可以用图形化的方法，也可以用编写 SQL 语句的方法来实现对数据库的访问和操作。

SSMS 是一个集成环境，用于访问、配置和管理所有的 SQL Server 组件。它组合了大量的图形工具和丰富的脚本编辑器，使各种技术水平的开发人员和管理人员都可以通过这个工具访问和管理 SQL Server。

1．连接到数据库服务器

选择“开始”→“程序”→Microsoft SQL Server 2012→SQL Server Management Studio 项，首先弹出的是“连接到服务器”窗口，如图 1-21 所示。

在图 1-21 所示的窗口中，各选项含义如下：

(1) 服务器类型。

服务器类型列出了 SQL Server 2012 数据库服务器中所包含的服务，当前连接的是“数据库引擎”，即 SQL Server 服务。

(2) 服务器名称。

服务器名称用来指定要连接的数据库服务器的实例名。SSMS 能够自动扫描当前网络中的 SQL Server 实例。这里连接的是刚安装的默认实例，其实例名称就是计算机名称(这里为用户名 DESKTOP - RLC4JR0)。

图 1-21 "连接到服务器"窗口

(3) 身份验证。

身份验证用来选择用哪种身份连接到数据库服务器,这里有两种选择,即"Windows 身份验证"和"SQL Server 身份验证"。

如果选择的是"SQL Server 身份验证"项,则窗口形式如图 1-22 所示。这时需要输入 SQL Server 身份验证的登录名和相应的密码。在安装完成之后,SQL Server 自动创建一个 SQL Server 身份验证的登录名 SA,它是 SQL Server 的默认系统管理员。

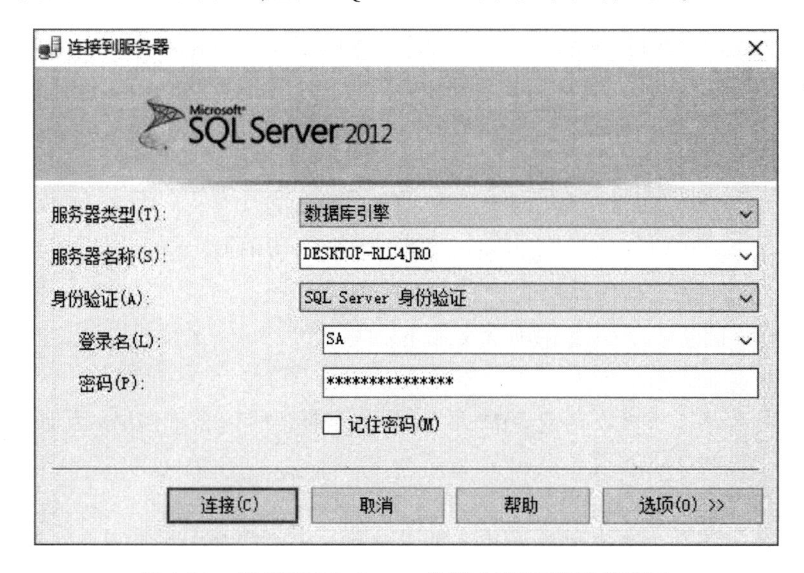

图 1-22 选择"SQL Server 身份验证"项的连接窗口

注意　如果选择“SQL Server 身份验证”项连接 SQL Server 2012 数据库服务器,则要求该数据库服务器的身份验证模式必须是“混合模式”。身份验证模式可以在安装时指定,也可以在安装之后在 SSMS 中进行修改,具体更改方法参见3.4.1节。

如果选择的是“Windows 身份验证”,则用当前登录到 Windows 的用户进行连接,此时不用输入用户名和密码(SQL Server 数据库服务器会选用当前登录到 Windows 的用户作为其连接用户)。若连接成功,则将进入 SSMS 操作界面,如图1-23所示。

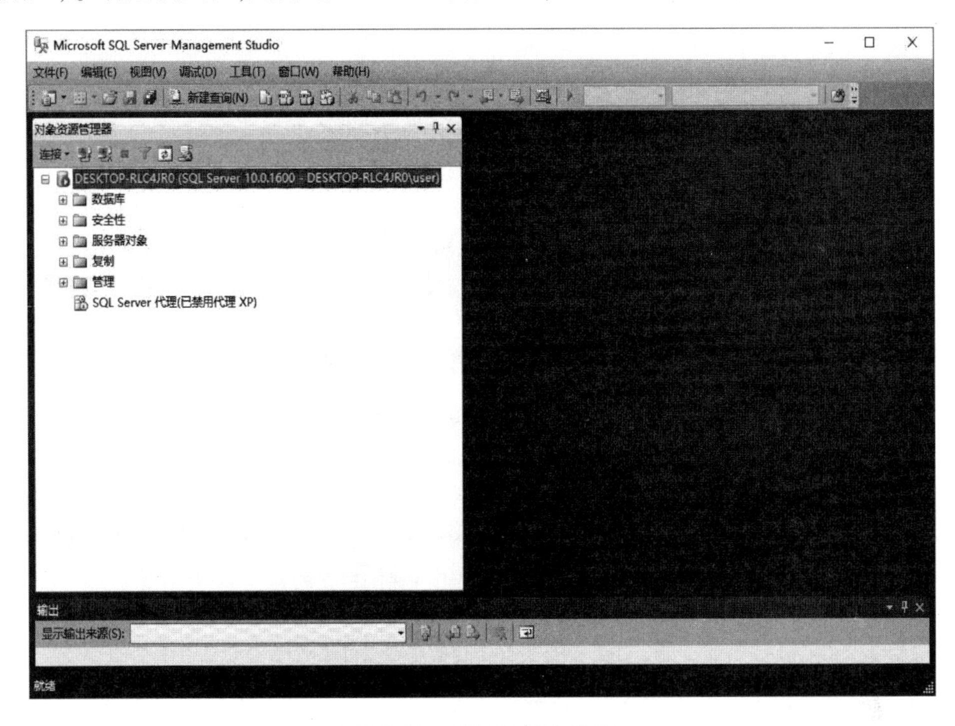

图1-23　SSMS 操作界面

SSMS 包括对数据库、安全性等很多方面的管理,是一个方便的图形化操作工具,后面会具体介绍这个工具的功能和使用方法。

2. 查询编辑器

SSMS 提供了图形化界面来创建和维护数据库及数据库对象。同时,SSMS 也提供了用户编写 T-SQL 语句,并通过执行 SQL 语句创建和管理数据库及数据库对象的工具,即查询编辑器。查询编辑器以选项卡窗口形式存在于 SSMS 界面右边的文档窗格中,可以通过以下方式打开查询编辑器:

① 单击“标准工具栏”中的“新建查询”按钮。

② 选择“文件”菜单→“新建”→“数据库引擎查询”项。

包含查询编辑器的 SSMS 样式如图1-24所示。

“查询编辑器”工具栏的主要内容如图1-25所示,主要图标按钮介绍如下。

① 最左边的两个图标按钮用于处理到服务器的连接。第一个图标按钮是“连接”按钮。如果当前没有建立任何连接,则此图标按钮表示用于请求一个到服务器的连接;如果当前已

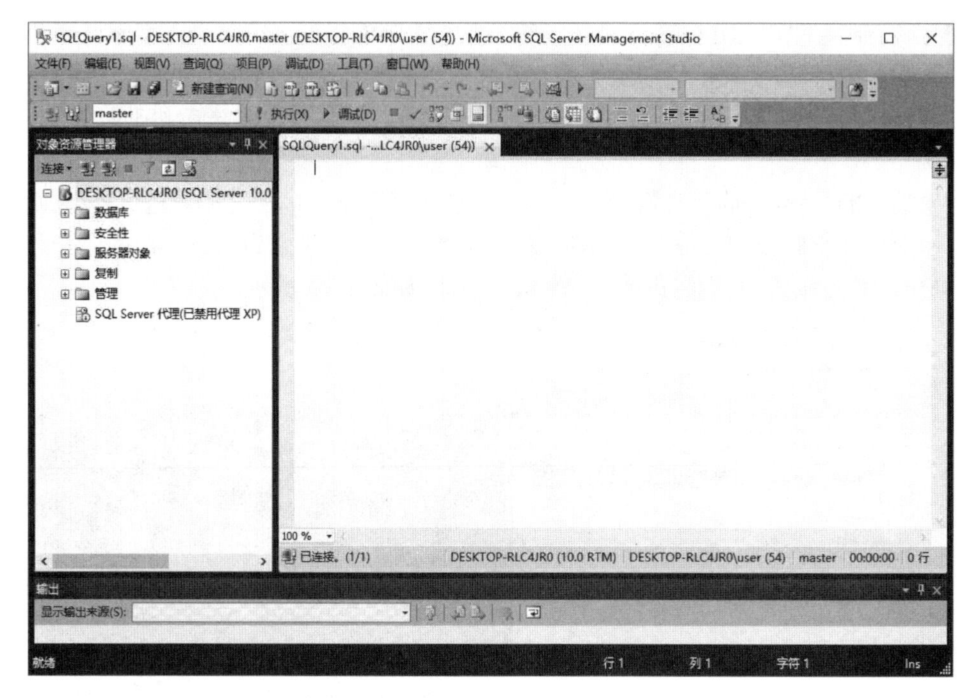

图 1-24 包含查询编辑器的 SSMS 样式

图 1-25 “查询编辑器”工具栏的主要内容

经建立到服务器的连接,则此图标按钮为不可用状态。

② 第二个图标按钮是“更改连接”按钮,单击此按钮表示要更改当前的连接。

③ “更改连接”按钮的右边是一个下拉列表框,该列表框列出了当前查询编辑器所连接的服务器上的所有数据库,列表框中所显示的数据库是当前连接正在访问的数据库。如果要在不同的数据库上执行操作,则可以在下拉列表框中选择不同的数据库。如果选择了一个数据库,则代表要执行的 SQL 代码都是在此数据库上进行的。

④ 与查询编辑器中所键入的代码的执行有关的三个图标按钮分别是:标有红色感叹号的“执行”按钮,用于执行在编辑区所选择的 SQL 脚本(如果没有选择任何脚本,则表示执行全部脚本);“调试”按钮表示对编辑区所选择的 SQL 脚本(如果没有选择任何脚本,则表示执行全部脚本)进行执行调试;“对勾”按钮用于对在编辑区所选择的脚本(如果没有选择任何脚本,则表示执行全部脚本)进行语法分析。语法分析可以找出代码中可能存在的语法错误,但不包括执行时可能发生的语义错误。

“对勾”按钮左边的图标按钮在图 1-25 上是灰色显示的,在执行代码时它将成为红色的“停止”按钮。如果在执行代码过程中,希望取消所执行的代码,则可单击“停止”按钮。

三个显示方式图标按钮用于指定查询结果的显示形式,最左边的图标按钮表示“以文本格式显示结果”;中间的图标按钮表示“以网格显示结果”;最右边的图标按钮表示“将结果保存到文件中”。

1.4 小结

SQL Server 2012 是一款大型的支持客户端/服务器结构的关系数据库管理系统,作为基于各种 Windows 平台的最佳数据库服务器产品,它可以应用在许多方面(如电子商务等)。在满足软硬件需求的前提下,可在各种 Windows 平台上安装 SQL Server 2012。SQL Server 2012 提供了易于使用的图形化工具和向导,为创建和管理数据库(包括数据库对象和数据库资源)带来了很大的方便。

本章主要介绍了 SQL Server 2012 平台的构成,SQL Server 2012 提供的各种版本,各种版本的功能以及对操作系统和计算机软硬件环境的要求,较详细地介绍了 SQL Server 2012 的安装过程及安装过程中的一些选项。

SQL Server 允许在一台服务器上运行多个 SQL Server 实例,即允许在一台服务器上同时有多个数据库管理系统存在,这些数据库管理系统之间彼此没有相互干扰。

最后介绍了 SQL Server 2012 中的一些常用工具,包括配置管理器、SSMS 等,利用配置管理器可以很方便地完成对 SQL Server 2012 服务的启动模式、网络传输协议的设置。利用 SSMS 可以实现图形化以及使用 SQL 脚本操作数据库。

习　题

1. SQL Server 2012 提供了几种版本?
2. 安装 SQL Server 2012 对硬盘及内存的要求分别是什么?
3. SQL Server 实例的含义是什么? 实例名称的作用是什么?
4. SQL Server 2012 的核心引擎是什么?
5. SQL Server 2012 提供的设置服务启动模式的工具是哪一个?
6. 提供通过图形化方法操作数据库的工具是哪一个?

上机练习

1. 根据你所用计算机的操作系统和软硬件配置,安装适合的 SQL Server 2012 版本,并将“身份验证”模式设置为“混合模式”。

2. SQL Server 2012 安装正常完成后,运行“SQL Server 配置管理器”工具,将“SQL Server (MSSQLSERVER)属性”的服务设置为“手动”启动模式,并启动该服务。

3. 运用“SQL Server 配置管理器”工具,在服务器端和客户端分别启用 Shared Memory 和 TCP/IP 网络协议。

4. 连接已安装的 SQL Server 2012 实例,打开查询编辑器,将操作的数据库选为 Master,单击“新建查询”按钮打开一个新的查询编辑。

向编辑器中输入如下语句并执行:

```
SELECT * FROM[sys].[databases]
```

观察执行结果。

(1) 单击“以文本格式显示结果”按钮,再次执行上述语句,观察执行结果。

(2) 单击“将结果保存到文件中”按钮,再次执行上述语句,观察执行结果。

(3) 单击“以网格显示结果”按钮,再次执行上述语句,观察执行结果。

第2章 数据库、表的创建与管理

数据库是存放数据的仓库,用户在利用数据库管理系统提供的功能时,首先必须将数据保存到用户的数据库中。数据库中包含很多对象,包括存放数据的表、用于提高数据查询效率的索引以及满足用户数据需求的视图。

本章主要介绍在SQL Server 2012环境中创建用户数据库、关系表以及定义数据完整性约束的方法。

2.1 SQL Server数据库概述

SQL Server数据库由包含数据的表集合以及其他对象(如视图、索引等)组成,目的是为执行与数据有关的活动提供支持。SQL Server支持在一个实例中创建多个数据库,每个数据库在物理上和逻辑上都是独立的,相互之间没有影响。每个数据库存储相关的数据,例如,可以用一个数据库来存储商品及销售信息,另一个数据库存储人事信息。

在SQL Server实例中,数据库被分为两大类:系统数据库和用户数据库,如图2-1所示。

1. 系统数据库

系统数据库是SQL Server数据库管理系统自动创建和维护的,这些数据库用于保存维护系统正常运行的信息。例如,一个SQL Server实例上共建有多少个数据库,每个数据库的属性及其所包含的对象,每个数据库的用户及用户的权限等。一般用户对系统数据库没有操作权。

2. 用户数据库

用户数据库保存的是与用户的业务有关的数据,通常所说的建立数据库是指创建用户数据库,对数据库的维护是指对用户数据库的维护。

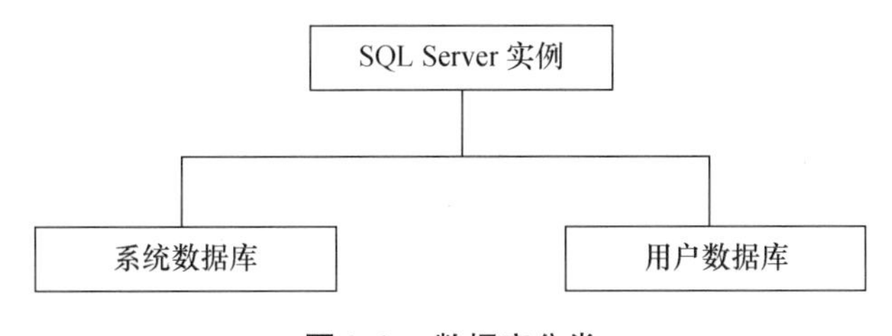

图2-1 数据库分类

2.1.1 系统数据库

安装完 SQL Server 2012 后，一般情况下，安装程序将自动创建 4 个用于维护系统正常运行的系统数据库，分别是：master、msdb、model 和 tempdb。在关系数据库管理系统中，系统的正常运行是靠系统数据库支持的，关系数据库管理系统是一个自维护的系统，它用系统表来维护用户以及系统的信息。根据系统表的作用的不同，SQL Server 又对系统数据进行了划分，不同的系统数据库存放不同的系统表。

1. master

master 是 SQL Server 中最重要的数据库，用于记录 SQL Server 系统中所有的系统级信息，如果该数据库损坏，则 SQL Server 将无法正常工作。

2. msdb

msdb 供 SQL Server 代理服务调度报警、作业以及记录操作员时使用，保存关于调度报警、作业和操作员等信息。其中，作业是在 SQL Server 中定义的自动执行的一系列操作的集合，作业的执行不需要任何人工干预。

3. model

model 是 SQL Server 创建的用户数据库模板，其中包含所有用户数据库的共享信息。当用户创建一个数据库时，系统自动将 model 数据库中的全部内容复制到新建的数据库中。因此，用户创建的数据库不能小于 model 数据库的大小。

4. tempdb

tempdb 是临时数据库，用于存储用户创建的临时表、用户声明的变量以及用户定义的游标数据等，并为数据的排序等操作提供一个临时的工作空间。

2.1.2 SQL Server 数据库的组成

为了保证并发事务之间没有相互干扰，以及事务的原子性和一致性，必须将事务对数据库进行的更改操作记录在事务日志文件中。因此，对大型数据库来说，事务日志文件是非常重要的。在 SQL Server 中，一个数据库由两类文件组成：数据文件和事务日志文件。数据文件用于存放数据库数据，事务日志文件用于存放事务日志内容。

在 SQL Server 中创建数据库时，了解 SQL Server 如何存储数据是很有必要的，这样用户可以知道如何估算数据库占用的空间的大小以及如何为数据文件和事务日志文件分配磁盘空间。

在考虑数据库的空间分配时，要了解如下规则：

① 所有数据库都包含两个操作系统文件，一个主要数据文件与一个或多个事务日志文件，此外，还包含零个或多个次要数据文件。实际的文件都有两个名称：操作系统管理的物理名称和数据库管理系统管理的逻辑名称（在数据库管理系统中使用的、用在 T-SQL 语句中的名字）。SQL Server 2012 的数据文件和事务日志文件的默认存放位置为：\Program Files\Microsoft SQL Server\MSSQL10. MSSQLSERVER\MSSQL\DATA 文件夹。

② 在创建用户数据库时，包含系统表的 model 数据库自动被复制到新建数据库中，而且是复制到主要数据文件中。

③ 在 SQL Server 中，数据的存储单位是数据页（Page，以下简称“页”）。一页是一块 8 KB（8 × 1024 字节，其中用 8060 字节存放数据，另外的 132 字节存放系统信息）的连续磁盘空间，页是存储数据的最小单位。页的大小决定了数据库表中一行数据的最大容量。

在 SQL Server 中,不允许表中的一行数据存储在不同页上,即行不能跨页存储。因此,表中一行数据的大小(即各列所占空间之和)不能超过 8060 字节。

根据页的大小和行不能跨页存储的规则,可以估算出一个数据表所需占用的大致空间。例如,假设一个数据表有 10 000 行数据,每行 3000 字节,则每页可存放两行数据,此表需要的空间为:(10 000/2) ×8 KB = 40 MB,数据的存储情况如图 2-2 所示。其中,每页被占用 6000 字节,有 2060 字节是浪费的,该数据表的空间浪费情况大约为 25%。

因此,在设计数据表时应考虑表中每行数据的大小,使一页尽可能存储更多的数据行,以减少空间浪费。

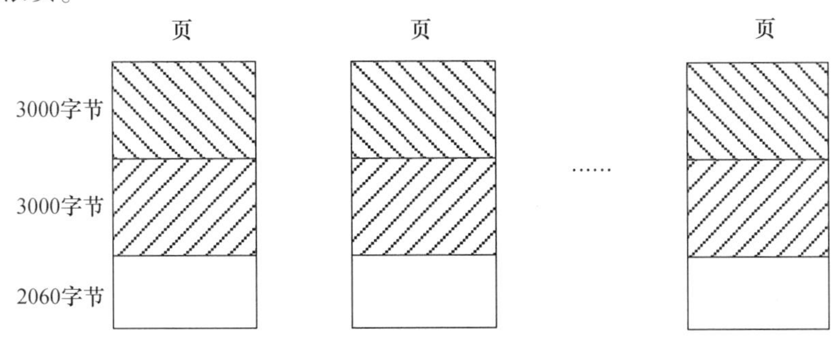

图 2-2　数据的存储情况

2.1.3　数据文件和事务日志文件

1. 数据文件

数据文件用于存放数据库数据。数据文件又分为主要数据文件和次要数据文件两种。

(1) 主要数据文件。

主要数据文件的推荐扩展名是. mdf,它包含数据库的启动信息,并指向数据库中的其他文件。用户数据和对象可以存储在此文件中,也可以存储在次要数据文件中,每个数据库都有且仅有一个主要数据文件,且为数据库创建的第一个数据文件。

(2) 次要数据文件。

次要数据文件的推荐扩展名是. ndf,一个数据库可以不包含次要数据文件,也可以包含多个次要数据文件。次要数据文件由用户定义并存储用户数据,通过将每个文件放在不同的磁盘上,利用次要数据文件可将数据分散到多个磁盘上。另外,如果数据库超过了单个 Windows 文件的最大容量,也可以使用次要数据文件,这样数据库就能继续增长。

次要数据文件的使用和主要数据文件的使用对用户来说是没有区别的,而且对用户也是透明的,用户无须关心自己的数据是被存放在主要数据文件中,还是被存放在次要数据文件中。

2. 事务日志文件

事务日志文件的推荐扩展名为. ldf,用于存放用以恢复数据库的所有事务日志信息。每个数据库必须至少有一个事务日志文件,也可以有多个事务日志文件。

默认情况下,数据文件和事务日志文件被放在同一个磁盘的同一个路径下,这是为处理单磁盘系统而采用的方法。但在生产环境中,这可能不是最佳的方法。建议将数据文件和事务日志文件放在不同的磁盘上。

注意　SQL Server 不强制使用.mdf、.ndf 和.ldf 文件扩展名，但建议使用这些扩展名以利于标识文件的用途。

2.1.4 数据库文件的属性

在定义数据库时，除了指定数据库的名字之外，其余要做的工作就是定义数据库的数据文件和事务日志文件，定义这些文件需要指定的信息包括以下几种：

1. 逻辑名称和物理存储位置

数据库的每个数据文件和事务日志文件都有一个逻辑名称（引用文件时，在 SQL Server 中使用的文件名称）和物理存储位置（包括物理名称，即操作系统管理的文件名称）。在一般情况下，如果有多个数据文件，为了获得更好的性能，建议将这些文件分散存储在多个磁盘上。

2. 初始大小

在定义数据库时，可以指定每个数据文件和事务日志文件的初始大小。在指定主要数据文件的初始大小时，其大小不能小于 model 数据库主要数据文件的大小，因为系统要将 model 数据库主要数据文件的内容拷贝到用户数据库的主要数据文件上。

3. 增长方式

如果需要的话，可以指定文件是否自动增长。该选项的默认设置为“自动增长”，即当数据库的空间用完后，系统自动扩大数据库的空间，这样可以防止由于数据库空间用完而造成的不能插入新数据或不能进行数据操作的错误。

4. 最大大小

文件的最大大小是指文件增长的最大空间限制。该选项的默认设置是“无限制”，建议用户设定允许文件增长的最大空间。如果用户不设定最大空间，但选定了文件为“自动增长”方式，则文件将会无限制增长直到磁盘空间用完为止。

2.2 创建数据库

创建数据库可以在 SSMS 中用图形化的方法实现，也可以通过 T-SQL 语句实现。下面介绍这两种创建数据库的方法。

2.2.1 用图形化的方法创建数据库

用图形化的方法创建数据库的步骤如下：

（1）启动 SSMS，并连接到 SQL Server 数据库服务器的一个实例上。

（2）在 SSMS 的“对象资源管理器”中，在选定实例下的“数据库”节点上右击，或者在某个用户数据库上右击，在弹出的快捷菜单中选择“新建数据库”项，弹出如图 2-3 所示的“新建数据库”窗口。

（3）在图 2-3 所示的窗口中，在“数据库名称”文本框中输入数据库名。当输入数据库名时，在下面的“逻辑名称”中也会出现相应的名称，这只是辅助用户命名的逻辑名称，用户可以对这些名称再进行修改。

（4）“数据库名称”下面是“所有者”，数据库的所有者可以是任何具有创建数据库权限的登录账户，数据库所有者对其拥有的数据库具有全部的操作权限，包括修改、删除数据库以及对数据库内容进行操作等。默认时，数据库的所有者是“<默认值>”，表示该数据库的所有者是当前登录到 SQL Server 的账户。关于登录账户及数据库安全性我们将在第 3 章详细介绍。

(5) 在图 2-3 中的“数据库文件”网格中,可以定义数据库包含的数据文件和事务日志文件。

① 在“逻辑名称”处可以指定文件的逻辑名称,默认的主要数据文件的逻辑名称同数据库名称,默认的第一个事务日志文件的逻辑名称为:“数据库名称” + “_log”。例如,将主要数据文件的逻辑名称命名为“学生数据库_data1”,事务日志文件的逻辑名称用默认名称。

② “文件类型”部分显示了该文件的类型是数据文件还是事务日志文件,用户新建文件时,可以指定文件的类型。初始时,数据库必须至少有一个主要数据文件和一个事务日志文件,因此这两个文件的类型是不能修改的。

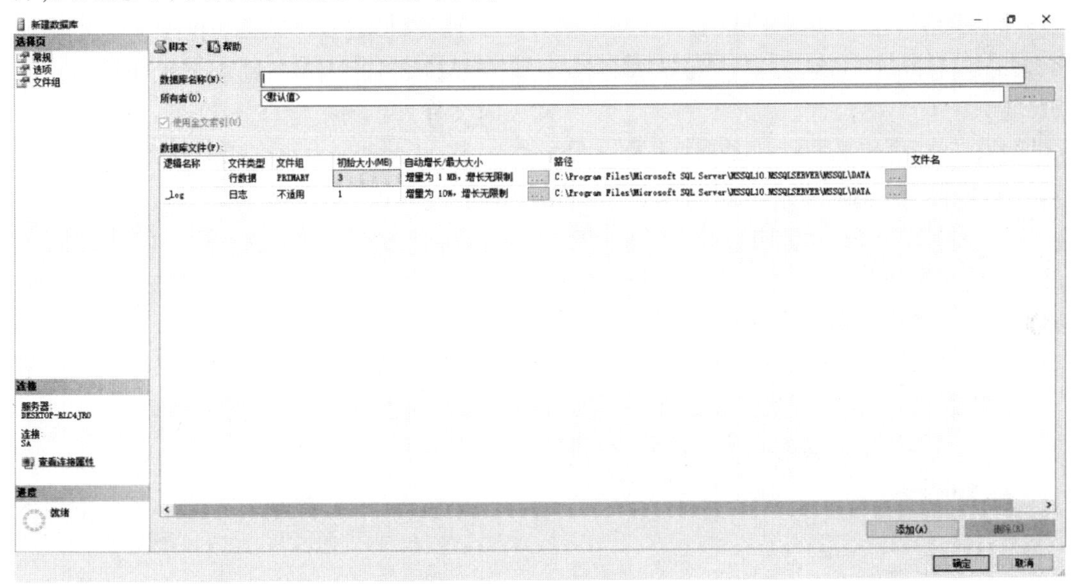

图 2-3　“新建数据库”窗口

③ “文件组”部分显示了数据文件所在的文件组(事务日志文件没有文件组概念),文件组是由一组文件组成的逻辑组织。默认情况下,所有的数据文件都属于主文件组(PRIMARY)。主文件组是系统预定义好的,每个数据库都必须有一个主文件组,而且主要数据文件必须存放在主文件组中。用户可以根据自己的需要添加辅助文件组,辅助文件组用于组织次要数据文件,目的是为了提高数据的访问性能。

④ 在“初始大小(MB)”部分可以指定文件创建后的初始大小。默认情况下,主要数据文件的初始大小是 5 MB,事务日志文件的初始大小是 1 MB。假设这里将“学生数据库_data1”数据文件的初始大小设置为 10 MB,将“学生数据库_data1_log”事务日志文件的初始大小设置为 2 MB。

⑤ 在“自动增长/最大大小”部分可以指定文件的增长方式。默认情况下,主要数据文件是每次增加 1 MB,最大大小没有限制,事务日志文件是每次增加 10%,最大大小也没有限制。单击某个文件对应的选择按钮,可以更改文件的增长方式和最大大小的限制,如图 2-4 所示。

⑥ “路径”部分显示了文件的物理存储位置,默认的存储位置是 C:\Program Files\Microsoft SQL Server\MSSQL10. MSSQLSERVER\MSSQL\DATA 文件夹。单击此项对应的选择按钮,可以更改文件的存放位置。这里将主要数据文件和事务日志文件均放置在 D:\Data

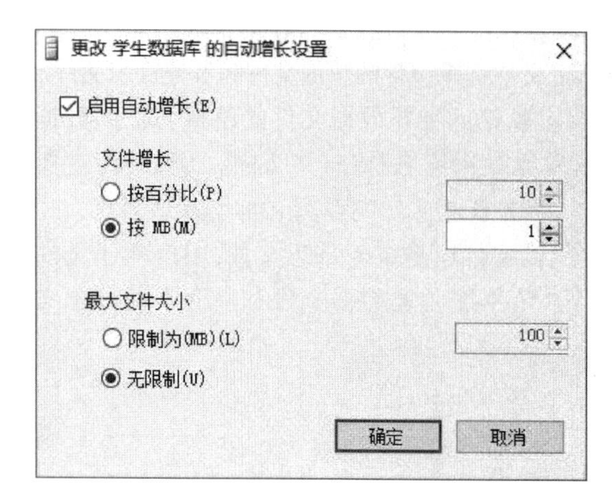

图 2-4 “更改学生数据库的自动增长设置”窗口

文件夹下(假设此文件夹已建好)。

(6) 在图 2-4 中,取消“启用自动增长”复选框,表示文件不自动增长,文件能够存放的数据量以文件的初始空间大小为限。若选择“启用自动增长”复选框,则可进一步设置每次文件增加的大小以及文件的最大大小限制。设置文件自动增长的好处是可以不必随时担心数据库的空间被占满。

① 文件增长:可以按 MB 或百分比增长。如果是按百分比增长,则增量大小为发生增长时文件大小的指定百分比。

② 最大文件大小有两种方式,即

- 限制为(MB):指定文件可增长到的最大空间。
- 无限制:以磁盘空间容量为限制,在有剩余磁盘空间的情况下,可以一直增长。选择这个选项是有风险的,如果某种原因造成数据恶意增长,则会将整个磁盘空间占满。清理一块彻底被占满的磁盘空间是非常麻烦的事情。

这里将“学生数据库_data1”的主要数据文件设置为限制增长,最大大小为 100 MB;将“学生数据库_data1_log”事务日志文件设置为限制增长,最大大小为 10 MB。

设置好学生数据库的两个文件后的界面如图 2-5 所示。

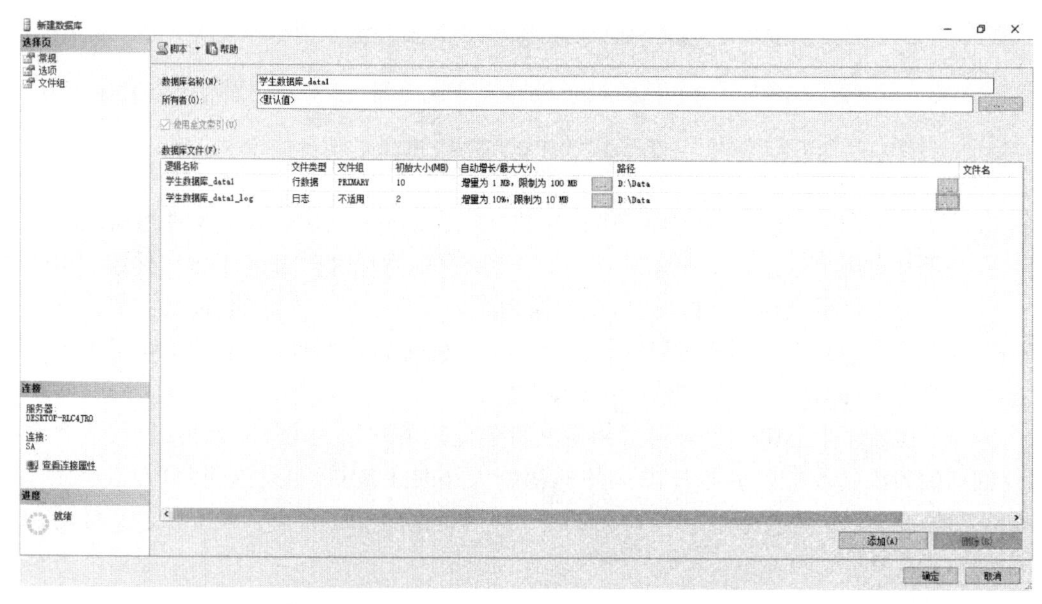

图 2-5 设置好学生数据库的两个文件后的界面

(7) 单击图 2-5 上的“添加”按钮,可以增加该数据库的次要数据文件和事务日志文件。图2-6 所示为添加了一个数据文件(次要数据文件)后的界面,该数据文件的逻辑名称为“学生数据库_data2”,初始大小为 6 MB,不自动增长,存放在 D:\Data 文件夹下。

(8) 选择某个文件后,单击图 2-6 上的“删除”按钮,可删除选择的文件。这里不进行任

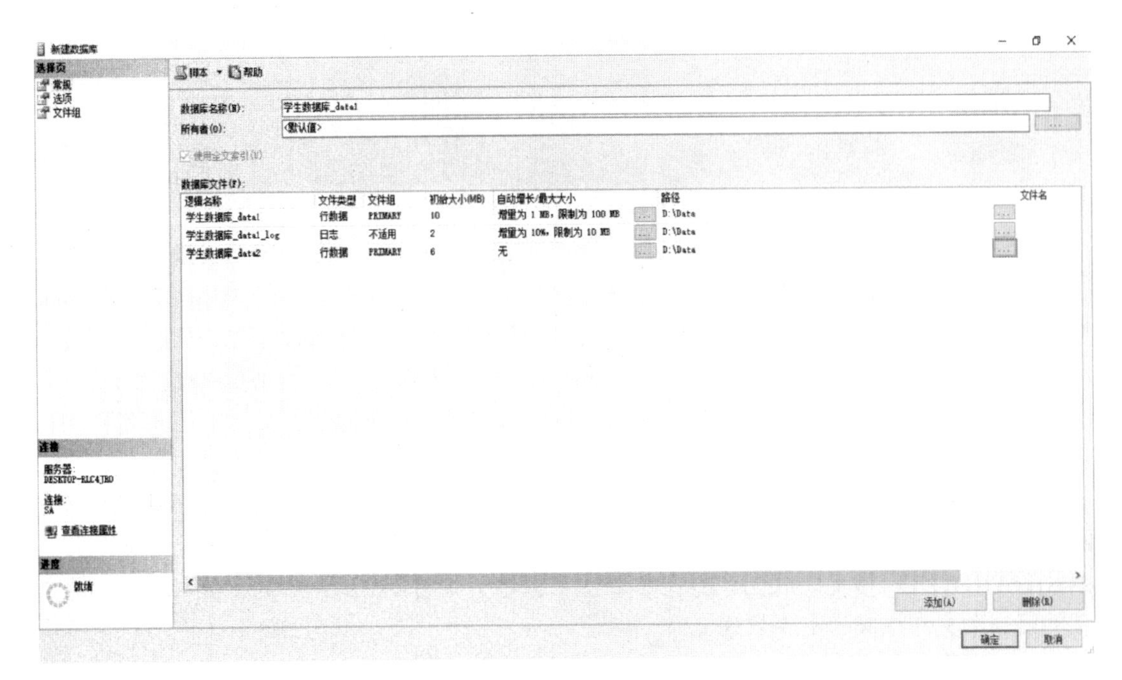

图 2-6　添加了一个数据文件(次要数据文件)后的界面

何删除。

(9) 单击"确定"按钮,完成数据库的创建。

数据库创建成功后,在 SSMS 的"对象资源管理器"中,通过刷新对象资源管理器中的内容,可以看到新建立的数据库。

2.2.2　用 T-SQL 语句创建数据库

除了可以使用 SSMS 创建数据库以外,还可以使用 T-SQL 语句来创建数据库。对 T-SQL 语句的编写和执行是在 SSMS 的查询编辑器中实现的。

创建数据库的 T-SQL 语句为:CREATE DATABASE,该语句的语法格式为:

```
CREATE DATABSE database_name
[
ON
  [PRIMARY] [<filespec> [, … n]
  [, <filegroup> [, … n] ]
  [LOG ON [<filespec> [, … n] ] ]
  ]
]

 <filespec>::=
 {
 (NAME = logical _file_name,
 FILENAME = {'os_file_name' | 'filestream_path'}
 [, SIZE = size [KB |MB |GB |TB]]
 [, MAXSIZE = {max_size[ KB |MB |GB |TB] |UNLIMITED}]
 [,FILEGROWTH = growth_increment [ KB |MB |GB |TB |% ] ]
 )[, … n]
 }
```

```
<filegroup>::=
{
FILEGROUP filegroup_name [DEFAULT]
<filespec>[,… n]
}
```

各参数含义如下：

① database_ name：新数据库的名称。数据库名称在 SQL Server 实例中必须是唯一的。

如果在创建数据库时未指定事务日志文件的逻辑名称，则 SQL Server 用 database_name 后加"_log"作为事务日志文件的逻辑名称和物理名称。在这种情况下，将限制 database_name 不超过 123 个字符，从而使生成的事务日志文件的逻辑名称不会超过 128 个字符。

如果未指定数据文件名，则 SQL Server 用 database_name 作为数据文件的逻辑名称和物理名称。

② ON：指定用来存储数据库中数据部分的磁盘文件（数据文件）。ON 后面是用逗号分隔的、用以定义数据文件的 <filespec> 项列表。

③ PRIMARY：指定关联的数据文件的主文件组。带有 PRIMARY 的 <filespec> 部分定义的第一个文件将成为主要数据文件。

如果没有指定 PRIMARY，则 CREATE DATABASE 语句中列出的第一个文件将成为主要数据文件。

④ LOG ON：指定用来存储数据库中事务日志部分的磁盘文件（事务日志文件）。LOG ON 后面跟以逗号分隔的用以定义事务日志文件的 <filespec> 项列表。如果没有指定 LOG ON，则系统自动创建一个事务日志文件，其大小为该数据库的所有数据文件大小总和的 25% 或 512 KB，取两者之中的较大者。

⑤ <filespec>：定义文件的属性。<filespec> 各参数的含义如下：

- NAME = logical_file_name：指定文件的逻辑名称。指定 FILENAME 时，需要使用 NAME 的值。在一个数据库中逻辑名称必须唯一，而且必须符合标识符规则。名称可以是字符或 Unicode 常量，也可以是常规标识符或分隔标识符。

- FILENAME = os_file_name：指定操作系统（物理）文件名称。'os_file_name' 是创建文件时由操作系统使用的路径和文件名。

- SIZE = size：指定文件的初始大小。如果没有为主文件提供 size，则数据库引擎将使用 model 数据库中的主文件的大小。如果指定了次要数据文件或事务日志文件，但未指定该文件的 size，则数据库引擎将以 1 MB 作为该文件的大小。为主文件指定的大小应不小于 model 数据库的主文件大小。

size 可以使用千字节（KB）、兆字节（MB）、千兆字节（GB）或兆兆字节（TB）后缀，默认为 MB。size 是一个整数值，不能包含小数位。

- MAXSIZE = max_size：指定文件可增大到的最大大小。可以使用 KB、MB、GB 和 TB 后缀，默认为 MB。max_size 为一个整数值，不能包含小数位。如果未指定 max_size，则表示文件大小无限制，文件将一直增大，直至磁盘空间占满。

- UNLIMITED：指定文件的增长无限制。在 SQL Server 2012 中，不限制增长的事务日志文件最大为 2 TB，而数据文件最大为 16 TB。

- FILEGROWTH = growth_increment：指定文件的自动增量。FILEGROWTH 的大小不能

超过 MAXSIZE 的大小。

growth_increment 为每次需要新空间时为文件添加的空间量。该值可以使用 KB、MB、GB、TB 或百分比(%)后缀,默认为 MB。如果指定了"%",则增量大小为发生增长时文件大小的指定百分比。指定的大小舍入为最接近的 64 KB 的倍数。

FILEGROWTH = 0 表明将文件自动增长设置为关闭,即不允许增加空间。

如果未指定 FILEGROWTH,则数据文件的默认值为 1 MB,事务日志文件的默认增长比例为 10%,并且最小值为 64 KB。

⑥ <filegroup>:控制文件组属性。<filegroup>中各参数的含义如下:

- FILEGROUP filegroup_name:文件组的逻辑名称。filegroup_name 在数据库中必须唯一,而且不能是系统提供的名称 PRIMARY 和 PRIMARY_LOG,名称必须符合标识符规则。
- DEFAULT:指定该文件组为数据库中的默认文件组。

在使用 T-SQL 语句创建数据库时,最简单的情况是可以省略所有的参数,只提供一个数据库名即可,这时系统会按各参数的默认值创建数据库。编写和执行 T-SQL 语句是在查询编辑器中实现的。下面举例说明如何在查询编辑器中用 T-SQL 语句创建数据库。

例 1　创建一个名字为"实验数据库"的数据库,其他选项均采用默认设置。

创建此数据库的 SQL 语句为:

```
CREATE DATABASE 实验数据库
```

例 2　创建一个名为"RShDB"的数据库,该数据库由一个数据文件和一个事务日志文件组成。该数据库各文件的定义如下:

① 数据文件只有主要数据文件,其逻辑名称为"RShDB",其物理名称为"RShDB. mdf",存放在 D:\RShDB_Data 文件夹下,其初始大小为 10 MB,最大大小为 30 MB,自动增长时的递增量为 5 MB。

② 事务日志文件的逻辑名称为"RShDB_log",物理名称为"RShDB_log. ldf",也存放在 D:\RShDB_Data 文件夹下,初始大小为 3 MB,最大大小为 12 MB,自动增长时的递增量为 2 MB。

创建此数据库的 SQL 语句为:

```
CREATE DATABASE RShDB
ON
(NAME = RShDB,
FILENAME = 'D:\RShDB_Data\RShDB.mdf',
SIZE = 10,
MAXSIZE = 30,
FILEGROWTH = 5
)
LOG ON
(NAME = RShDB_log,
FILENAME = 'D:\RShDB_Data\RShDB_log.ldf',
SIZE = 3,
MAXSIZE = 12,
FILEGROWTH = 2
)
```

例 3 用 CREATE DATABASE 语句创建 students 数据库，该数据库各文件的定义如下：

① 主要数据文件逻辑名称为 students，存放在 PRIMARY 文件组上，初始大小为 3 MB，自动增长时的递增量为 1 MB，最大大小无限制，存放在 F:\Data 文件夹，物理名称为 students. mdf。

② 次要数据文件的逻辑名称为 students_data1，初始大小为 5 MB，自动增长时的递增量为 1 MB，最多增加到 10 MB，存放在 D:\Data 文件夹，物理名称为 students_data1. mdf。

③ 事务日志文件的逻辑名称为 students_log，初始大小为 2 MB，自动增长时的递增量为 10%，最多增加到 6 MB，存放在 F:\Data 文件夹，物理名称为 students_log. ldf。

创建此数据库的 SQL 语句为：

```
CREATE DATABASE students
ON PRIMARY
(NAME = students,
 FILENAME = 'F:\Data\students.mdf',
 SIZE = 3 MB,
 MAXSIZE = UNLIMITED),
(NAME = students_data1,
 FILENAME = 'D:\Data\students_data1.mdf',
 SIZE = 5 MB,
 MAXSIZE = 10 MB,
 FILEGROWTH = 1 MB
 )
LOG ON
( NAME = students_log,
  FILENAME = 'F:\Data\students_log.ldf',
  SIZE = 2 MB,
  MAXSIZE = 6 MB,
  FILEGROWTH = 10%
)
```

2.3 基本表的创建与管理

本节介绍如何在 SSMS 工具中利用图形化的方法创建表及定义表和数据完整性的约束。

2.3.1 创建表

下面以在“学生数据库”中创建 Student 表为例，来具体说明如何在用图形化方法创建表。

(1) 在 SSMS 的“对象资源管理器”中，展开“学生数据库”节点。

(2) 在“学生数据库”→“表”节点上右击，在弹出的菜单中选择“新建表”项，然后在 SSMS 窗口的中间部分多出一个新建表的标签页，称为新建表的表设计器，如图 2-7 所示。

(3) 在“列名”部分输入表中各列的名字，在“数据类型”部分指定对应列的数据类型。“允许 NULL 值”复选框表示该列取值是否允许有 NULL 值，选择该复选框表示允许有 NULL 值，取消该复选框表示不允许有 NULL 值。

(4) 图 2-8 所示为输入第一个列名 Sno 后的情形，在输入列名后，即可在“数据类型”下拉

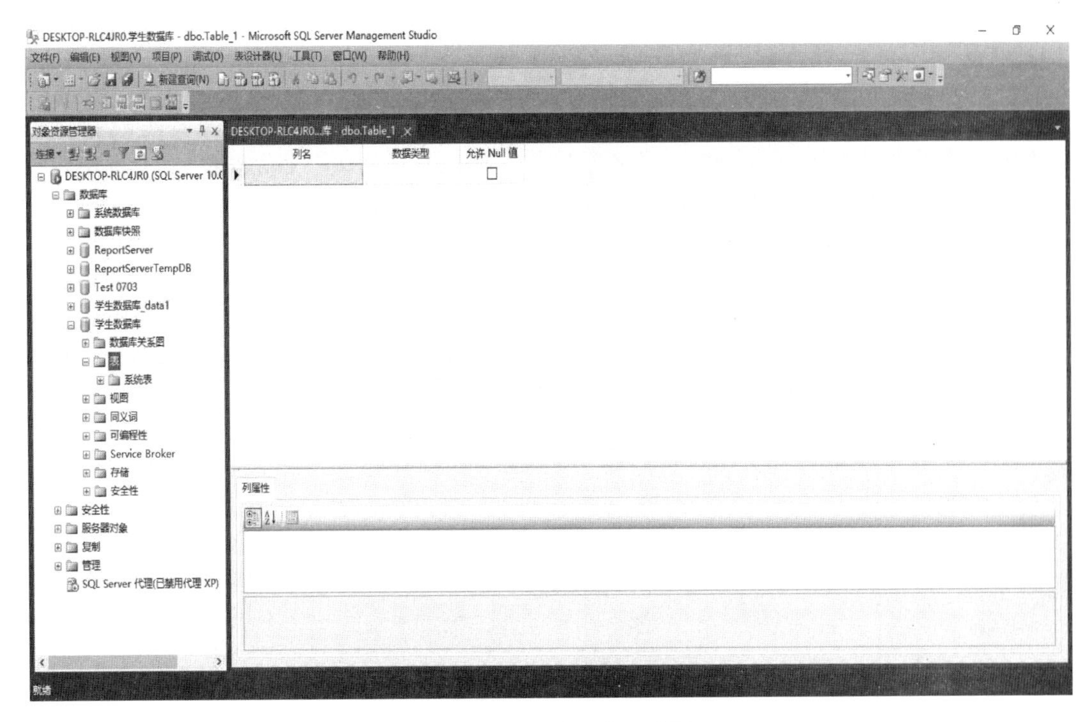

图 2-7　新建表的表设计器

列表框中指定该列的数据类型。如果是字符类型,则还应该指定字符串长度(默认的长度是10),也可以在窗口的“列属性”窗格中指定列的数据类型、长度以及是否允许为 NULL 值等。

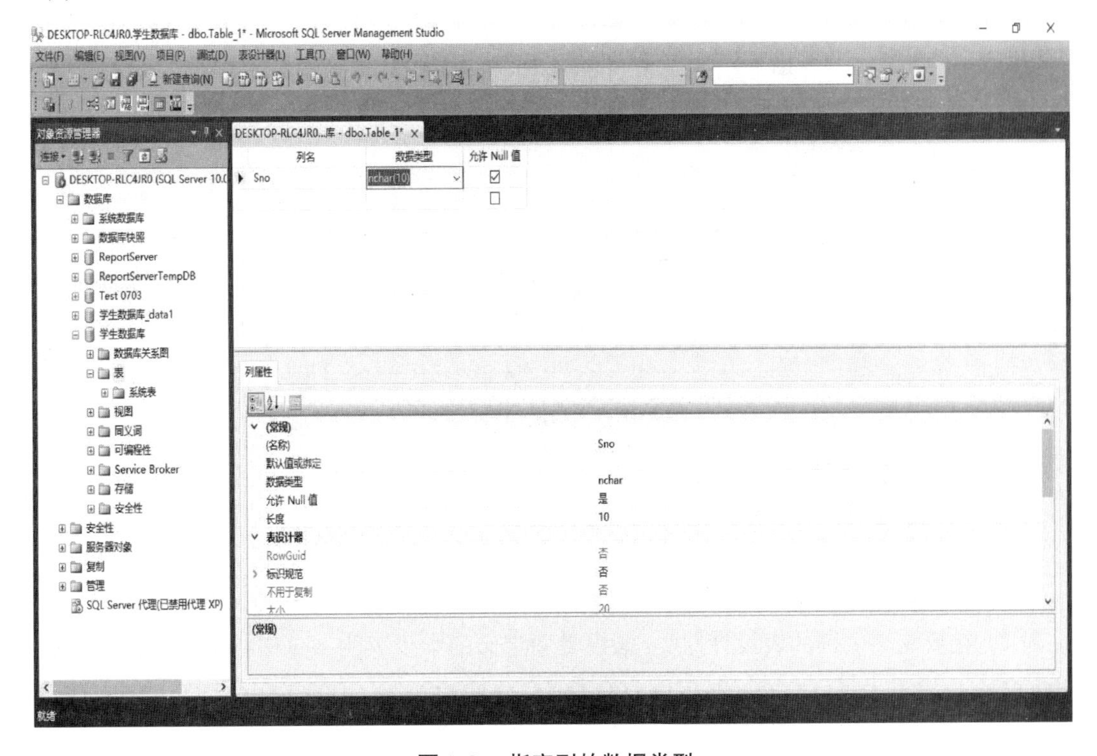

图 2-8　指定列的数据类型

（5）依次定义 Student 表的后续列。定义好 Student 表的各列后的表设计器如图 2-9 所示。

（6）定义好表结构之后，单击工具栏的"保存"按钮，或者选择"文件"菜单下的"保存"项，均可以弹出如图 2-10 所示的"选择名称"窗口，在此窗口的"输入表名称"文本框中可以指定表的名字，如图中输入的是"Student"。

（7）单击"确定"按钮保存表的定义。

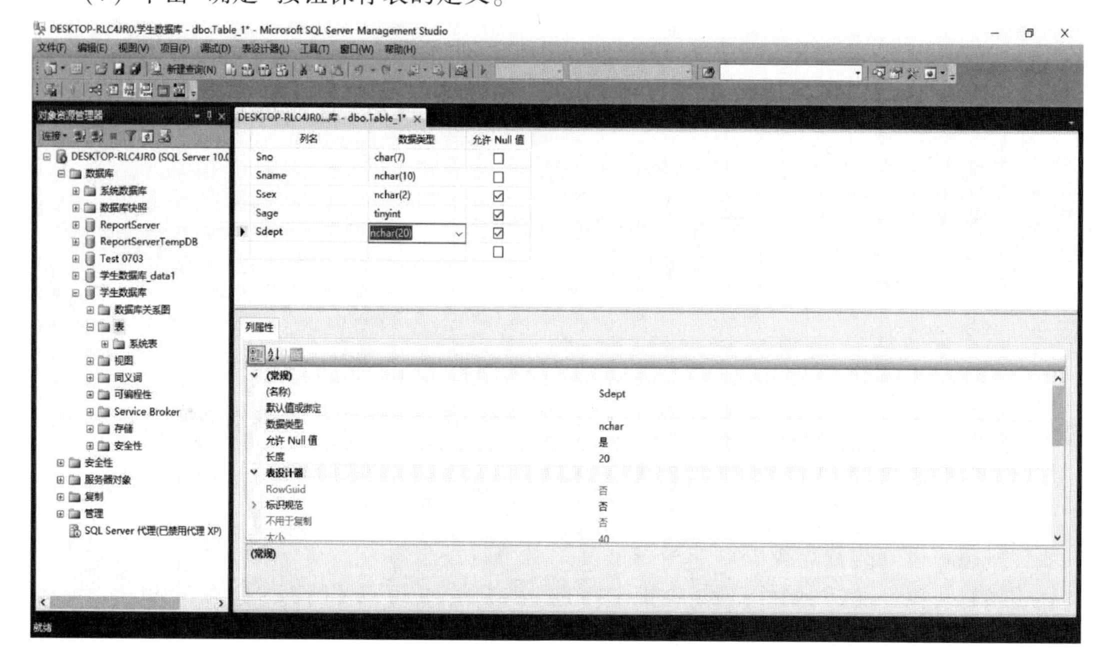

图 2-9　定义好 Student 表的各列后的表设计器

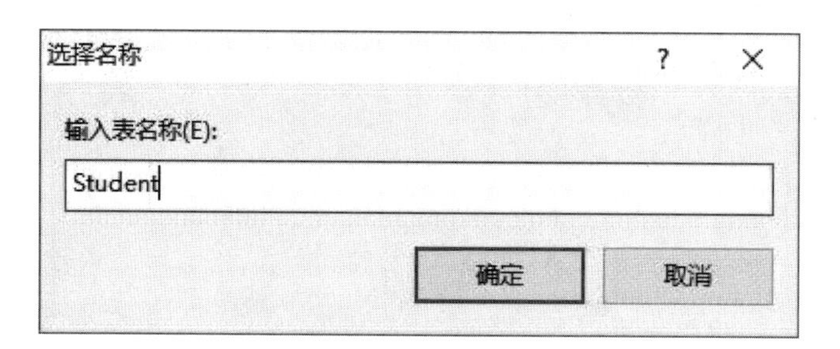

图 2-10　"选择名称"窗口

2.3.2　定义完整性约束

在 SSMS 工具中也可以用图形化的方法定义完整性约束。

1. 定义主键约束

在 SSMS 中定义主键（即主码）的方法如下：

（1）在要定义主键的表设计器中（假设是新定义的学生表为 NewStudent，其设计方法同 Student 表），单击主键列（Sno）前边的行选择器，选择 Sno 列。若主键由多个列组成[比如 SC（即学生课程）表的主键是（Sno，Cno）]，则可在单击其他主键列时按住 Ctrl 键，以达到同时选择多个列的目的。

(2) 单击中心工具栏的“设置主键”按钮,或者在主键列上右击,然后在弹出的菜单中选择“设置主键”项(如图 2-11 所示),均可将选择的列设置为主键。

设置好主键之后,在主键列的行选择器上会出现一个钥匙图标,如图 2-12 所示。

(3) 单击工具栏上的“保存”按钮保存表的定义。

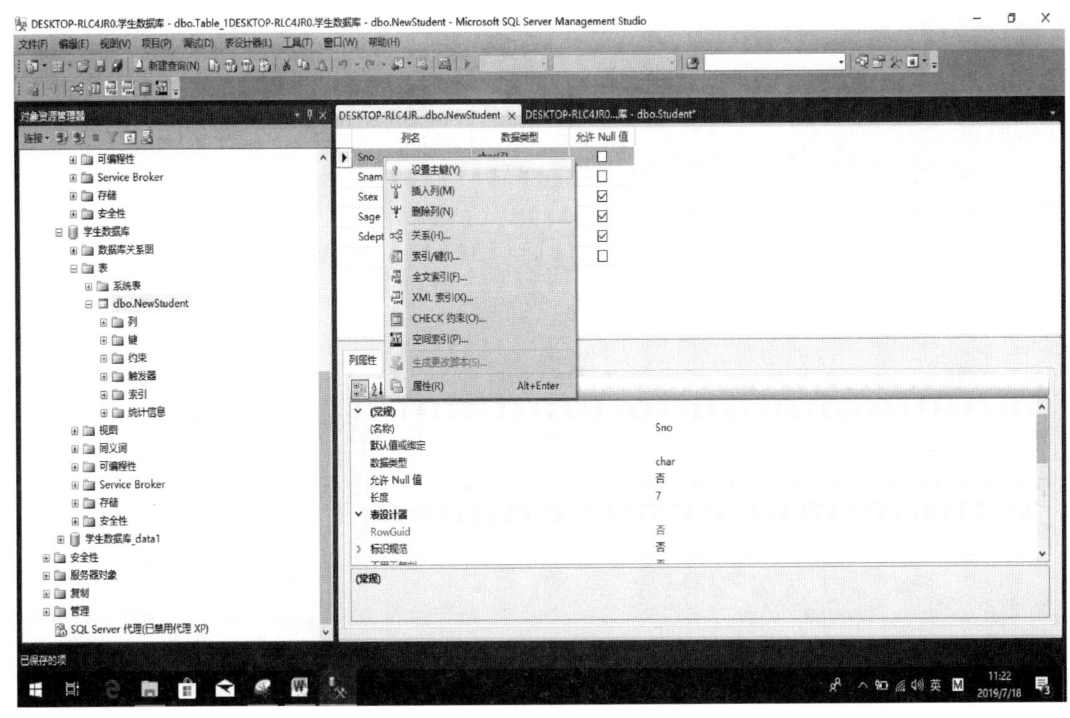

图 2-11　选择“设置主键”项

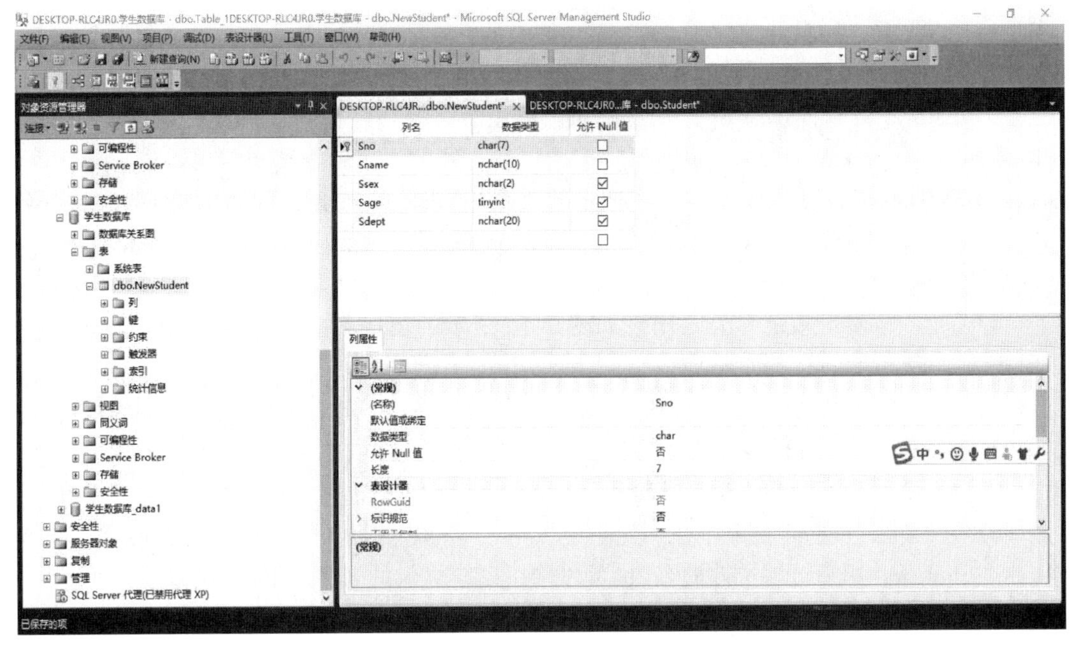

图 2-12　设置好 NewStudent 表的主键后的情形

2. 定义外键约束

下面介绍定义外键(即外码)约束的方法。按照前述 Student 表的创建方法,首先创建 Course 表和 SC 表。在 SC 表中,除了定义主键之外,还需要定义外键。定义好 SC 表后的窗口如图 2-13 所示。

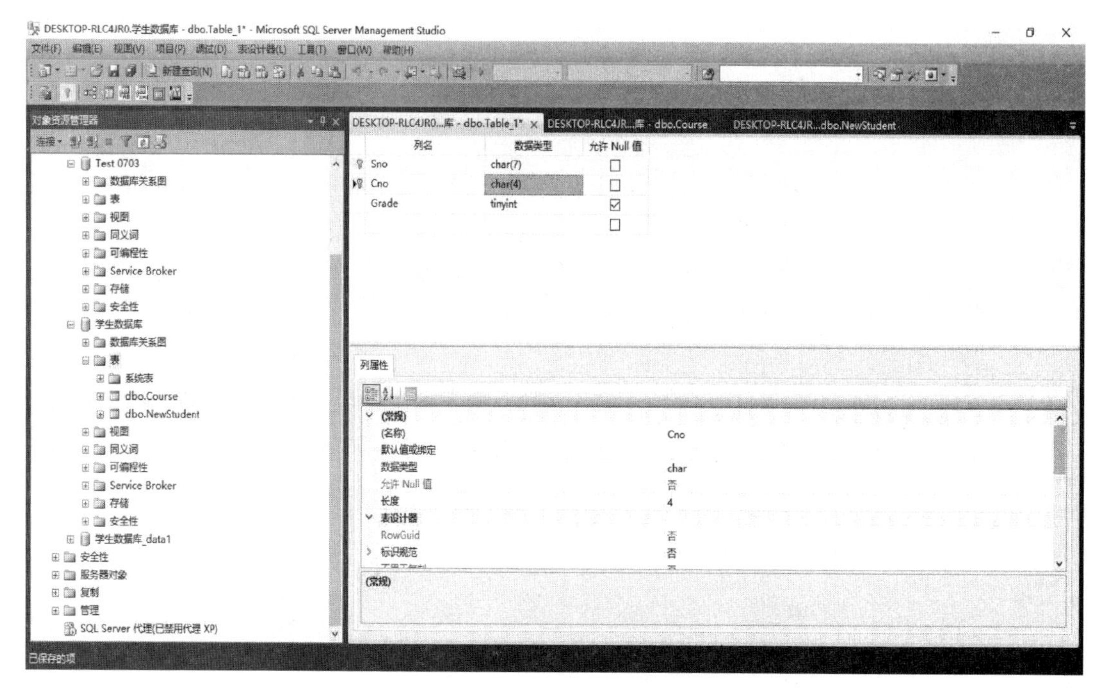

图 2-13 定义好 SC 表后的窗口

下面开始定义 SC 表的外键,步骤如下:

(1) 在图 2-13 所示的窗口中,单击工具栏上的“关系”按钮,或者在表的某个列上右击,然后在弹出的菜单中选择“关系”项,均弹出如图 2-14 所示的空的“外键关系”窗口。

(2) 在图 2-14 所示的窗口上单击“添加”按钮后,弹出有内容的“外键关系”窗口,如图 2-15 所示。

(3) 在图 2-15 所示的窗口中,在“选定的关系”列表框中列出了系统提供的默认关系名称(这里是:FK_SC_SC*),名称格式为 FK_ < tablename > _ < tablename >,其中,tablename 是外键表的名称。然后选择该关系。

(4) 展开“表和列规范”节点,出现如图 2-16 所示的窗口。单击右侧出现的选择按钮,弹出如图 2-17 所示的“表和列”窗口。

(5) 在图 2-17 所示的窗口中,从“主键表”下拉列表框中选择外键所引用的主键所在的表,此处选择“NewStudent”表。在“主键表”下边的网格中,单击第一行,当出现选择按钮时,单击此按钮,从下拉列表框中选择外键所引用的主键列,这里选择“Sno”,如图 2-18 所示。

(6) 在指定好外键之后,在“关系名”部分系统自动对名字进行更改,此处为 FK_SC _Student。用户可以更改此名,也可以采用系统提供的名字,此处不做修改。

(7) 在图 2-18 中右侧的“外键表”下面的网格中,单击 Cno 列。然后,单击出现的选择按钮,在 Cno 的下拉列表框中选择“无”,如图 2-19 所示。表示目前定义的外键不包含 Cno。

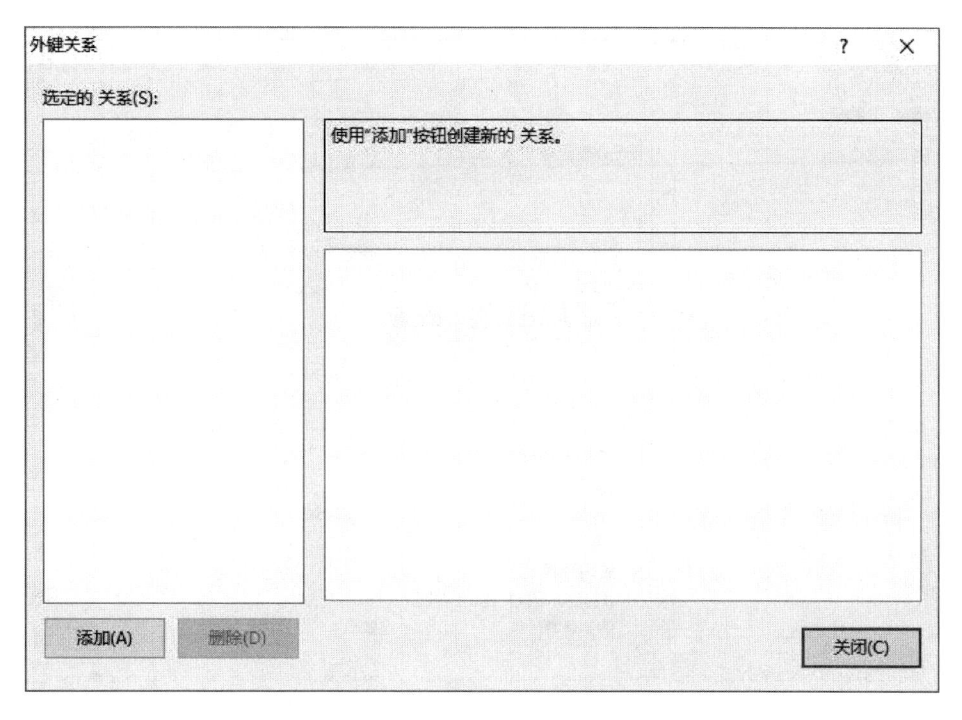

图 2-14　空的“外键关系”窗口

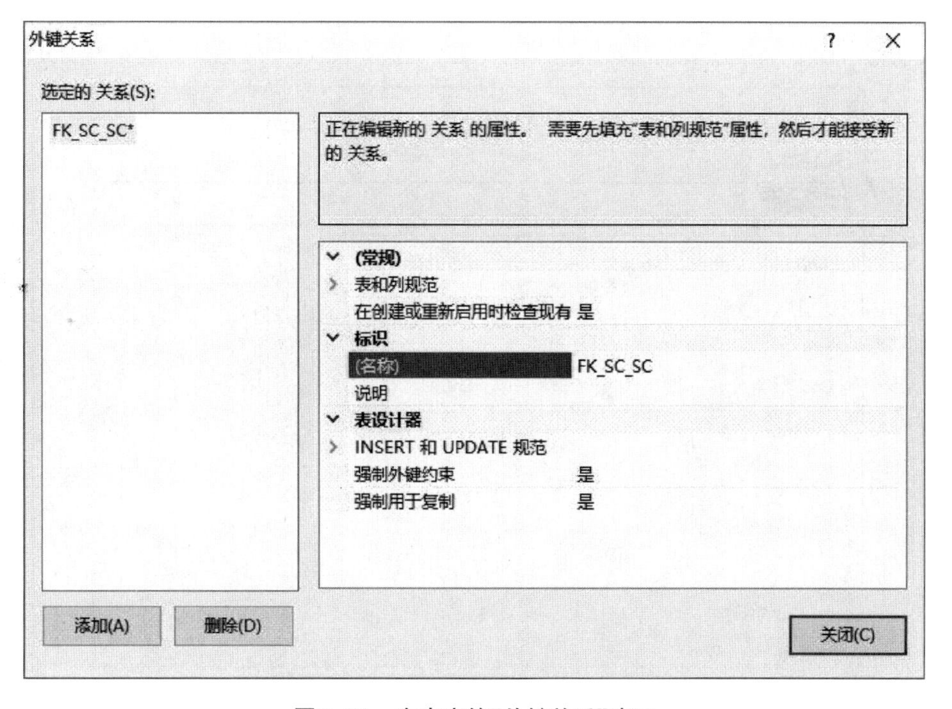

图 2-15　有内容的“外键关系”窗口

(8) 单击“确定”按钮，关闭“表和列”窗口，回到如图 2-20 所示的定义好 Sno 外键后的“外键关系”窗口。至此，定义好 SC 表的 Sno 外键。按同样的方法可以定义 SC 表的 Cno 外键。

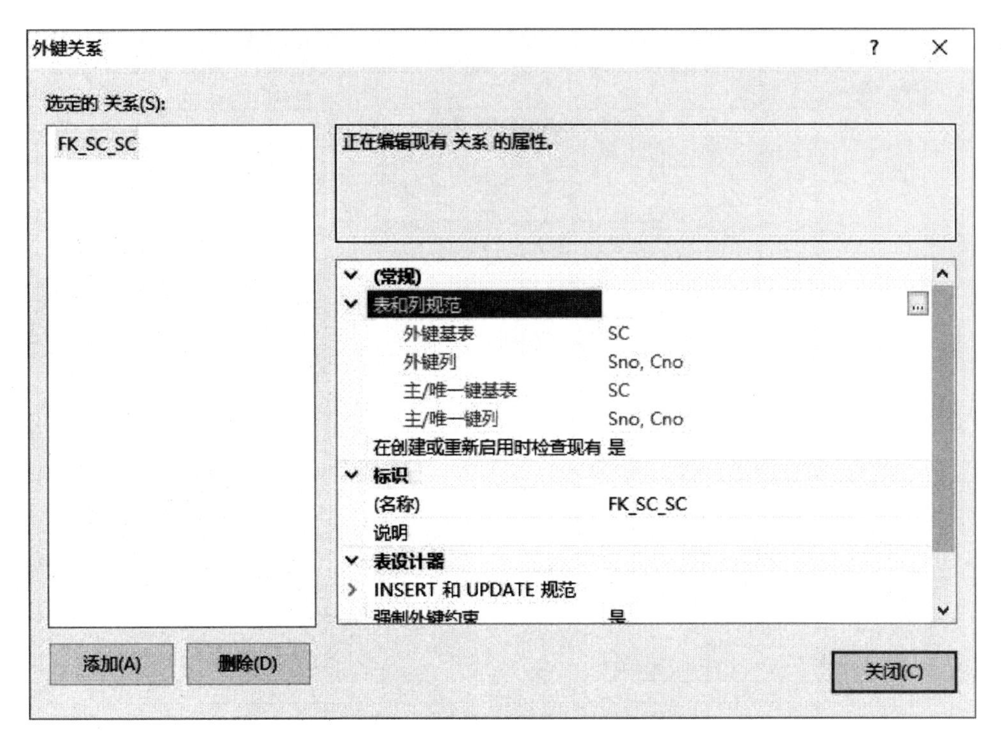

图 2-16　展开"表和列规范"后的窗口

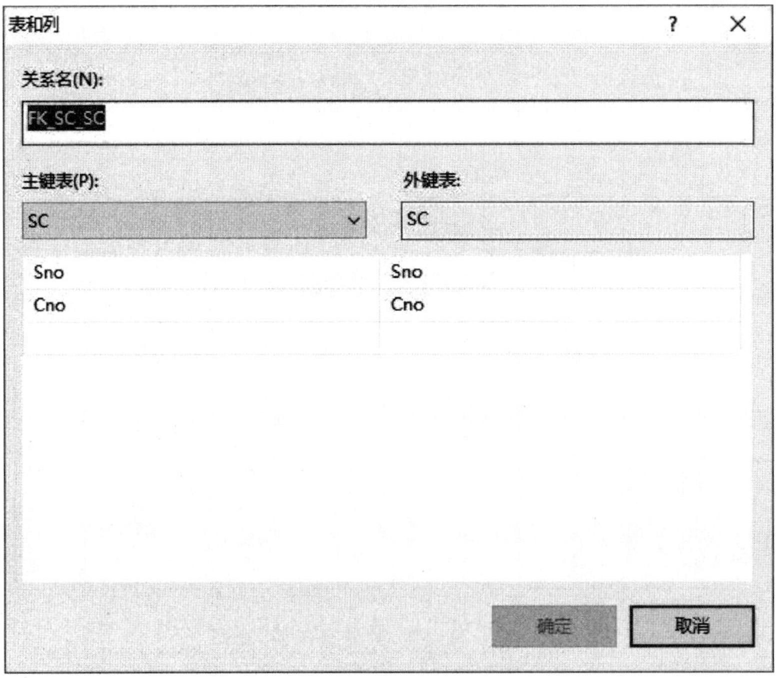

表和列
关系名(N):
FK_SC_SC
主键表(P):
SC
外键表:
SC
Sno Sno
Cno Cno
确定
取消

图 2-17　"表和列"的窗口

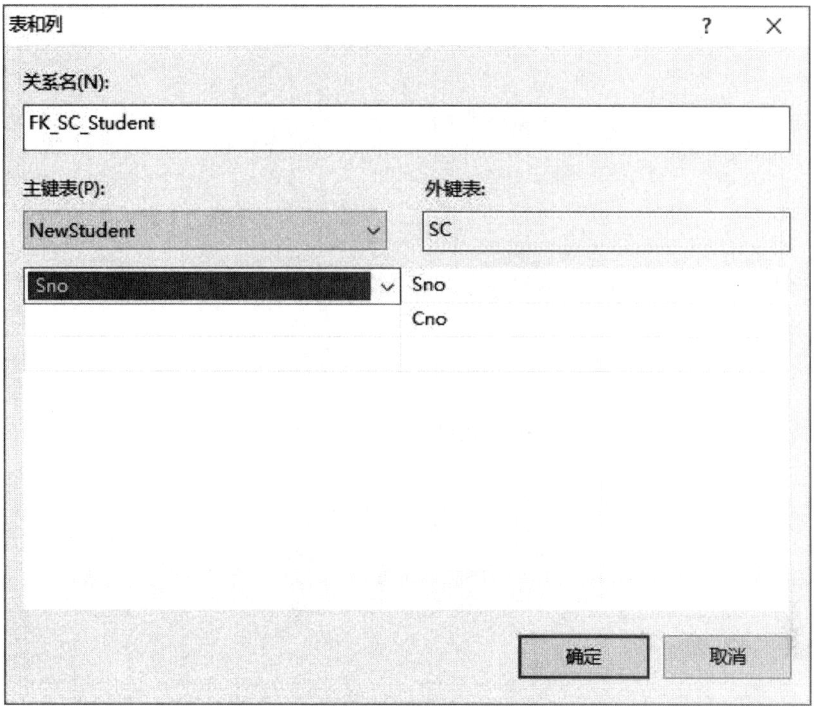

图 2-18　选择“NewStudent”表和“Sno”列

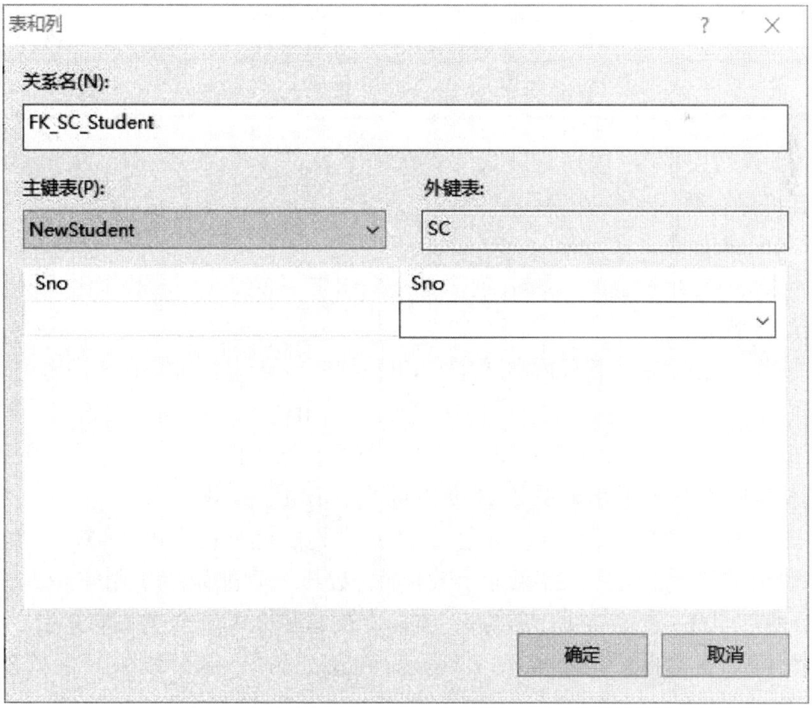

图 2-19　在 Cno 的下拉列表框中选择“无”

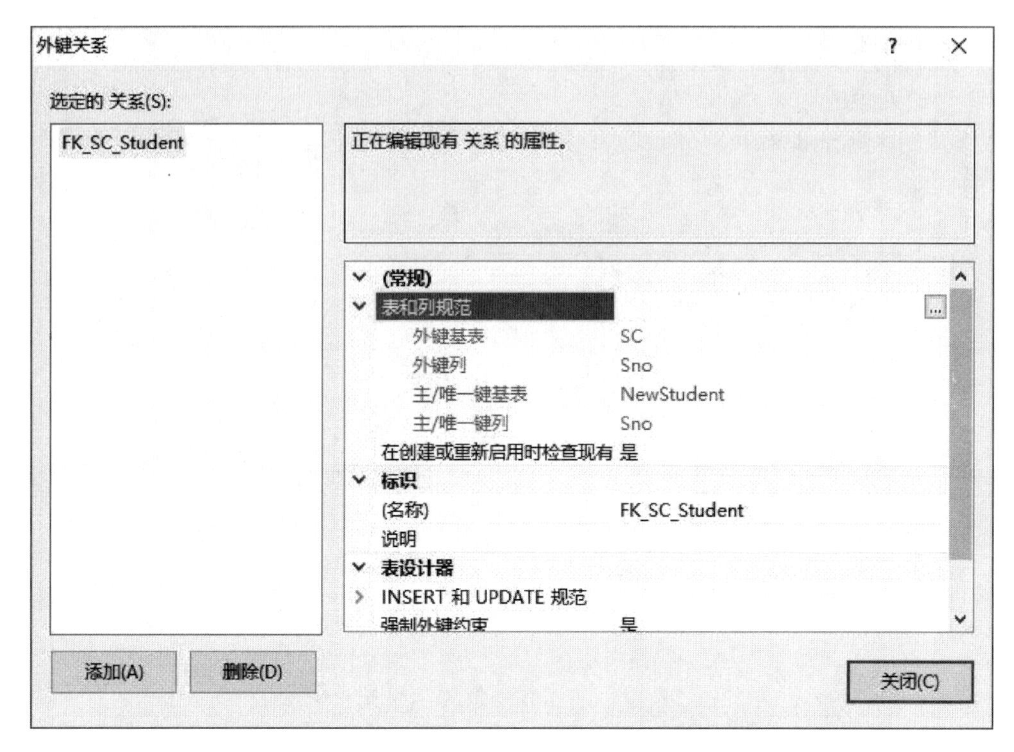

图 2-20　定义好 Sno 外键后的“外键关系”窗口

(9) 单击“关闭”按钮,关闭“外键关系”窗口,回到 SSMS。

注意　关闭“外键关系”窗口并不会保存对外键的定义。

(10) 在工具栏上单击“保存”按钮,或者在关闭表设计器时,在弹出的提示窗口中单击“是”按钮,即可保存所定义的外键约束。

3. 定义 UNIQUE 约束

假设要为 NewStudent 表的 Sname 列添加 UNIQUE 约束。在 SSMS 中图形化地设置 UNIQUE 约束的步骤为:

(1) 在 SSMS 的对象资源管理器中展开“学生数据库”→“表”节点,在要设置 UNIQUE 约束的 NewStudent 表上右击,在弹出的菜单中选择“设计”项,出现 NewStudent 的表设计器标签页。

(2) 单击工具栏上的“管理索引和键”按钮,或者在该表的列上右击,然后在弹出的菜单中选择“索引/键”项,均可弹出如图 2-21 所示的“索引/键”窗口。

(3) 在图 2-21 的窗口中,单击左下角的“添加”按钮,然后在右侧“常规”下的“类型”列表框中选择“唯一键”项,如图 2-22 所示。实际上,数据库管理系统是用唯一的索引来实现 UNIQUE约束的。因此,定义 UNIQUE 约束,实际上就是建立了一个唯一的索引。

(4) 在“名称”文本框中可以修改 UNIQUE 约束的名字,也可以采用系统提供的名字(此处为IX_ Student,不进行修改)。

(5) 单击“关闭”按钮,关闭创建唯一键的约束窗口,回到 SSMS,在 SSMS 上单击“保存”按钮,然后在弹出的“保存”提示窗口中,单击“是”按钮保存新定义的约束。

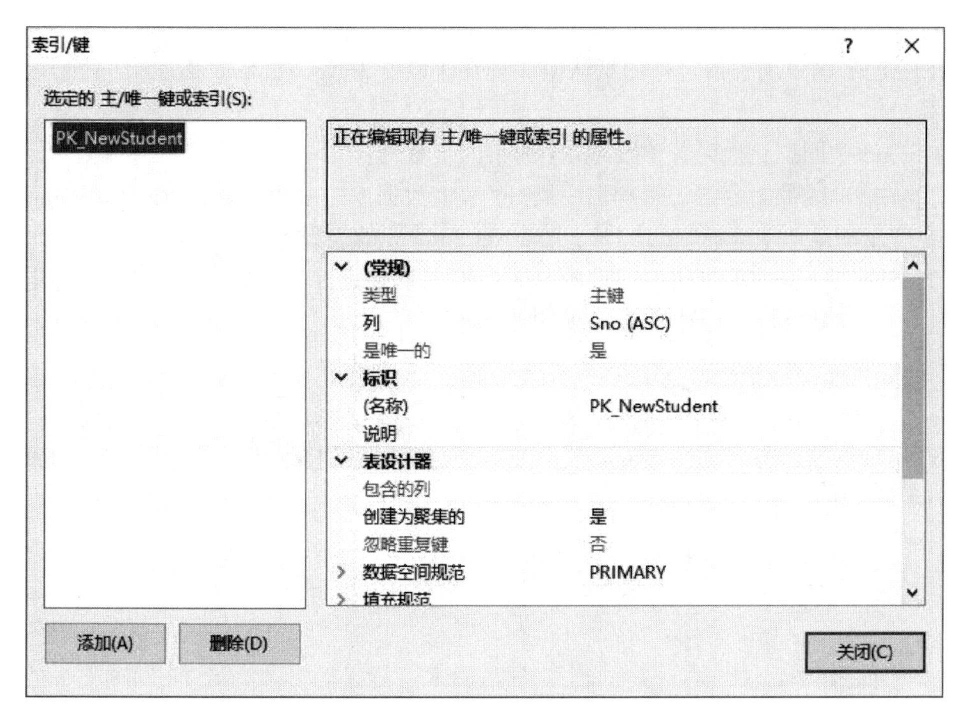

图 2-21　“索引/键”窗口

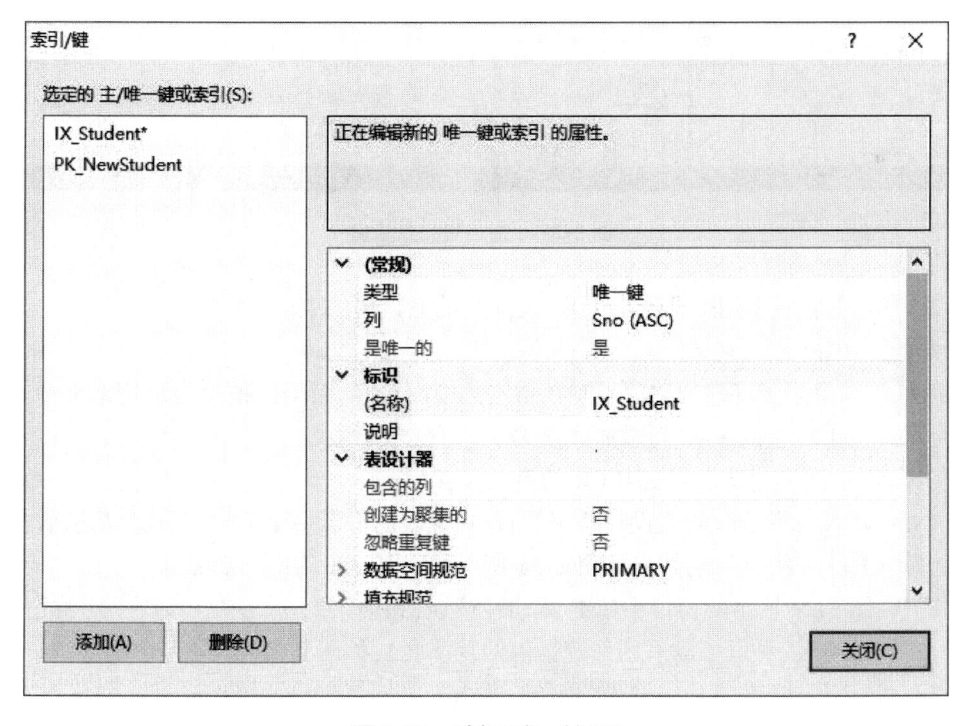

图 2-22　选择“唯一键”项

4. 定义 DEFAULT 约束

DEFAULT 约束用于指定列的默认值。现在假设要为 NewStudent 表的 Sdept 列定义默认值:计算机系。

在 SSMS 中图形化地设置 DEFAULT 约束的步骤为:

(1) 在 SSMS 的对象资源管理器中展开“学生数据库”→“表”节点,在 NewStudent 表上右击,在弹出的菜单中选择“设计”项,出现 NewStudent 的表设计器标签页。

(2) 选择要设置 DEFAULT 约束的 Sdept 列,然后在设计器下边的“默认值或绑定”文本框中输入本列的默认值:计算机系,如图 2-23 所示。

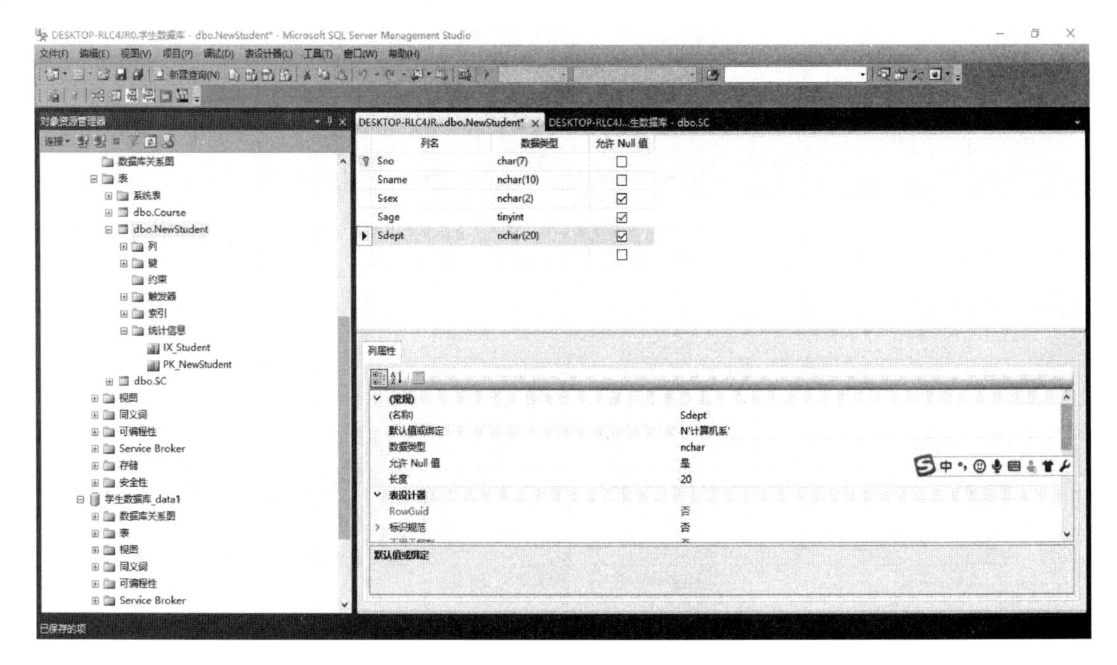

图 2-23　指定列的默认值

(3) 单击“保存”按钮,即设置好了 Sdept 列的默认值约束。

5. 定义 CHECK 约束

CHECK 约束用于将列的取值限制在指定范围内,即约束列的值符合应用语义。这里假设要为 NewStudent 表的 Sage 列添加取值大于等于 15 的约束。

在 SSMS 中图形化地设置 CHECK 约束的步骤为:

(1) 打开 NewStudent 的表设计器标签页,在该表的任意一个列上右击,然后从弹出的菜单中选择“CHECK 约束”项,弹出如图 2-24 所示的“CHECK 约束”窗口。

(2) 在图 2-24 所示的窗口中单击“添加”按钮,在弹出的窗口中,可以在“名称”文本框中输入要约束的名字(也可以采用系统提供的默认名),如图 2-25 所示。

(3) 在“表达式”文本框中输入约束的表达式(如图 2-25 所示的“Sage > =15”),也可以单击“表达式”右边的选择按钮,然后在弹出的“CHECK 约束表达式”窗口中输入 CHECK 约束表达式,如图 2-26 所示。

(4) 单击“关闭”按钮,回到 SSMS 窗口,单击“保存”按钮,保存所做的修改。

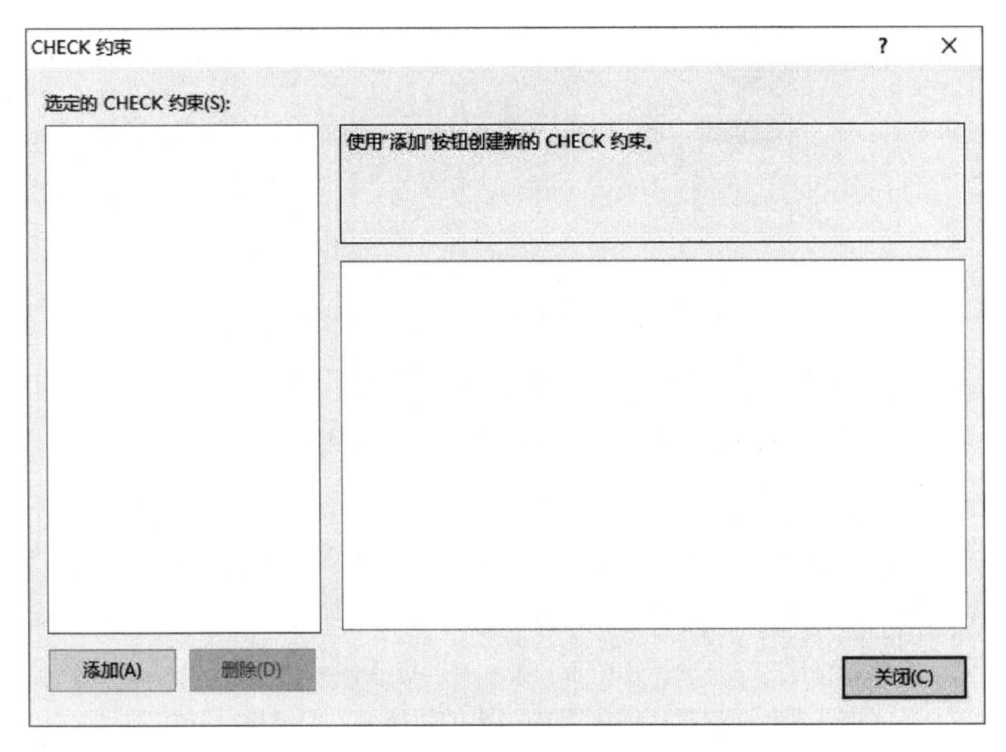

图 2-24　"CHECK 约束"窗口

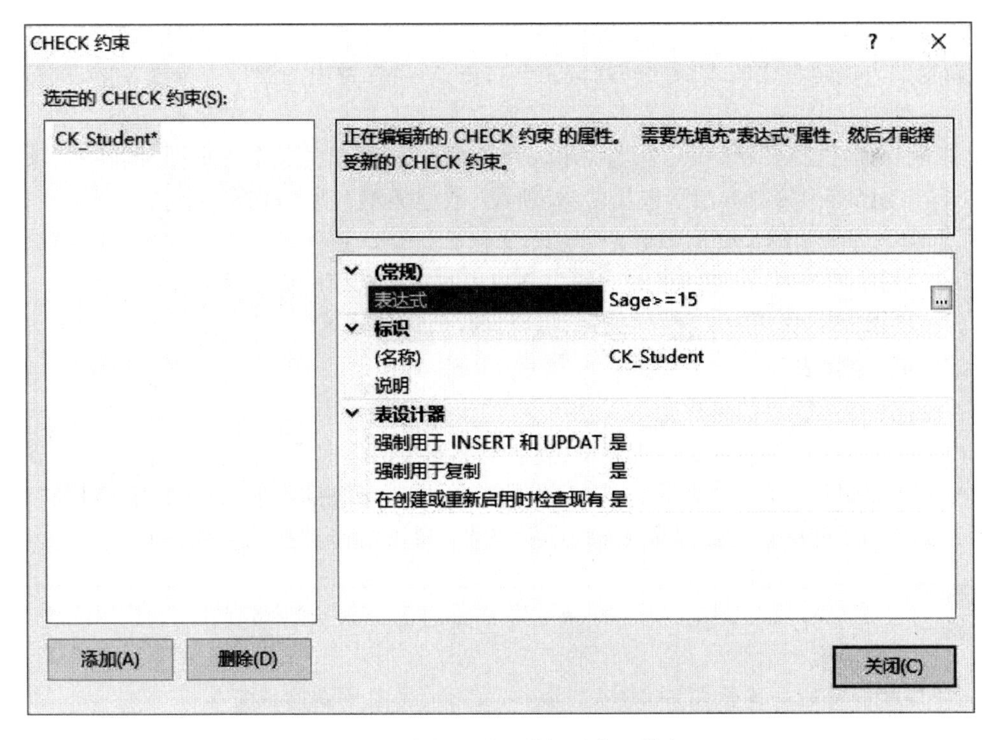

图 2-25　单击"添加"按钮后出现的窗口

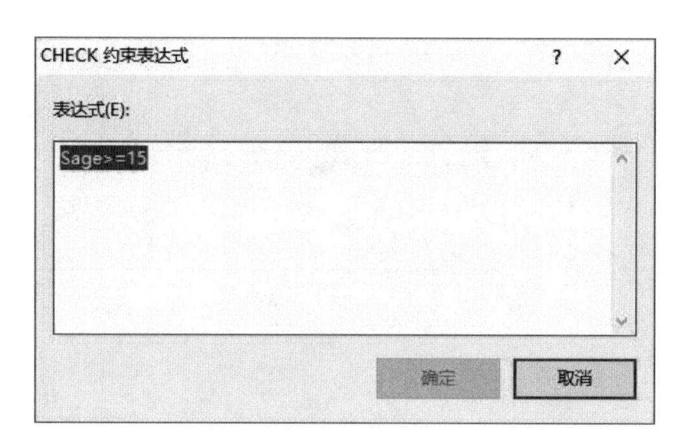

图 2-26　在弹出的"CHECK 约束表达式"中输入 CHECK 约束表达式

2.3.3　修改表结构

创建完表和约束之后,可以对表结构和约束定义进行修改,包括:为表添加列、修改列的定义,定义主键约束、外键约束等。

在 SSMS 中修改表结构的操作为:

(1) 在 SSMS 的对象资源管理器中,展开要修改表结构的数据库,并展开其中的"表"节点。

(2) 在要修改结构的表名上右击,并在弹出的快捷菜单中选择"修改"项。这时 SSMS 窗口中将出现该表的表设计器标签页。

(3) 在此标签页上可以直接进行表结构的修改,可进行的修改操作包括以下几项:

① 添加列:以可在列定义的最后直接定义新列,也可以在各列中间插入新列。在中间插入新列的方法是在要插入新列的列定义上右击,然后在弹出的菜单中选择"插入列"项,这时会在此列前空出一行,用户可在此行定义新插入的列。

② 删除列:选择要删除的列,然后在该列上右击,在弹出的菜单中选择"删除列"项。

③ 修改已有列的数据类型或长度:只须在"数据类型"项上选择一个新的类型或在"长度"项上输入一个新的长度值即可。

④ 为列添加约束:添加约束的方法与创建表时定义约束的方法相同。

(4) 修改完毕后,单击"保存"按钮,可以保存所做的修改。

2.3.4　删除表

在 SSMS 中删除表的操作为:

(1) 在 SSMS 的对象资源管理器中,展开要删除表的数据库,并展开其中的"表"节点。

(2) 在要删除的表名上右击,并在弹出的菜单中选择"删除"项,弹出"删除对象"窗口,如图 2-27 所示(这里假设要删除 NewStudent 表)。单击"确定"按钮可删除此表。

> **注意**　在删除表时,系统会检查参照完整性约束,若删除操作违反了参照完整性约束,则系统拒绝删除表。因此用户应该先删除外键表,后删除主键表。若先删除有外键引用的主键表,则系统将显示一个错误,并且不删除该表。

若要判定某个表是否可以被删除,则可以单击图 2-27 上的"显示依赖关系"按钮,查看是否有外键表引用了该被删除的表。

在图 2-27 上单击“显示依赖关系”后，出现的与 NewStudent 表有依赖关系的窗口如图 2-28所示。

从图 2-28 可以看到，与 NewStudent 表有依赖关系的表是 SC 表，因此 NewStudent 表现在不能被删除。

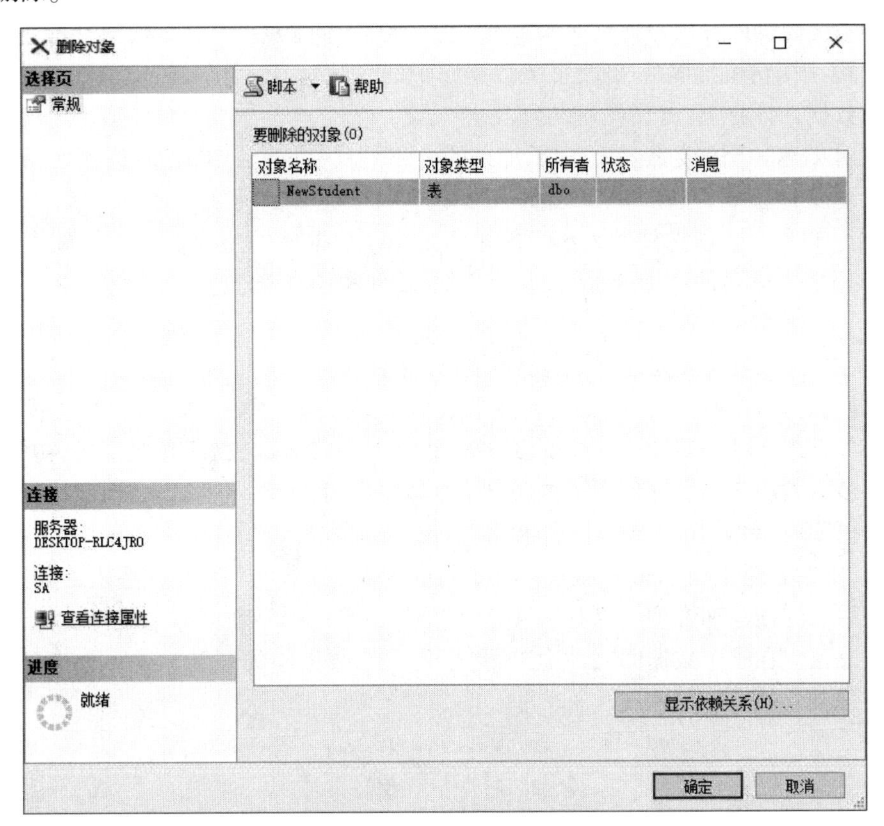

图 2-27　“删除对象”窗口

图 2-28　与 NewStudent 表有依赖关系的窗口

2.4 小结

数据库是存放数据和各种数据库对象的场所。为维护系统的正常运行,SQL Server 将数据库分为系统数据库和用户数据库两大类。系统数据库是 SQL Server 数据管理系统自己创建和维护的,用户不能删除和更改系统数据库中的系统信息。用户数据库用于存放用户自己的业务数据,由用户负责管理和维护。

本章对创建和删除数据库进行了详细的介绍。SQL Server 2012 的数据库由数据文件和事务日志文件组成,而且每个数据库至少包含一个主要数据文件和一个事务日志文件,用户数据库的主要数据文件的大小不能小于 model 数据库的主要数据文件的大小。为了能充分利用多个磁盘的存储空间,可以将数据文件和事务日志文件分别建立在不同的磁盘上。

创建数据库实际上就是定义数据库所包含的数据文件和事务日志文件,定义这些文件的基本属性,定义好数据文件也就定义好了数据库三级模式中的内模式。数据库中的数据文件和事务日志文件的属性是一样的,这些文件都有逻辑名称、物理存储位置、初始大小、增长方式和最大大小 5 个属性。当不再需要某个数据库时,可以将其删除,删除数据库也就删除了此数据库所包含的全部数据文件和事务日志文件。

同时,本章介绍了在 SQL Server 2012 提供的 SSMS 中建立和维护关系表的方法,从本章介绍的关系表的创建和维护可以看出,用户只须指明是在哪个数据库上进行操作,而无须关心这些表是建立在哪个数据库文件上的,更不用关心数据库的存储位置。这些都是关系数据库的物理独立性特征的体现。

习 题

1. 根据数据库用途的不同,SQL Server 将数据库分为哪两类?
2. 安装完 SQL Server 之后,系统提供了哪些系统数据库?每个系统数据库的作用是什么?
3. SQL Server 数据库由哪两类文件组成?这些文件的推荐扩展名分别是什么?
4. SQL Server 数据库可以包含几个主要数据文件?几个次要数据文件?几个事务日志文件?
5. SQL Server 的数据库文件包含哪些属性?
6. SQL Server 2012 每个页的大小是多少?页的大小与表中一行数据大小的限制有何关系?
7. 如何估算某个数据表所占的存储空间?如果某个数据表包含 20 000 行数据,每行的大小是 5000 字节,则此数据库表大约需要多少存储空间?在这些存储空间上,有多少空间是浪费的?
8. 用户创建数据库时,对数据库主要数据文件的初始大小有什么要求?

上机练习

上机练习均用 SSMS 实现。

1. 分别用图形化方法和 CREATE DATABASE 语句创建符合如下条件的数据库(可先用一种方法建立数据库,然后删除该数据库,再用另一种方法建立):

(1) 数据库名称为 Students。

(2) 数据文件的逻辑名称为 Students_dat,物理名称为 Students. mdf,存放在 D:\Test 目录下(若 D 盘中无此目录,可以先建立此目录,然后再创建数据库),文件的初始大小为 5 MB,增长方式为自动增长,每次增加 1 MB。

(3) 事务日志文件的逻辑名称为 Students_log,物理名称为 Students. ldf,也存放在 D:\Test 目录下,事务日志文件的初始大小为 2 MB,增长方式为自动增长,每次增加 10%。

2. 分别用图形化方法和 CREATE DATABASE 语句创建符合如下条件的数据库,此数据库包含两个数据文件和两个事务日志文件:

(1) 数据库名称为"财务数据库"。

(2) 数据文件 1 的逻辑名称为"财务数据 1",物理名称为"财务数据 1. mdf",存放在"D:\财务数据"目录下(若 D 盘中无此子目录,则可先建立此目录,然后再创建数据库),文件的初始大小为 2 MB,增长方式为自动增长,每次增加 1 MB。

(3) 数据文件 2 的逻辑名称为"财务数据 2",物理名称为"财务数据 2. ndf",存放在与主要数据文件相同的目录下,文件的初始大小为 3 MB,增长方式为自动增长,每次增加 10%。

(4) 事务日志文件 1 的逻辑名称为"财务事务日志 1",物理名称为"财务事务日志 1_1og. ldf",存放在"D:\财务事务日志"目录下,初始大小为 1 MB,增长方式为自动增长,每次增加 10%。

(5) 事务日志文件 2 的逻辑名称为"财务事务日志 2",物理名称为"财务事务日志 2_log. ldf",存放在"D:\财务事务日志"目录下,初始大小为 2 MB,不自动增长。

3. 删除新建立的财务数据库,观察该数据库包含的文件是否一起被删除。

4. 在第 1 题建立的 Students 数据库中,利用 SSMS 用图形化方法分别创建满足表 2-1 ~ 表 2-3 所示的三张表(注表:"说明"信息不作为创建表的内容):

表 2-1　教师表(Teacher)

列　名	说　明	数据类型	约　束
Tno	教师号	普通编码定长字符串,长度为 7	主键
Tname	姓名	普通编码定长字符串,长度为 10	非空
Tsex	性别	普通编码定长字符串,长度为 2	取值为"男""女"
Birthday	出生日期	小日期时间型	允许为空
Dept	所在部门	普通编码定长字符串,长度为 20	允许为空
Sid	身份证号	普通编码定长字符串,长度为 18	取值不重复

表 2-2　课程表(Course)

列　　名	说　　明	数据类型	约　　束
Cno	课程号	普通编码定长字符串,长度为 10	主键
Cname	课程名	统一编码可变长字符串,长度为 20	非空
Credit	学分	小整型	大于 0
Property	课程性质	字符串,长度为 10	默认值为“必修”

表 2-3　授课表(Teaching)

列　　名	说　　明	数据类型	约　　束
Tno	教师号	普通编码定长字符串,长度为 7	主键,引用教师表的外键
Cno	课程号	统一编码可变长字符串,长度为 10	主键,引用课程表的外键
Hours	授课时数	整型	大于 0

5. 利用 SSMS 用图形化方法修改表结构:

(1) 在授课表中添加一个授课类别列:列名为 Type,类型为 char(4)。

(2) 将授课表的 Type 列的类型改为 char(8)。

(3) 删除课程表中的 Property 列。

第3章 安全管理

安全性对于任何一个数据库管理系统来说都是至关重要的。数据库通常存储了大量的数据,这些数据可能是个人信息、客户清单或其他机密资料。如果有人未经授权非法侵入数据库,并查看和修改数据的权限,则会造成极大的危害,特别是在银行、金融等系统中更是如此。SQL Server 2012 对数据库数据的安全管理使用身份验证、数据库用户权限确认等措施来保护数据库中的信息资源,以防止这些资源被破坏。本章首先介绍数据库安全控制模型,然后讨论如何在 SQL Server 2012 中实现安全控制,包括用户身份的确认和用户操作权限的授予等。

3.1 安全控制概述

安全性问题并非数据库管理系统所独有的,实际上在许多系统中都存在同样的问题。数据库的安全控制,是指在数据库应用系统的不同层次提供对有意和无意非法使用的安全防范。

在数据库中,对有意的非法活动可采用加密存取数据的方法进行控制;对有意的非法操作可使用用户身份验证、限制操作权来控制;对无意的损坏可采用提高系统的可靠性和数据备份等方法来控制。

在介绍数据库管理系统如何实现对数据的安全控制之前,首先介绍数据库的安全控制模型和安全控制过程。

3.1.1 安全控制模型

在一般的计算机系统中,安全措施是一级一级设置的。图 3-1 显示了计算机系统中从用户使用数据库应用程序开始,一直到访问后台数据库中的数据需要经过的所有安全认证过程。

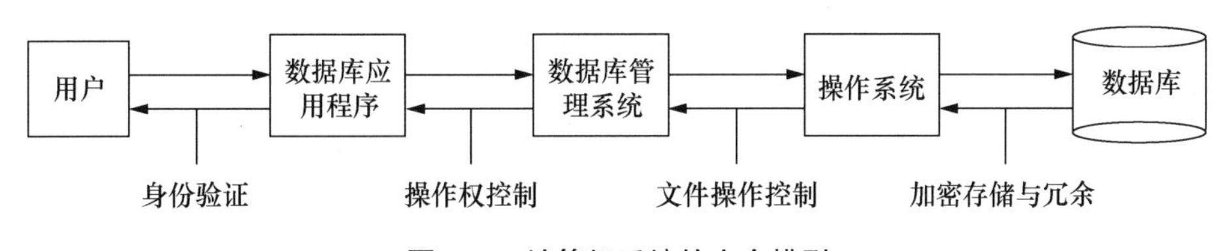

图 3-1 计算机系统的安全模型

当用户要访问数据库中的数据时,应该首先进入数据库管理系统。通常来说,用户进入数据库管理系统是通过数据库应用程序实现的。首先,用户要向数据库应用程序提供其身份;其次,数据库应用程序将用户的身份提交给数据库管理系统进行验证,只有合法的用户才能进行下一步的操作。对合法的用户,当其要进行数据库操作时,数据库管理系统还要验证此用户是否具有这种操作权限。如果用户有操作权限,则数据库管理系统进行操作,否则拒绝执行用户的操作。在操作系统一级也有自己的保护措施,比如设置文件的访问权限等。对于存储在磁盘上的文件,用户还可以加密存储,这样即使数据被窃取,他人也很难读懂数据。另外,用户还可以将数据库文件保存多份,这样在出现意外情况时(如磁盘破损)就不至于丢失数据。

本章只讨论与数据库有关的用户身份验证和用户权限管理等技术。

3.1.2 安全控制过程

在 SQL Server 的自主存取控制模式中,用户访问数据库中的数据都要经过三个安全认证过程:第一个过程确认用户是否是数据库服务器的合法账户(具有登录名);第二个过程确认用户是否是所访问的数据库的合法用户(是数据库用户);第三个过程确认用户是否具有合适的操作权限(权限认证)。安全认证的三个过程如图 3-2 所示。

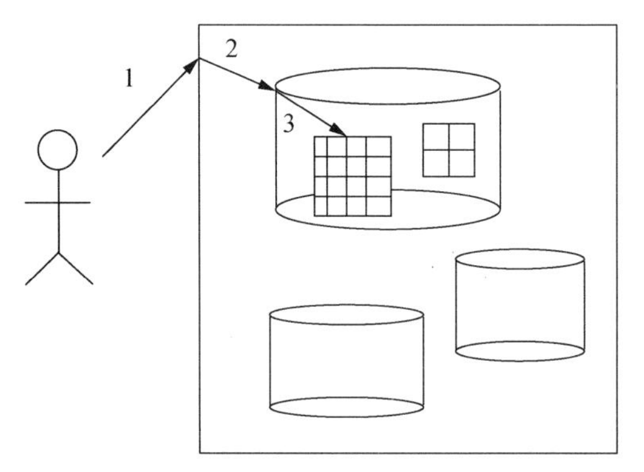

图 3-2 安全认证的三个过程

用户在登录到数据库服务器后,还是不能访问任何用户数据库,须经第二个过程的认证,让用户成为某个数据库的合法用户。用户成为数据库的合法用户之后,对数据库中的用户数据还不具有任何操作权限,须经第三个过程的认证,授予用户合适的操作权限。下面介绍在 SQL Server 2012 中如何实现这三个认证过程。

3.2 登录名

SQL Server 2012 的安全权限是从基于标识用户身份的登录标识符(Login ID,登录 ID)开始的,登录 ID 就是控制访问 SQL Server 数据库服务器的登录名。如果未指定有效的登录 ID,则用户不能连接到 SQL Server 数据库服务器。

3.2.1 身份验证模式

SQL Server 2012 支持两类登录名。一类是由 SQL Server 自身负责身份验证的登录名;另一类是登录到 SQL Server 的 Windows 网络账户,可以是组账户或用户账户。根据不同的登录名类型,SQL Server 2012 相应地提供了两种身份验证模式:Windows 身份验证模式和混合身份验证模式。

1. Windows 身份验证模式

由于 SQL Server 和 Windows 操作系统都是微软公司的产品,因此,微软公司将 SQL Server 与 Windows 操作系统的用户身份验证进行了绑定,提供了以 Windows 操作系统用户身份登录到 SQL Server 的方式,即 SQL Server 将用户的身份验证交给了 Windows 操作系统来完成。在这种身份验证模式下,SQL Server 将通过 Windows 操作系统来获得用户信息,并对登录名和密码进行重新验证。

当使用 Windows 身份验证模式时,首先,用户必须登录到 Windows 操作系统;其次,登录到 SQL Server。而且用户登录到 SQL Server 时，只需选择 Windows 身份验证模式，而无须再提供登录名和密码，数据库管理系统会从用户登录到 Windows 操作系统时提供的用户名和密码中查找当前用户的登录信息，以判断其是否是 SQL Server 的合法用户。

对于 SQL Server 来说，一般推荐使用 Windows 身份验证模式，因为这种安全模式能够与 Windows 操作系统的安全系统集成在一起，以提供更多的安全功能。

2. 混合身份验证模式

混合身份验证模式，是指 SQL Server 允许 Windows 授权用户和 SQL 授权用户登录到 SQL Server 数据库服务器。如果希望非 Windows 授权用户也能登录到 SQL Server 数据库服务器，则应该选择混合身份验证模式。如果在混合身份验证模式下，选择使用 SQL 授权用户登录 SQL Server 数据库服务器，则用户必须提供登录名和密码，因为 SQL Server 必须要用这两部分内容来验证用户的合法身份。

SQL Server 身份验证的登录信息（用户名和密码）都保存在 SQL Server 实例上，而 Windows 身份验证的登录信息是由 Windows 和 SQL Server 实例共同保存的。

用户可以在安装 SQL Server 过程中设置身份验证模式，也可以在安装完成后在 SSMS 中设置。具体方法是：在要设置身份验证模式的 SQL Server 实例上右击，选择"属性"项后弹出"服务器属性"窗口，选择该窗口左边的"选择页"→"安全性"项，然后在显示窗口的"服务器身份验证"部分设置身份验证模式（其中的"SQL Server 和 Windows 身份验证模式"即为混合身份验证模式），如图 3-3 所示。

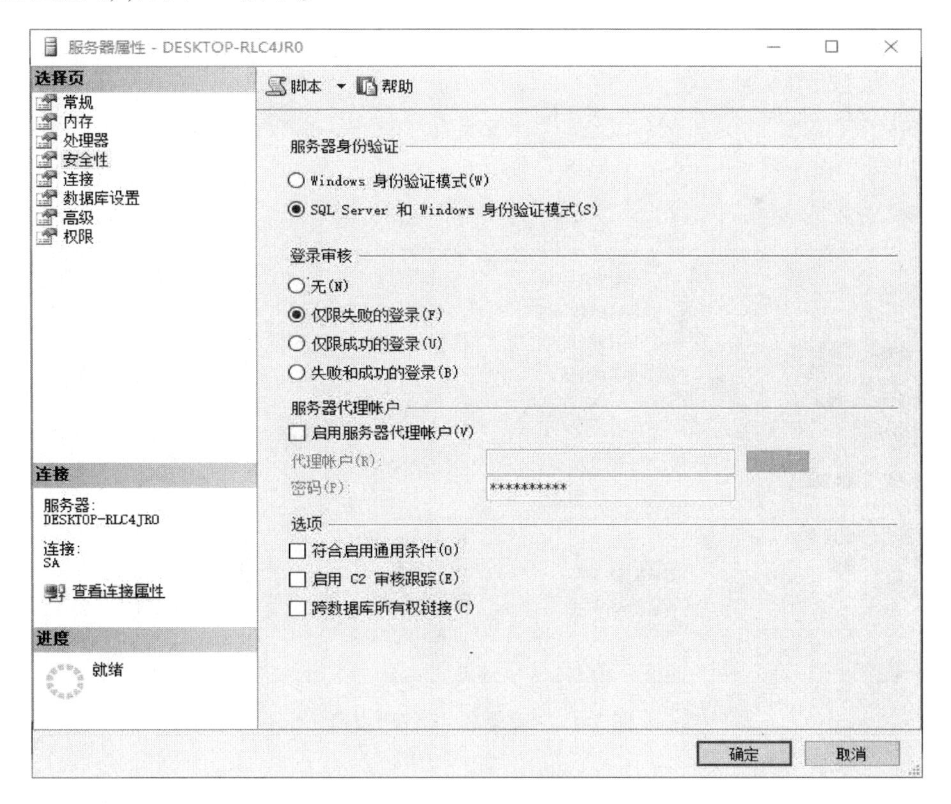

图 3-3 "安全性"选项的窗口

3.2.2 建立登录名

SQL Server 建立登录名有两种方法,一种是用 SSMS 通过图形化方法实现,另一种是通过 T-SQL 语句实现。下面分别介绍这两种实现方法。

1. 用 SSMS 建立登录名

使用 Windows 登录名连接到 SQL Server 时,SQL Server 依赖操作系统的身份验证,而且只检查该登录名是否已经在 SQL Server 实例上映射了相应的登录名,或者该 Windows 用户是否属于一个已经映射到 SQL Server 实例上的 Windows 组。

使用 Windows 登录名进行的连接称为信任连接(Trusted Connection)。

在使用 SSMS 建立 Windows 身份验证的登录名之前,应该先在操作系统中建立一个 Windows 用户,假设这里已经在操作系统建立好用户名为"Win_User1"的 Windows 用户。

在 SSMS 中,建立 Windows 身份验证的登录名的步骤如下:

(1) 在 SSMS 的对象资源管理器中,依次展开"数据库"→"学生数据库"→"安全性"→"登录名"节点。在"登录名"节点上右击,在弹出的菜单中选择"新建登录名"命令,然后弹出如图 3-4 所示的"登录名 - 新建"窗口。

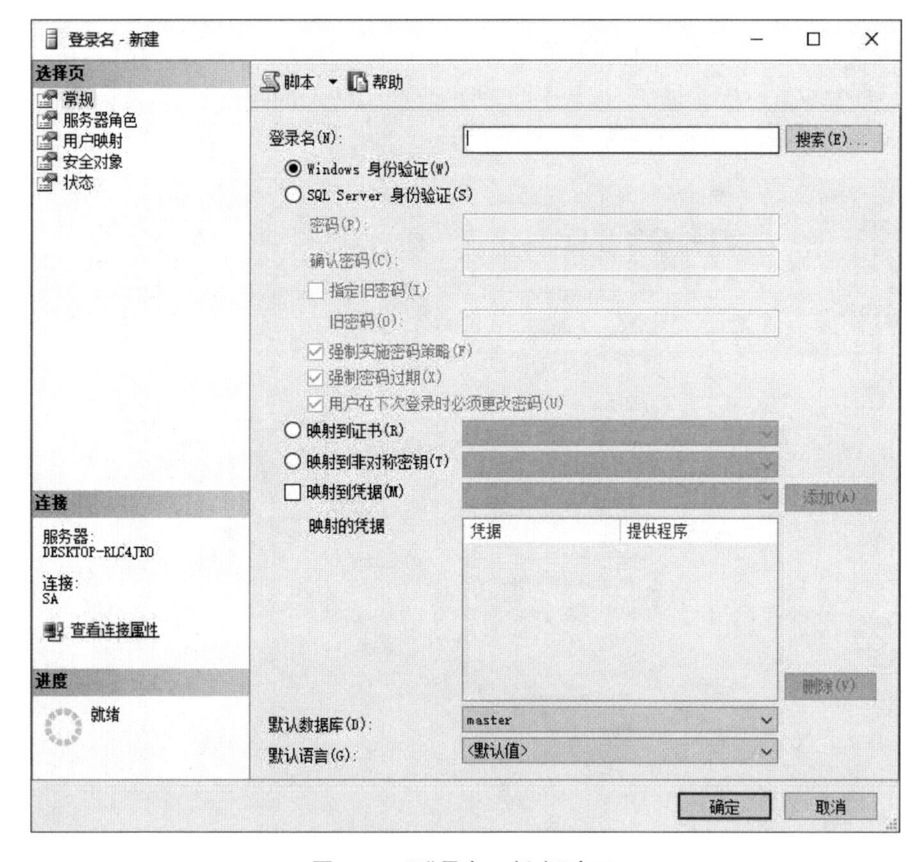

图 3-4 "登录名 - 新建"窗口

(2) 在图 3-4 所示的窗口上单击"搜索"按钮,弹出如图 3-5 所示的"选择用户或组"窗口。

(3) 在图 3-5 所示的窗口上单击"高级"按钮,弹出如图 3-6 所示的"选择用户或组"的高级选项窗口。

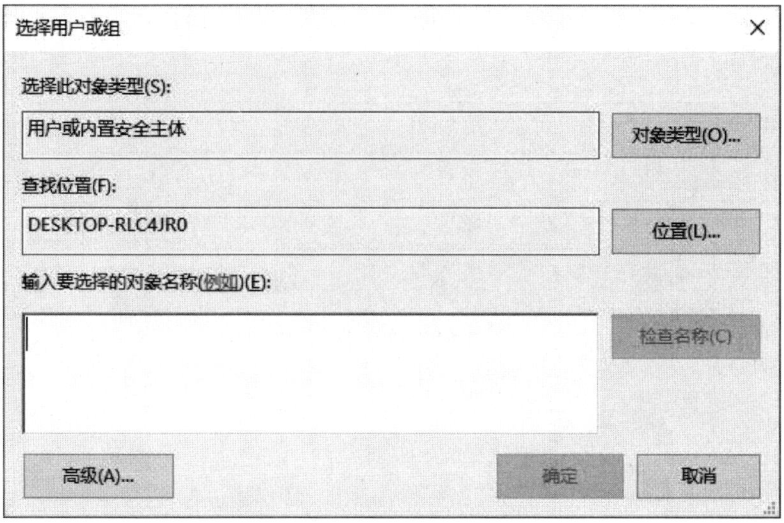

选择用户或组

选择此对象类型(S):

用户或内置安全主体　对象类型(O)...

查找位置(F):

DESKTOP-RLC4JR0　位置(L)...

输入要选择的对象名称(例如)(E):

检查名称(C)

高级(A)...　确定　取消

图 3-5 “选择用户或组”窗口

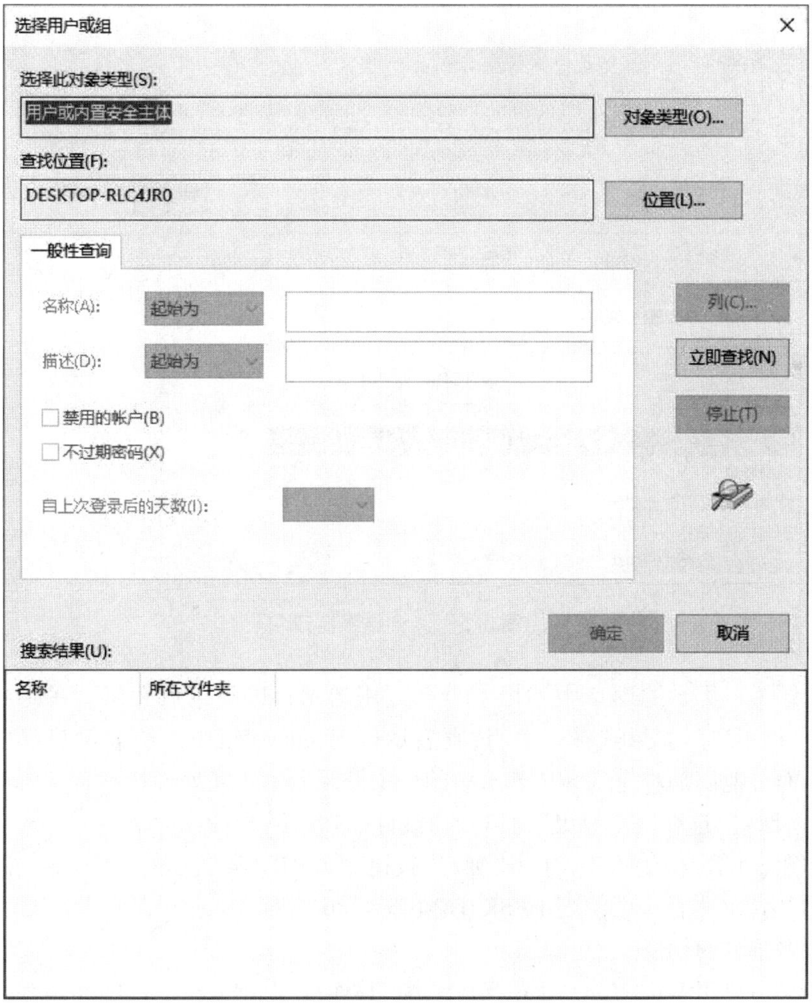

选择用户或组

选择此对象类型(S):

用户或内置安全主体　对象类型(O)...

查找位置(F):

DESKTOP-RLC4JR0　位置(L)...

一般性查询

名称(A): 起始为　列(C)...

描述(D): 起始为　立即查找(N)

禁用的帐户(B)　停止(T)

不过期密码(X)

自上次登录后的天数(I):

确定　取消

搜索结果(U):

名称　所在文件夹

图 3-6 “选择用户或组”的高级选项窗口

(4) 在图 3-6 所示的窗口中单击“立即查找”按钮,在下面的“名称”列表框中将列出查找的结果,如图 3-7 所示。

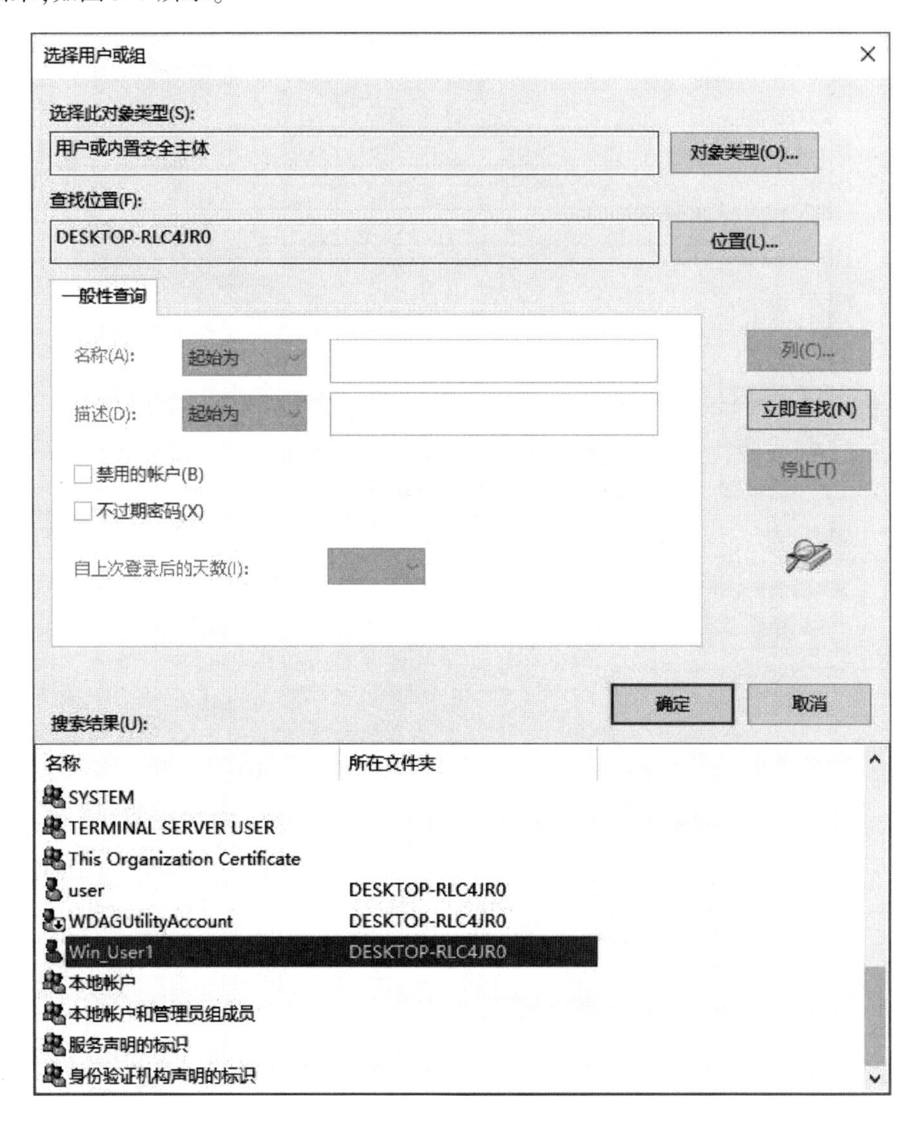

图 3-7　查询结果窗口

(5) 在图 3-7 所示的窗口中列出了全部可用的 Windows 用户和组。在此处可以选择组,也可以选择用户。如果选择一个组,则表示该 Windows 组中的所有用户都可以登录到 SQL Server,而且他们都对应到 SQL Server 的一个登录名上。此处选择 Win_User1,然后单击“确定”按钮,回到“选择用户或组”窗口,此时窗口的形式如图 3-8 所示。

(6) 在图 3-8 所示的窗口上单击“确定”按钮,回到图 3-4 所示的“登录名 - 新建”窗口,此时在“登录名”文本框中会出现 DESKTOP-RLC4JR0\Win_User1。在此窗口上单击“确定”按钮完成对登录名的创建。

这时如果用户用 Win_User1 登录操作系统,并连接到 SQL Server,则连接界面中的登录名应该是 DESKTOP-RLC4JR0\Win_User1。

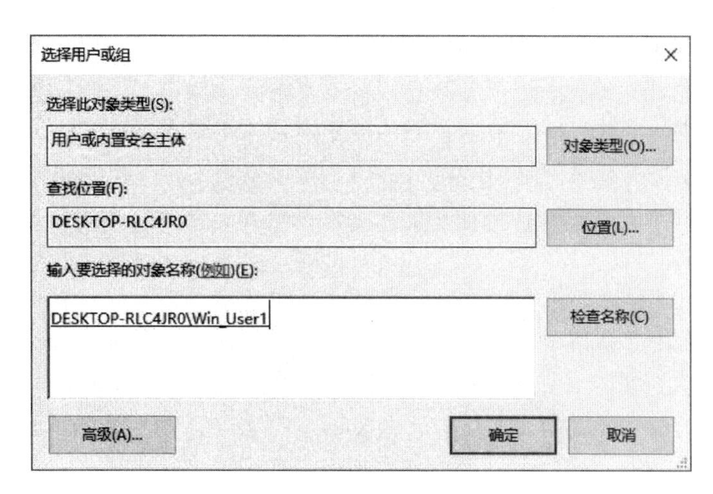

图 3-8　选择好登录名后的窗口

通过 SSMS 建立 SQL Server 身份验证的登录名的具体步骤如下：

(1) 以系统管理员身份连接到 SSMS，在 SSMS 的对象资源管理器中，依次展开"数据库"→"学生数据库"→"安全性"→"登录名"节点。在"登录名"节点上右击，在弹出的菜单中选择"新建登录名"项，弹出"登录名-新建"窗口，如图 3-4 所示。

(2) 在图 3-4 所示的"常规"选择页的"登录名"文本框中输入 SQL_User1，"SQL Server 身份验证"选项表示新建立一个 SQL Server 身份验证模式的登录名。选择该选项后，其中的"密码""确认密码"等选项均成为可用状态，在此可以输入新建登录名的密码，如图 3-9 所示。

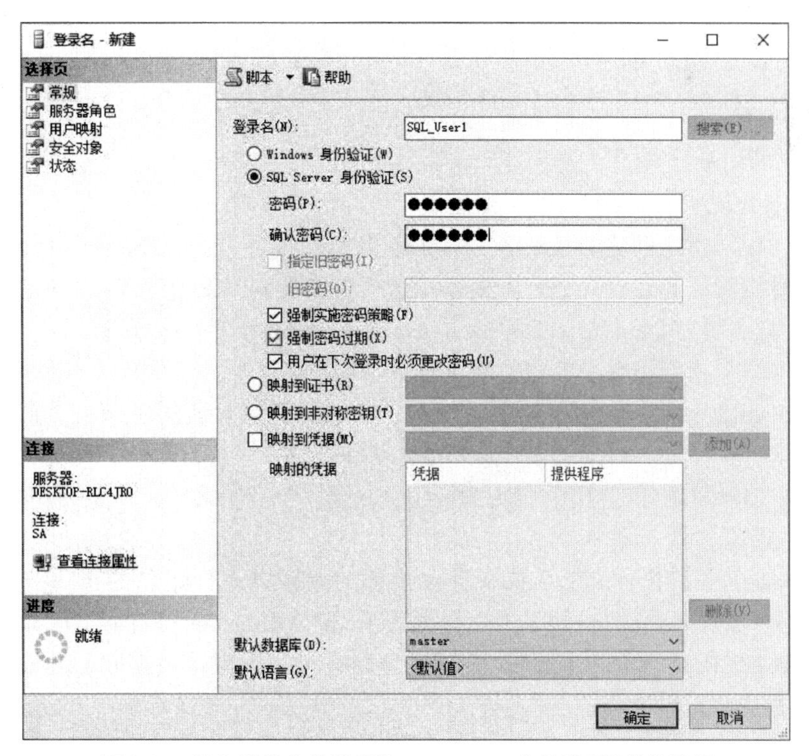

图 3-9　输入登录名并选择"SQL Server 身份验证"单选按钮

(3)图 3-9 所示的窗口中几个主要选项说明如下:

① 强制实施密码策略:表示对该登录名强制实施密码策略,这样可以强制用户的密码具有一定的复杂性。在 Windows Server 2003 或更高版本的环境下运行 SQL Server 2012 时,可以使用 Windows 密码策略机制(在 Windows XP 操作系统下不支持密码策略)。SQL Server 2012 可以将 Windows Server 2003 中使用的复杂性策略和过期策略应用于 SQL Server 内部使用的密码。

② 强制密码过期:对该登录名强制实施密码过期策略。必须先选择“强制实施密码策略”复选框,才能启用此策略。

③ 用户在下次登录时必须更改密码:首次使用新登录名时,SQL Server 将提示用户输入新密码。

④ 默认数据库:指定该登录名初始登录到 SSMS 时进入的数据库。

⑤ 默认语言:指定该登录名登录到 SQL Server 时使用的默认语言。一般情况下,语言都使用“默认值”,使该登录名使用的语言与所登录的 SQL Server 实例所使用的语言一致。

这里不选择“强制实施密码策略”复选框,然后单击“确定”按钮,完成对登录名的建立。

2. 用 T-SQL 语句建立登录名

创建新的登录名的 T-SQL 语句是 CREATE LOGIN,其语法格式为:

```
CREATE LOGIN login_name { WITH <option_list1> |FROM <soures>}
<sources> :: =
WINDOWS [WITH <windows_options> [, … ] ]
<option_list2> :: =
PASSWORD = 'password' [[MUST_CHANGE] [, <option_list2> [, … ] ]
<option_list2> :: =
SID = sid
|DEFAULT_DATABSE = database
|DEFAULT_LANGUAGE = language
<windows_options> :: =
|DEFAULT_DATABSE = database
|DEFAULT_LANGUAGE = language
```

其中,各参数说明如下:

① login_name:指定创建的登录名。有 4 种类型的登录名:SQL Server 身份验证的登录名、Windows 身份验证的登录名、证书映射的登录名和非对称密钥映射的登录名。如果从 Windows 域用户名映射 login_name,则 login_name 必须用方括号[ ]括起来。

② WINDOWS:指定将登录名映射到 Windows 用户名。

③ PASSWORD = 'password':仅适用于 SQL Server 身份验证的登录名。指定正在创建登录名的密码。

④ MUST_CHANGE:仅适用于 SQL Server 登录名。当登录名第一次被使用时,必须重新指定一个新的密码。

⑤ SID = sid:仅适用于 SQL Server 身份验证的登录名。指定新 SQL Server 登录名的 GUID(全球用户唯一标识符)。如果未选择此选项,则 SQL Server 将自动指派 GUID。

⑥ DEFAULT_DATABASE = database:指定新建登录名的默认数据库。如果未包括此选项,则默认数据库将设置为 master。

⑦ DEFAULT_LANGUAGE = language:指定新建登录名的默认语言。如果未包括此选

项,则默认语言将设置为服务器的当前默认语言。即使以后服务器的默认语言发生更改,登录名的默认语言仍然保持不变。

例1 创建SQL Server身份验证的登录名。登录名为SQL_User2,密码为a1b2c3XY。

语句为:

```
CREATE LOGIN SQL_User2 WITH PASSWORD = 'a1b2c3XY'
```

例2 创建Windows身份验证的登录名。从Windows域用户选择COMP\Win_User作为SQL Server的登录名。

语句为:

```
CREATE LOGIN [COMP\Win_User] FROM WINDOWS
```

例3 创建SQL Server身份验证的登录名。登录名为SQL_User3,密码为AD4h9fcdhx32MOP。要求该登录名首次连接服务器时必须更改密码。

语句为:

```
CREATE LOGIN SQL_User3 WITH PASSWORD = 'AD4h9fcdhx32MOP'
```

3.2.3 删除登录名

由于一个SQL Server登录名可以是多个数据库中的合法用户,因此在删除登录名时,应该先将该登录名在各个数据库中映射的数据库用户删除掉(如果有的话),然后再删除登录名。否则会产生没有对应的登录名的孤立数据库用户。

删除登录名可以用SSMS实现,也可以用T-SQL语句实现。

1. 用SSMS实现

下面以删除NewUser登录名为例(假设系统中已有此登录名),说明删除登录名的步骤。

(1) 以系统管理员身份连接到SSMS,在SSMS的对象资源管理器中,依次展开"数据库"→"学生数据库"→"安全性"→"登录名"节点。

(2) 在要删除的登录名(NewUser)上右击,从弹出的菜单中选择"删除"项。弹出如图3-10所示的"删除对象"窗口。

(3) 在图3-10所示的窗口中,若确实要删除此登录名,则单击"确定"按钮,否则单击"取消"按钮。此处单击"确定"按钮,系统弹出如图3-11所示的提示窗口。该窗口提示用户:如果在此窗口上单击"确定"按钮,则删除NewUser登录名。

2. 用T-SQL语句实现

删除登录名的T-SQL语句为DROP LOGIN,其语法格式为:

```
DROP LOGIN login_name
```

其中,login_name为要删除的登录名。

注意 不能删除正在使用的登录名,也不能删除拥有任何数据库对象、服务器级别对象的登录名。

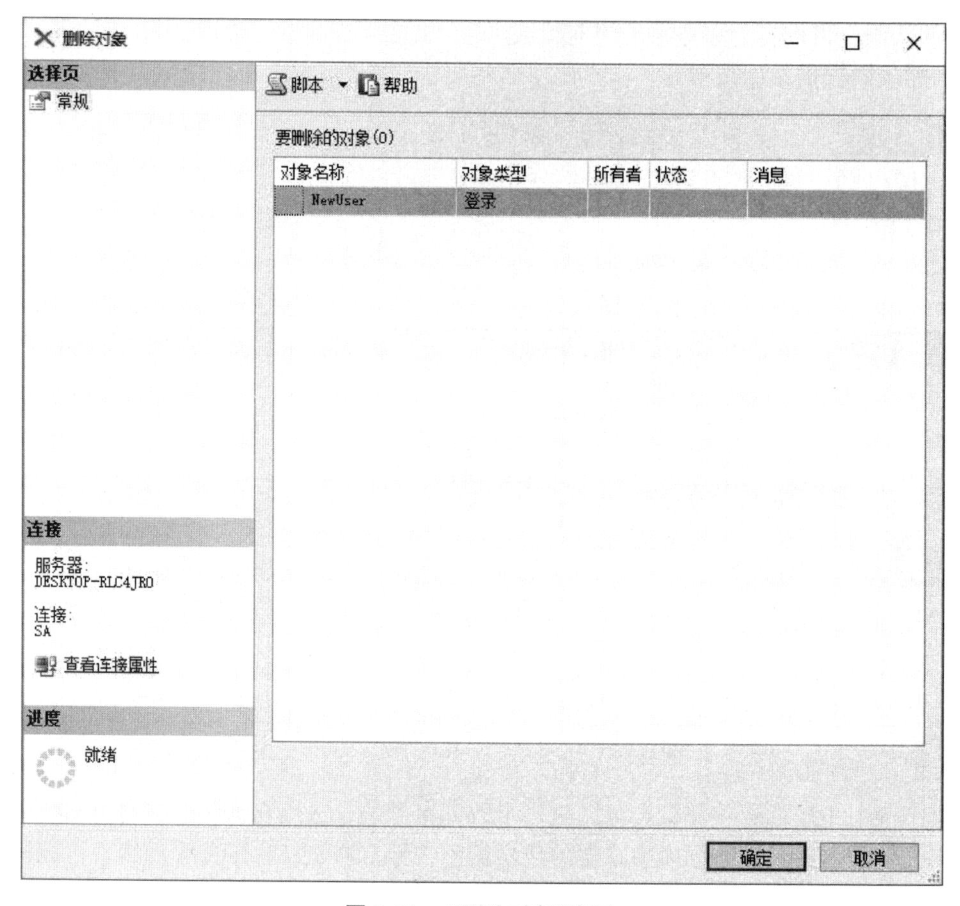

图 3-10　“删除对象”窗口

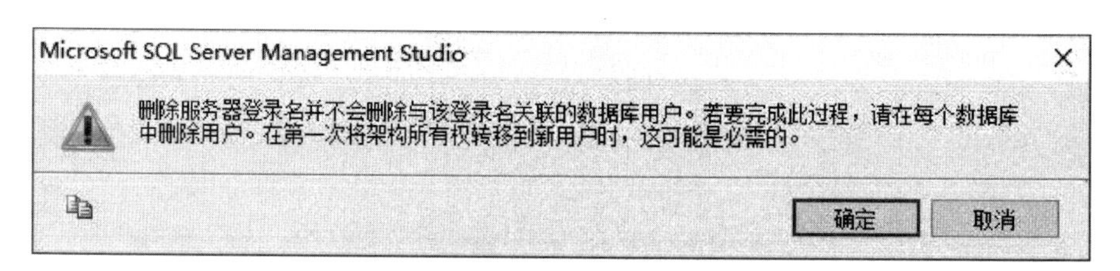

图 3-11　删除登录名时的提示窗口

例 4　删除 SQL_User2 登录名。

语句为：

```
DROP LOGIN SQL_User2
```

3.3　数据库用户

数据库用户是数据库级别上的主体。用户在具有了登录名之后，只能连接到 SQL Server 数据库服务器上，并不具有访问任何用户数据库的权限，只有成为数据库的合法用户后，才能访问该数据库。本节介绍如何对数据库用户进行管理。

数据库用户一般都来自服务器上已有的登录名,让登录名成为数据库用户的操作称为“映射”。一个登录名可以映射为多个数据库中的用户,这种映射关系为同一个服务器上不同数据库的权限管理带来了很大的方便。管理数据库用户的过程实际上就是建立登录名与数据库用户之间的映射关系的过程。默认情况下,新建立的数据库只有一个用户——dbo,它是数据库的拥有者。

3.3.1 建立数据库用户

建立数据库用户的过程可以用 SSMS 实现,也可以用 T-SQL 语句实现。

1. 用 SSMS 实现

让一个登录名可以访问某个数据库,实际就是将这个登录名映射为该数据库中的合法用户。在 SSMS 中建立数据库用户的步骤为:

(1) 在 SSMS 的对象资源管理器中,展开要建立的数据库(假设这里展开“学生数据库”节点)。

(2) 展开“安全性”→“用户”节点,在“用户”节点上右击,在弹出的菜单上选择“新建用户”项,弹出如图 3-12 所示的窗口。

(3) 在“用户名”文本框中可以输入一个与登录名对应的数据库用户名;在“登录名”文本框输入将要成为此数据库用户的登录名,也可以单击“登录名”文本框右边的选择按钮,查找某个登录名。

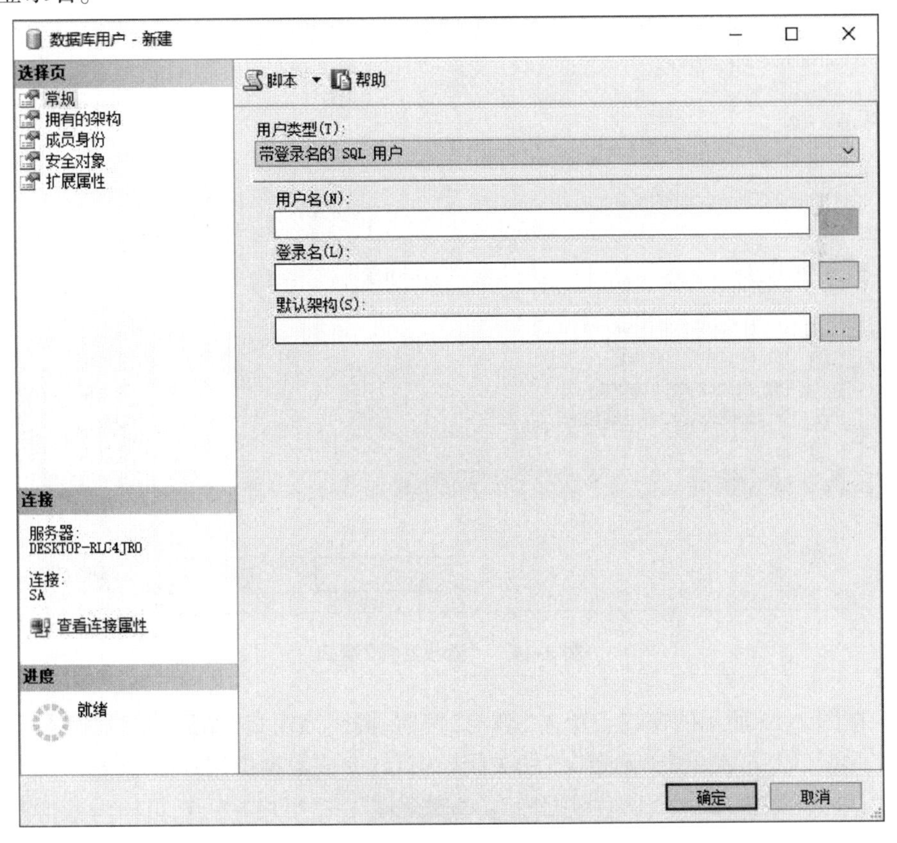

图 3-12 “数据库用户 - 新建”窗口

在“用户名”文本框中输入 SQL_User1，然后单击“登录名”文本框右边的选择按钮，弹出如图 3-13 所示的“选择登录名”窗口。

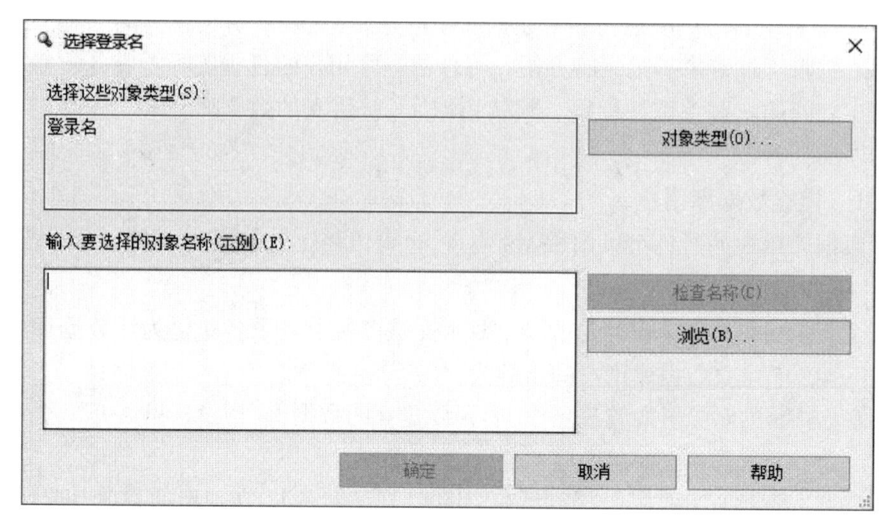

图 3-13　“选择登录名”窗口

（4）在图 3-13 所示的窗口中，单击“浏览”按钮，弹出如图 3-14 所示的“查找对象”窗口。

（5）在图 3-14 所示的窗口中，选择“[SQL_User1]”复选框，表示让该登录名成为“学生数据库”中的用户。单击“确定”按钮关闭“查找对象”窗口，回到“选择登录名”窗口，这时该窗口的形式如图 3-15 所示。

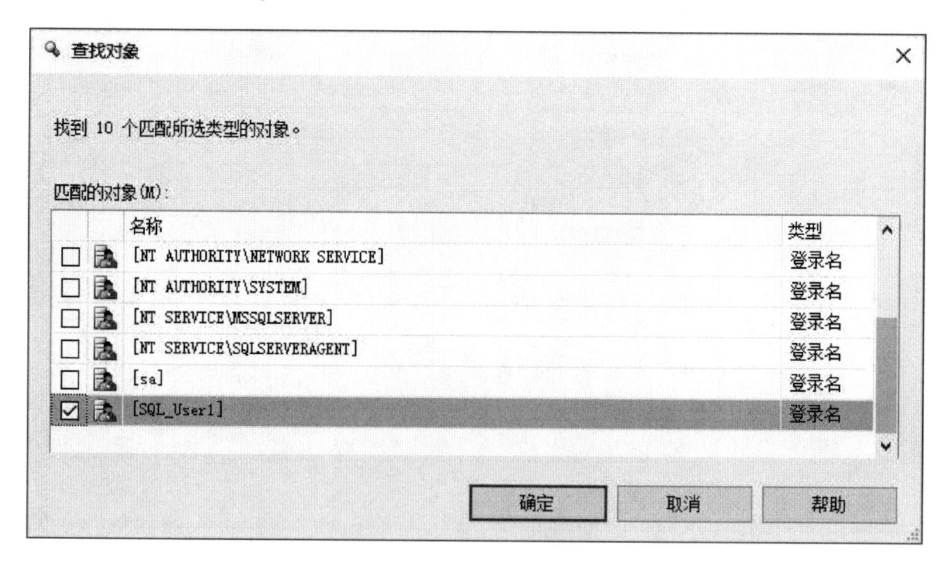

图 3-14　“查找对象”窗口

（6）在图 3-15 所示的窗口上单击“确定”按钮，关闭该窗口，回到“数据库用户 - 新建”窗口。在此窗口上再次单击“确定”按钮关闭该窗口，完成数据库用户的建立。

此时，展开“数据库”→“学生数据库”→“安全性”→“用户”节点，可以看到 SQL_ User1 已经在该数据库的用户列表中。

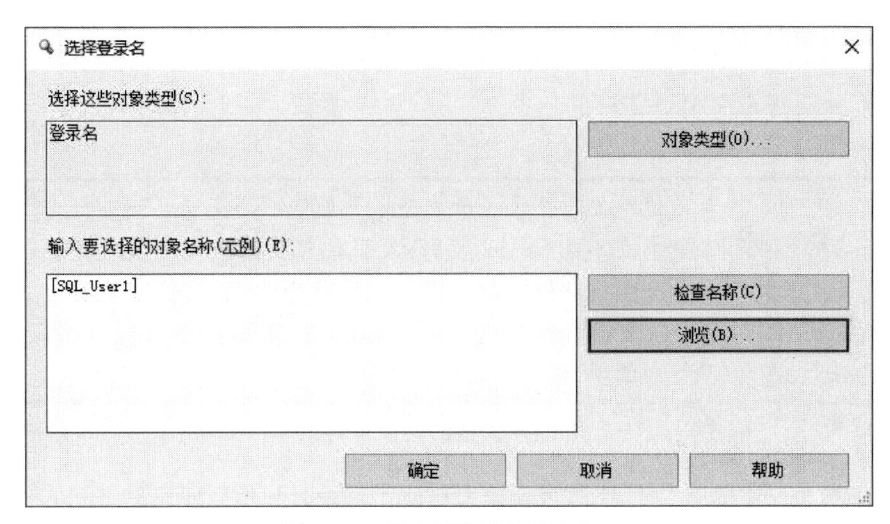

图3-15　指定好登录名后的窗口

2. 用T-SQL语句实现

建立数据库用户的T-SQL语句是CREATE USER,其语法格式为:

```
CREATE USER user_name [ {FOR | FROM}
{    LOGIN login_name
}
]
```

其中,各参数说明如下:

① User_name:指定在此数据库中用于识别该用户的名称。

② LOGIN login_name:指定要映射为数据库用户的SQL Server登录名。login_name必须是服务器中有效的登录名。

注意　如果省略FOR LOGIN,则新的数据库用户将被映射到同名的SQL Server登录名。

例5　让SQL_User2登录名成为"学生数据库"中的用户,并且数据库用户名同登录名。

语句为:

```
CREATE USER SQL_User2
```

例6　本例首先创建名为SQL_JWC的SQL Server身份验证的登录名,该登录名的密码为jKJ13MYMnN09jsK84,然后在"学生数据库"中创建与此登录名对应的数据库用户JWC。

语句为:

```
CREATE LOGIN SQL_JWC
WITH PASSWORD = 'jKJ13MYMnN09jsK84';
GO
```

```
USE 学生数据库;
GO
CREATE USER JWC FOR LOGIN SQL_JWC
```

注意 我们一定要清楚服务器登录名与数据库用户是两个完全不同的概念。具有登录名的用户可以登录到 SQL Server 实例上,而且只局限在实例上进行操作。而数据库用户则是以什么样的身份在该数据库中进行操作的映射名,是登录名在具体数据库中的映射,这个映射名(数据库用户名)可以与登录名一样,也可以不一样。一般为了便于理解和管理,都采用相同的名字。

3.3.2 删除数据库用户

从当前数据库中删除一个用户,实际就是解除了登录名和数据库用户之间的映射关系,但并不影响登录名的存在。删除数据库用户之后,其对应的登录名仍然存在。

删除数据库用户的过程可以用 SSMS 实现,也可以用 T-SQL 语句实现。

1. 用 SSMS 实现

以删除"学生数据库"中的 JWC 用户为例,说明使用 SSMS 删除数据库用户的步骤。

(1) 以系统管理员身份连接到 SSMS,在 SSMS 的对象资源管理器中,依次展开"数据库"→"学生数据库"→"安全性"→"用户"节点。

(2) 在要删除的 JWC 用户名上右击,在弹出的菜单上选择"删除"项,弹出如图3-16所示的"删除对象"窗口。

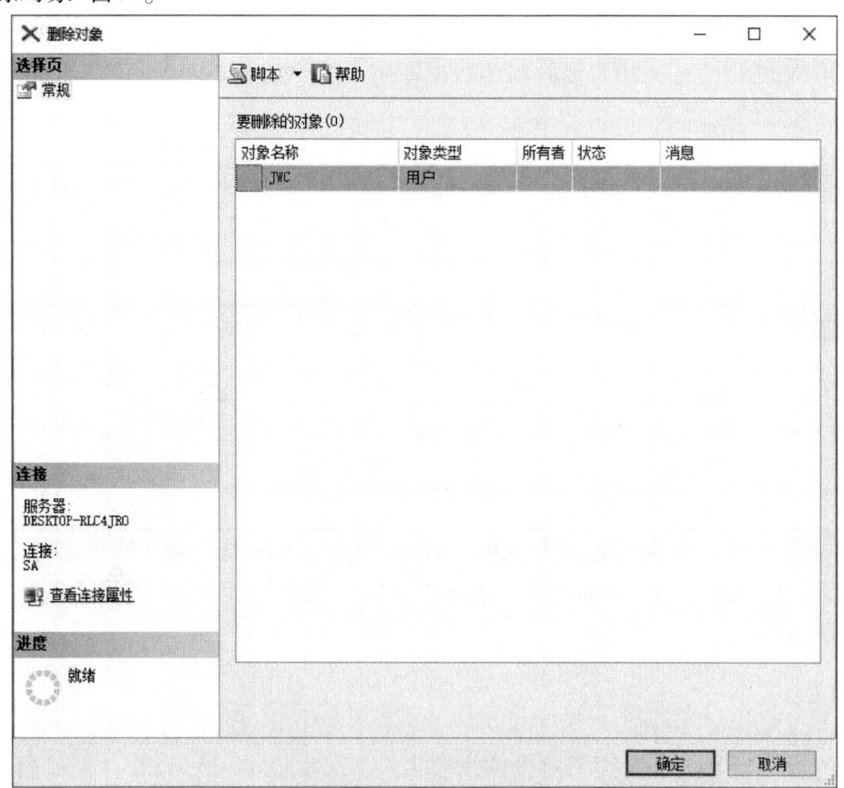

图 3-16 "删除对象"窗口

(3) 在“删除对象”窗口中,如果确实要删除数据用户,则单击“确定”按钮,删除此用户。否则单击“取消”按钮。此处选择“确定”按钮,删除 JWC 用户。

2. 用 T-SQL 语句实现

删除数据库用户的 T-SQL 语句是 DROP USER,其语法格式为:

```
DROP USER user_name
```

其中,user_name 为要在此数据库中删除的用户名。

例 7 删除 SQL_User2 用户。

语句为:

```
DROP USER SQL_User2
```

3.4 权限管理

在现实生活中,每个单位的职工都有一定的工作职能以及相应的配套权限。在数据库中也是一样的,为了让数据库中的用户能够进行适合自己权限的操作,SQL Server 提供了一套完整的权限管理机制。

登录名成为数据库中的合法用户之后,除了具有一些系统视图的查询权限之外,对数据库中的用户数据和对象不具有任何操作权限。因此,下一步就需要为数据库中的用户授予数据库数据及对象的操作权限。

3.4.1 权限的种类及数据库用户的分类

1. 权限的种类

通常情况下,将数据库中的权限划分为三类:对数据库系统进行维护的权限,对数据库中的对象和数据进行操作的权限,以及隐含权限。其中,对数据库对象的操作权限包括 CREATE(创建)、DELETE(删除)和 UPDATE(修改)数据库对象,这类权限称为语句权限;对数据库数据的操作权限包括对表和视图数据库数据的 INSERT(增加)、删除、修改和 SELECT(查询)权限,这类权限称为对象权限。下面介绍语句权限、对象权限和隐含权限。

(1) 语句权限。

SQL Server 除了提供对对象的操作权限之外,还提供了创建对象的权限,即语句权限。SQL Server 提供的语句权限主要包括:

- CREATE TABLE:具有在数据库中创建表的权限。
- CREATE VIEW:具有在数据库中创建视图的权限。
- CREATE DATABASE:具有创建数据库的权限。

(2) 对象权限。

对象权限是用户在已经创建好的对象上行使的权限,主要包括对表和视图数据进行 SELECT、INSERT、UPDATE 和 DELETE 的权限,其中 UPDATE 和 SELECT 可以对表或视图的单个列进行授权。

(3) 隐含权限。

隐含权限,是指数据库拥有者和数据库对象拥有者本身所具有的权限,隐含权限相当于内置权限,不需要再次明确地授予这些权限。例如,数据库拥有者自动地具有对数据库进行一切操作的权限。

2. 数据库用户的分类

数据库用户按其操作权限的不同可分为以下三类:

(1) 系统管理员。

系统管理员在数据库服务器上具有全部的权限,包括对服务器的配置和管理权限,也包括对全部数据库的操作权限。当用户以系统管理员身份进行操作时,系统不对其权限进行检验。每个数据库管理系统在安装好之后都有自己默认的系统管理员,SQL Server 2012 的默认系统管理员是 sa。在安装好之后可以授予其他用户系统管理员的权限。

(2) 数据库对象拥有者。

创建数据库对象的用户即为数据库对象拥有者。数据库对象拥有者对其所拥有的对象具有全部权限。

(3) 普通用户。

普通用户只具有对数据库数据的 INSERT、DELETE、UPDATE 和 SELECT 的权限。

3.4.2 权限的管理

在以上介绍的三种权限中,隐含权限是由系统预先定义好的,这类权限无须也不能进行设置。因此,权限的设置实际上是指对对象权限和语句权限的设置,权限的管理包含如下三项内容:

① GRANT(授予)权限:授予用户或角色的某种操作权。

② REVOKE(收回)权限:收回(或撤销)曾经授予给用户或角色的权限。

③ DENY(拒绝)权限:拒绝某用户或角色的某种操作权限,即使用户或角色由于继承而获得这种操作权限,也不允许执行相应的操作。

1. 对象权限的管理

对对象权限的管理可以通过 SSMS 实现,也可以通过 T-SQL 语句实现。

(1) 用 SSMS 实现。

在"学生数据库"中,以授予 SQL_User1 用户具有 NewStudent 表的 SELECT 和 INSERT权限、Course 表的 SELECT 权限为例,说明在 SSMS 中授予用户对象权限的操作过程。

在授予 SQL_Userl 用户权限之前,先做一个实验。首先用 SQL_Userl 用户建立一个新的数据库引擎查询(建立一个新的数据库引擎查询的方法是:单击工具栏中"新建查询"按钮右边的"新建数据库引擎查询"按钮,弹出如图 3-17 所示的"连接到数据库引擎"窗口,在此窗口的"身份验证"下拉列表框中选择"SQL Server 身份验证",在"登录名"文本框中输入 SQL_User1,并在"密码"文本框中输入相应的密码),在查询编辑器中,输入代码:

```
SELECT * FROM NewStudent
```

执行该代码后,SSMS 的界面如图 3-18 所示。这个实验表明,数据库用户在数据库中对用户数据没有任何操作权限。

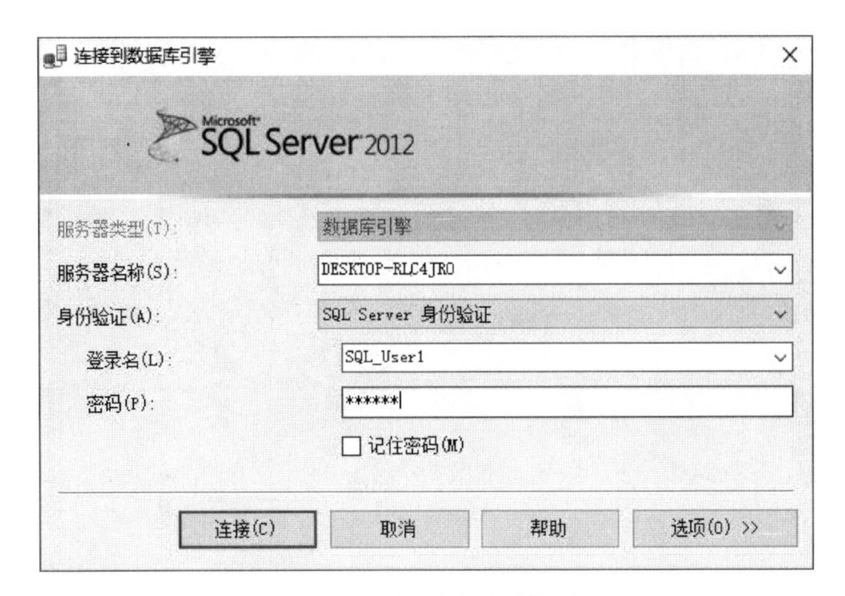

图 3-17 “连接到数据库引擎”窗口

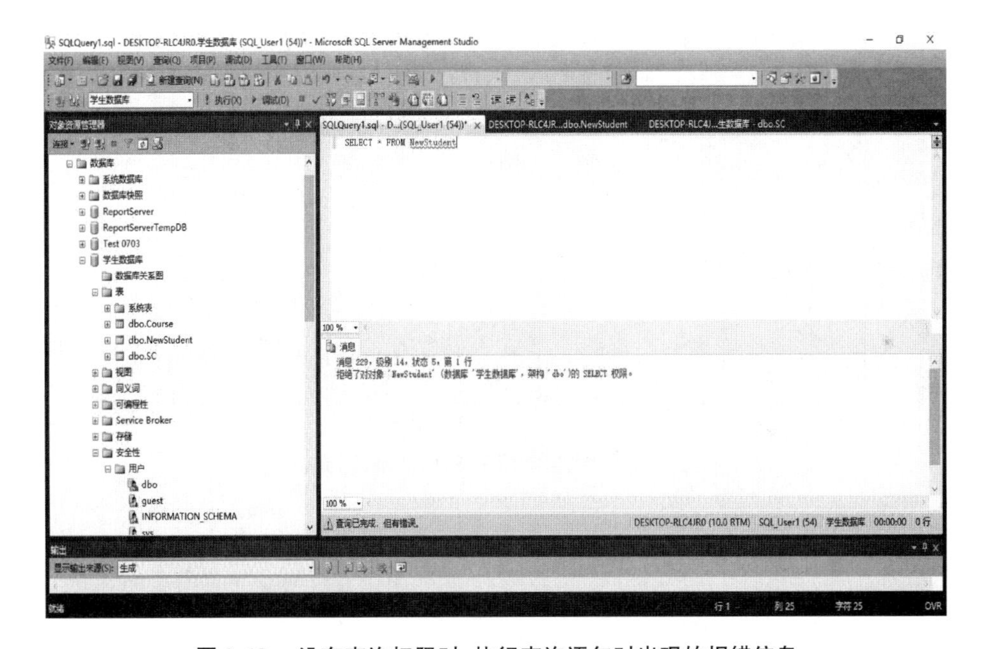

图 3-18 没有查询权限时,执行查询语句时出现的报错信息

下面介绍在 SSMS 中对数据库用户授权的方法。

① 在 SSMS 的对象资源管理器中,依次展开“数据库”→“学生数据库”→“安全性”→“用户”节点,在“SQL_User1”用户上右击,在弹出的菜单中选择“属性”项,弹出如图 3-19 所示的“数据库用户-SQL_User1”窗口。

② 在图 3-19 所示的窗口中,单击“搜索”按钮,弹出如图 3-20 所示的“添加对象”窗口,在这个窗口中可以选择要添加的对象类型。默认是添加“特定对象”类。

③ 在“添加对象”窗口中,不进行任何修改,单击“确定”按钮,弹出如图 3-21 所示的“选择对象”窗口。在这个窗口中可以通过选择对象类型来对对象进行筛选。

④ 在“选择对象”窗口中,单击“对象类型”按钮,弹出如图 3-22 所示的“选择对象类型”窗口。在这个窗口中可以选择要授予权限的对象类型。

⑤ 由于是要授予 SQL_User1 用户对 NewStudent 表和 Course 表的权限,因此在“选择对象类型”窗口中,选择“表”复选框。单击“确定”按钮,回到“选择对象”窗口,这时在该窗口的“选择这些对象类型”列表框中会列出所选的“表”对象类型,如图 3-23 所示窗口。

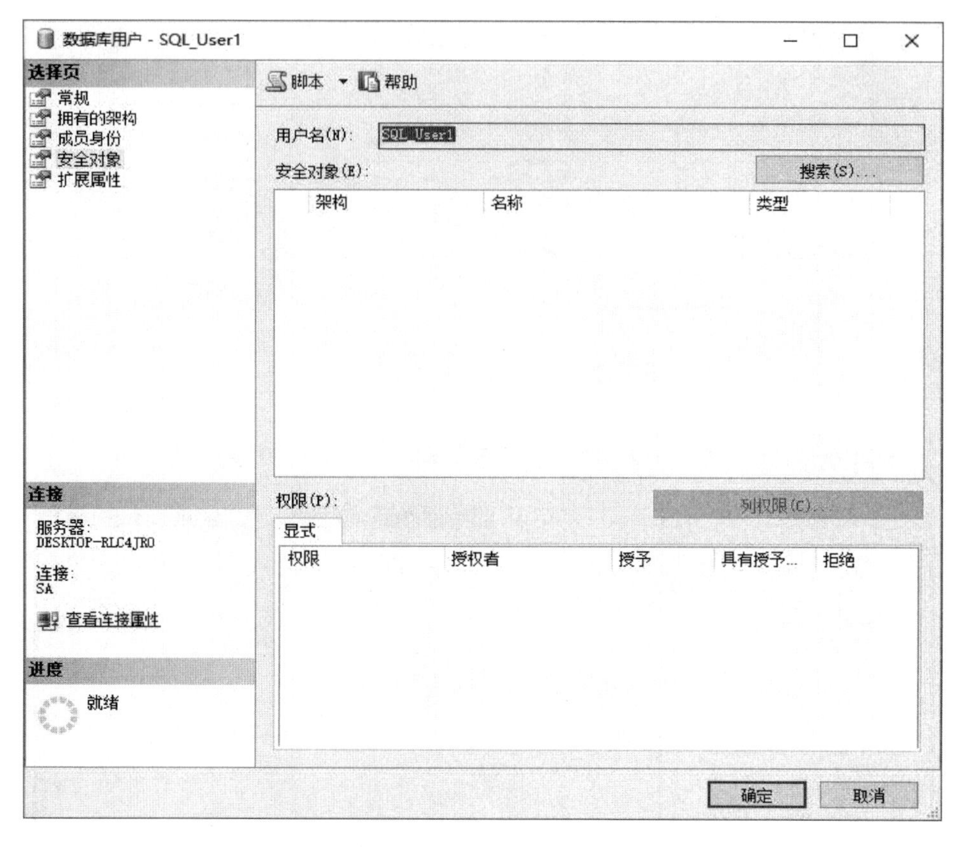

图 3-19 “数据库用户-SQL_User1”窗口

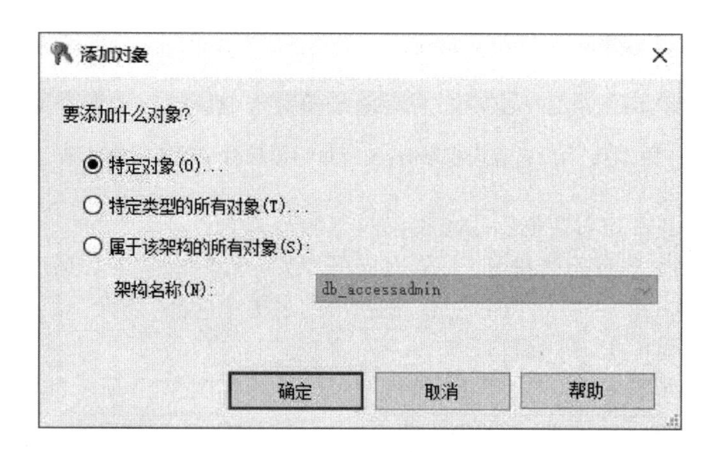

图 3-20 “添加对象”窗口

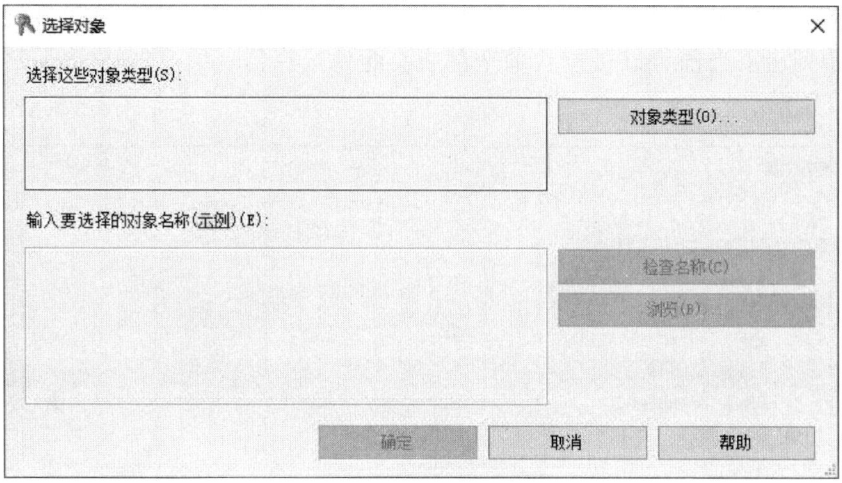

选择对象

选择这些对象类型(S):

对象类型(O)...

输入要选择的对象名称(示例)(E):

检查名称(C)

浏览(B)...

确定　取消　帮助

图 3-21　“选择对象”窗口

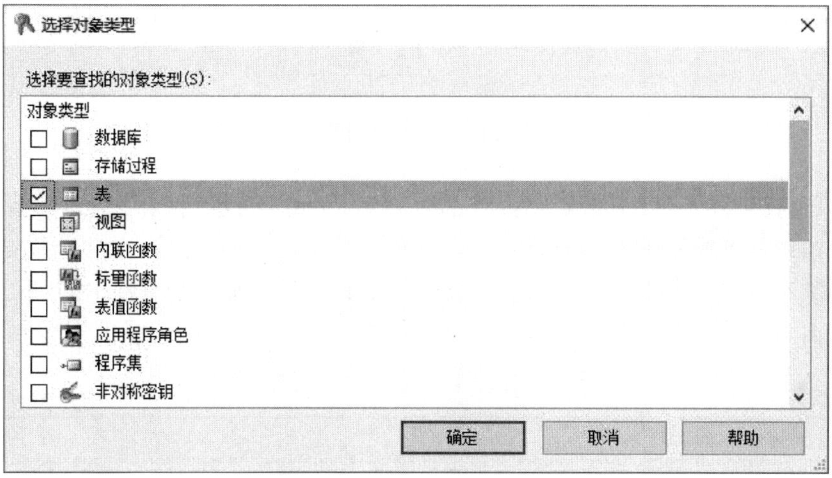

选择对象类型

选择要查找的对象类型(S):

对象类型

- 数据库
- 存储过程
- 表
- 视图
- 内联函数
- 标量函数
- 表值函数
- 应用程序角色
- 程序集
- 非对称密钥

确定　取消　帮助

图 3-22　“选择对象类型”窗口

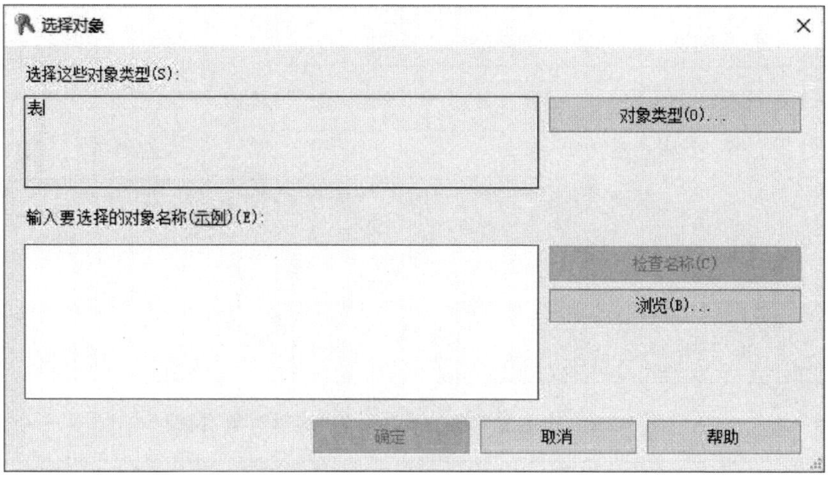

选择对象

选择这些对象类型(S):

表

对象类型(O)...

输入要选择的对象名称(示例)(E):

检查名称(C)

浏览(B)...

确定　取消　帮助

图 3-23　指定好对象类型后的“选择对象”窗口

⑥ 在图3-23所示的窗口中,单击"浏览"按钮,弹出如图3-24所示的"查找对象"窗口。在该窗口中列出了当前可以被授权的全部表。此处选择[dbo].[NewStudent]和[dbo].[Course]复选框。

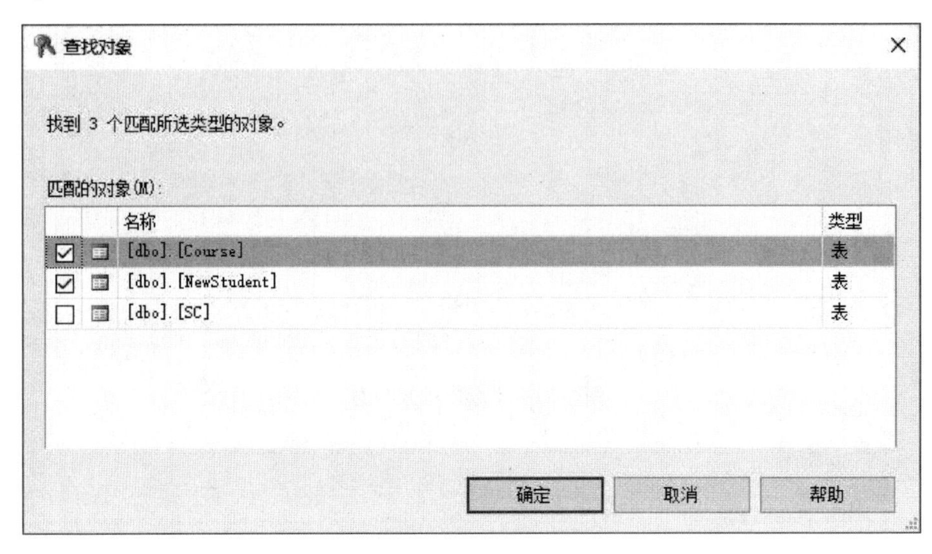

图3-24　"查找对象"窗口

⑦ 在"查找对象"窗口中指定要授权的表之后,单击"确定"按钮,回到"选择对象"窗口,此时该窗口的形式如图3-25所示。

⑧ 在图3-25所示的窗口上,单击"确定"按钮,回到数据库用户属性中的"安全对象"窗口,此时该窗口形式如图3-26所示。现在可以在这个窗口上对选择的对象授予相关的权限。

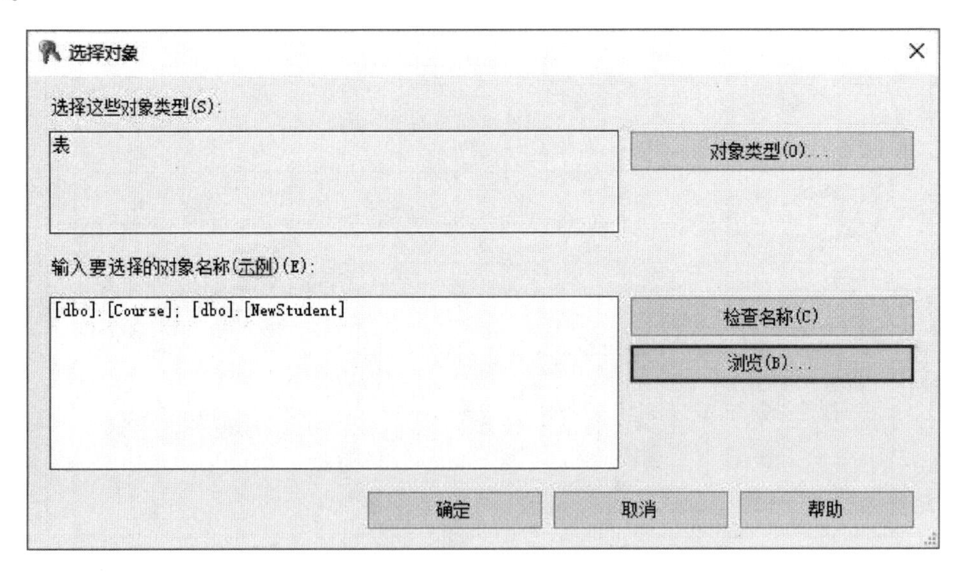

图3-25　指定要授权的表之后的"选择对象"窗口

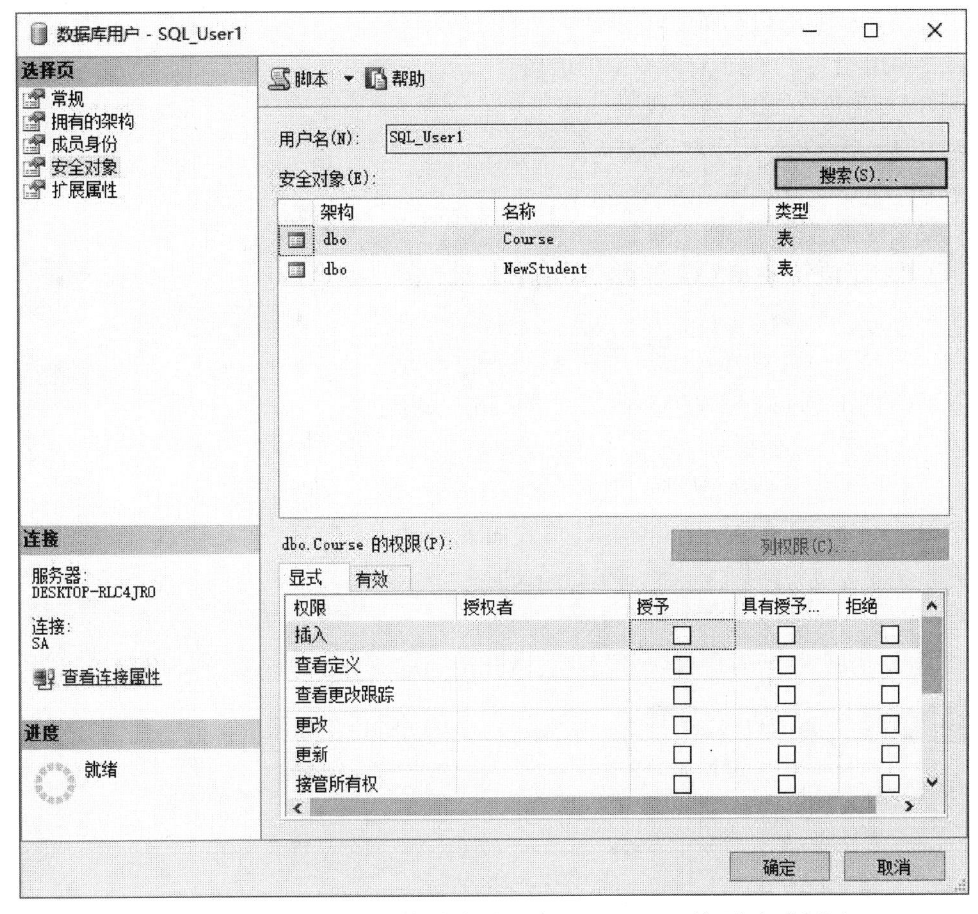

图 3-26 指定授权对象之后的“数据库用户-SQL_User1”的“安全对象”窗口

⑨ 在图 3-26 所示的窗口中:

- 选择“授予”对应的复选框,表示授予该项权限。
- 选择“具有授予权”对应的复选框,表示在授权的同时授予该权限的转授权,即该用户还可以将其获得的权限授予其他人。
- 选择“拒绝”对应的复选框,表示拒绝该用户获得该权限;不做任何选择,表示用户没有此项权限。

首先在“安全对象”列表框中选择 Course,然后在下面的“权限”部分选择“选择”项的“授予”复选框,表示授予对 Course 表的 SELECT 权限。然后在“安全对象”列表框中选择 NewStudent项,并在下面的“权限”部分分别选择“选择”项和“插入”项对应的“授予”复选框,表示授予 NewStudent 表 SELECT 和 INSERT 权限。(说明:选择相应权限的复选框表示授予权限,取消相应权限的复选框表示收回权限。)

⑩ 在图 3-26 所示的窗口中,如果单击“列权限”按钮,可以授予用户对表中某些列的操作权限。此处不对该列进行授权。单击“确定”按钮,即可关闭该窗口,完成授权操作。

至此,完成了对数据库用户的授权。

此时,以 SQL_User1 的身份再次执行代码 SELECT * FROM NewStudent。

代码执行成功后,返回所需要的结果。

(2) 用 T-SQL 语句实现。

在 T-SQL 语句中,用于管理权限的语句有三条:

- GRANT 语句:用于授予权限。
- REVOKE 语句:用于收回权限。
- DENY 语句:用于拒绝权限。

对象权限语句的语法格式如下:

① GRANT 语句。GRANT 语句的语法格式如下:

```
GRANT 对象权限名[, …] ON {表名 |视图名}
    TO {数据库用户名 |用户角色名} [, …]
```

② REVOKE 语句。REVOKE 语句的语法格式如下:

```
REVOKE 对象权限名[,…] ON {表名 |视图名}
    FROM {数据库用户名 | 用户角色名} [, …]
```

③ DENY 语句。DENY 语句的语法格式如下:

```
DENY 对象权限名 [, …] ON {表名 |视图名}
    TO {数据库用户名 |用户角色名} [, …]
```

其中,语法格式中"对象权限名"包括:INSERT、DELETE、UPDATE 和 SELECT 权限。

例 8 为用户 user1 授予 NewStudent 表的 SELECT 权限。

语句为:

```
GRANT SELECT ON NewStudent TO user1
```

例 9 为用户 user1 授予 SC 表的 SELECT 权限和 INSERT 权限。

语句为:

```
GRANT SELECT,INSERT ON SC TO user1
```

例 10 收回用户 user1 对 NewStudent 表的 SELECT 权限。

语句为:

```
REVOKE SELECT ON NewStudent FROM user1
```

例 11 拒绝 user1 用户具有 SC 表的 UPDATE 权限。

语句为:

```
DENY UPDATE ON SC TO user1
```

2. 语句权限的管理

同对象操作权限管理一样,对语句权限的管理也可以通过 SSMS 和 T-SQL 语句实现。

(1) 用 SSMS 实现。

在"学生数据库"中,以授予 SQL_User1 用户具有创建表的权限为例,说明在 SSMS 中授予用户语句权限的过程。

在授予 SQL_User1 用户权限之前，先用该用户建立一个新的数据库引擎查询，打开查询编辑器，输入如下代码：

```
CREATE Table Teachers(          --创建教师表
Tid char(6),                    --教师号
Tname varchar(10)               --教师名
)
```

执行该代码后，SSMS 的界面如图 3-27 所示，说明用户初始时并不具有创建表的权限。

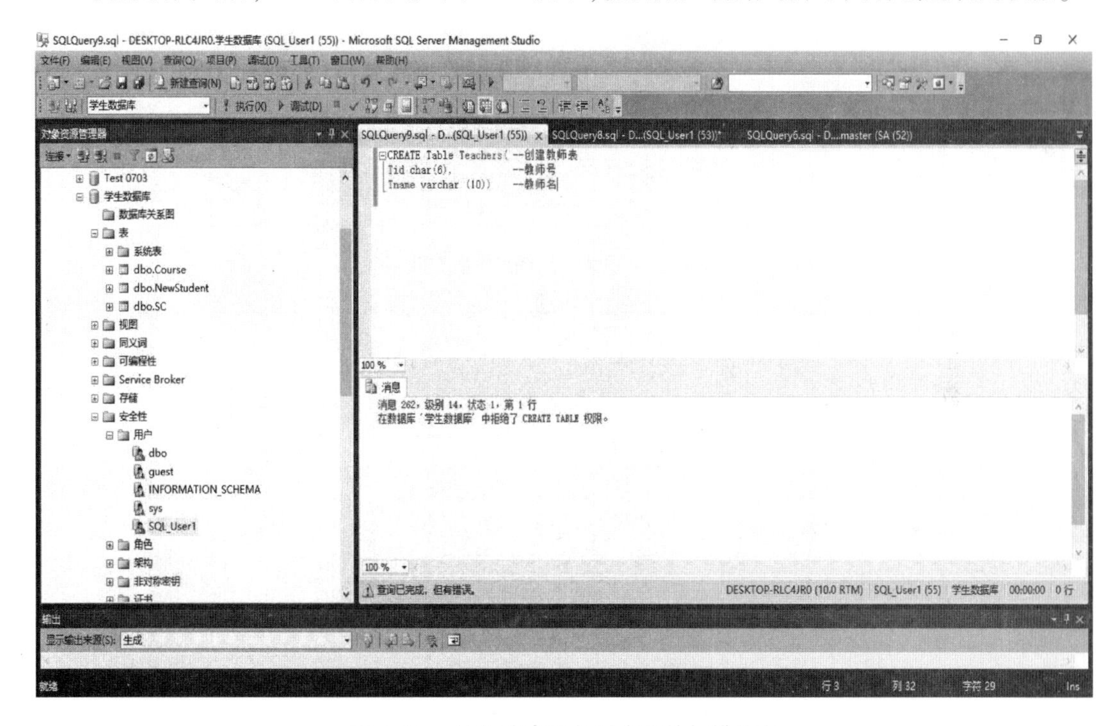

图 3-27　执行建表语句时出现的报错信息

使用 SSMS 授予用户语句权限的步骤如下：

① 在 SSMS 的对象资源管理器中，依次展开"数据库"→"学生数据库"→"安全性"→"用户"节点，在 SQL_User1 用户上右击，在弹出的菜单中选择"属性"项，弹出数据库用户属性窗口（参见图 3-19），在此窗口单击"搜索"按钮。在弹出的"添加对象"窗口（参见图 3-20）中确保选择"特定对象"项，单击"确定"按钮，在弹出的"选择对象"窗口（参见图 3-21）中单击"对象类型"按钮，弹出"选择对象类型"窗口（参见图 3-22）。

② 在"选择对象类型"窗口中，选择"数据库"复选框，如图 3-28 所示。单击"确定"按钮，回到"选择对象"窗口，此时在窗口的"选择这些对象类型"列表框中已经列出了"数据库"，如图 3-29 所示。

③ 在图 3-29 所示的窗口中，单击"浏览"按钮，弹出如图 3-30 所示的"查找对象"窗口，在此窗口中可以选择要赋予的权限所在的数据库。由于是要在"学生数据库"中为 SQL_Server1 授予建表权，因此在此窗口中选择"[学生数据库]"复选框。单击"确定"按钮，回到"选择对象"窗口，此时在该窗口的"输入要选择的对象名称（示例）"列表框中已经列出了"[学生数据库]"，如图 3-31 所示。

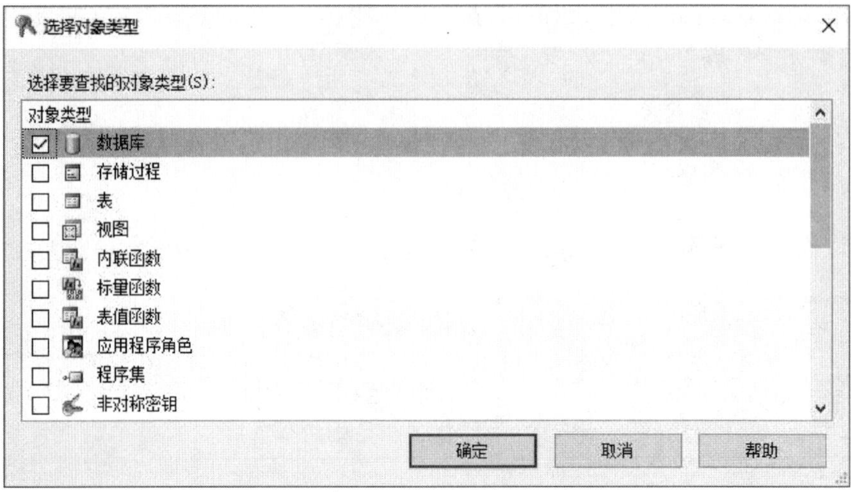

图 3-28　选中“数据库”复选框

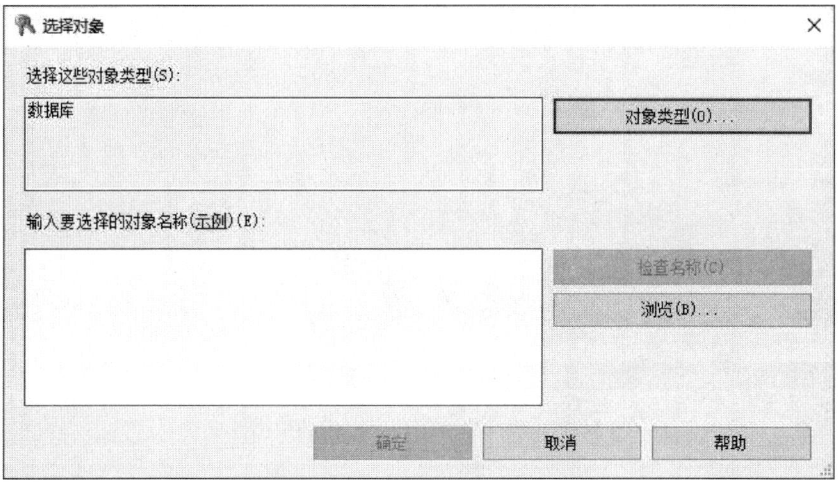

图 3-29　选择好对象类型后的窗口

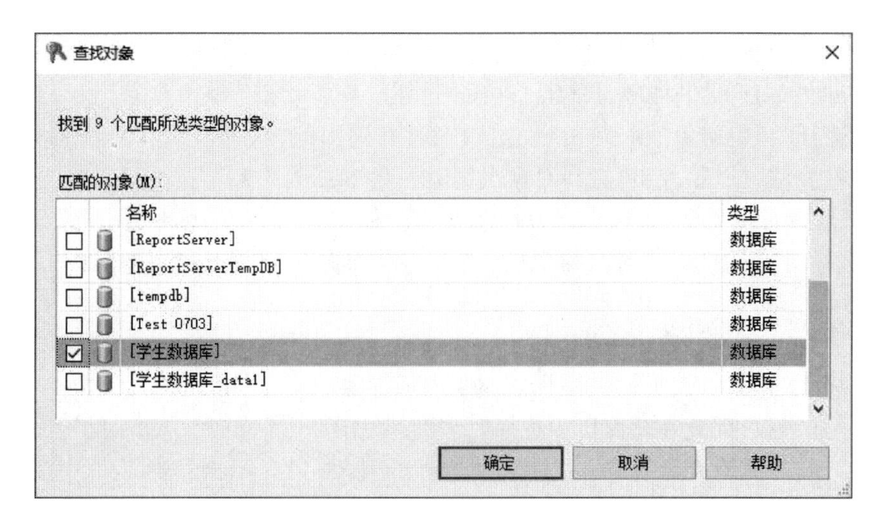

图 3-30　“查找对象”窗口

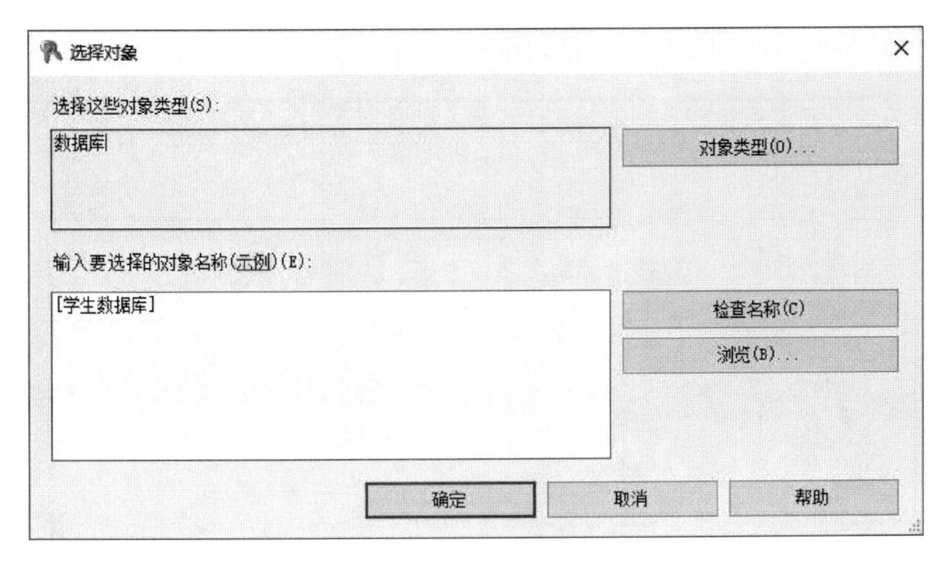

图 3-31　“选择对象”窗口

④ 在“选择对象”窗口中单击“确定”按钮，回到数据库用户的属性窗口，在此窗口中可以选择合适的语句权限授予相关用户。在此窗口的“安全对象”列表框中选择“学生数据库”项，然后在下面的“显式”列表框中选择“创建表”对应的“授予”复选框，如图 3-32 所示。

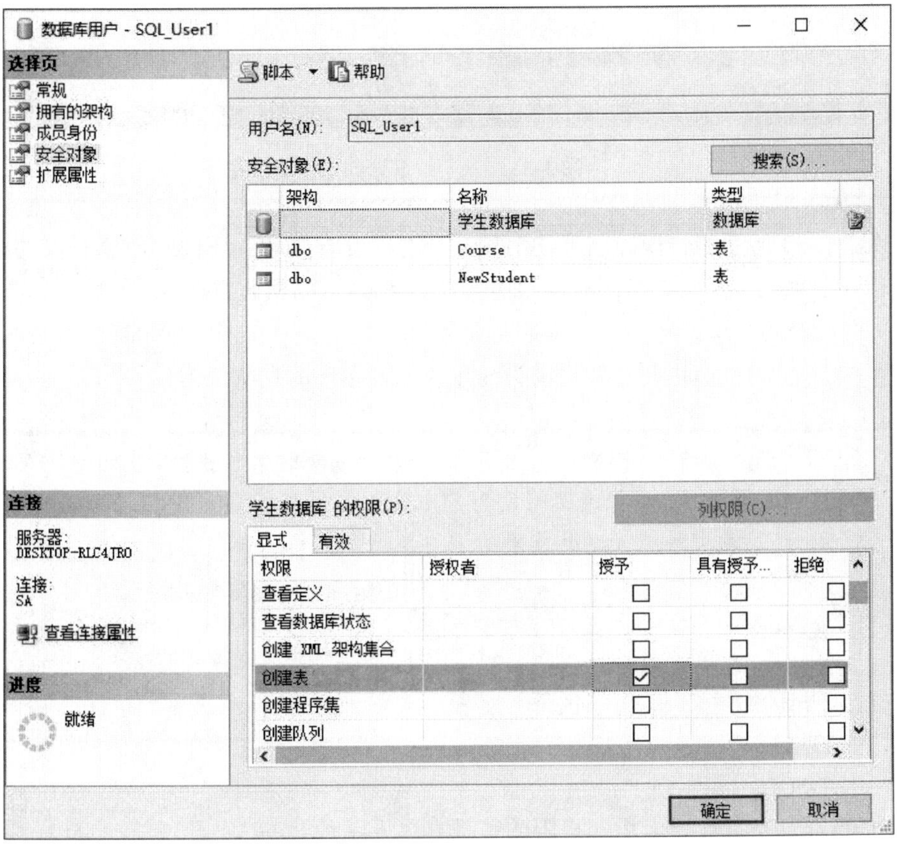

图 3-32　指定好授权对象后的窗口

⑤ 单击“确定”按钮,完成授权操作,然后关闭此窗口。

注意 如果此时用 SQL_User1 身份打开一个新的查询编辑器窗口,选择“学生数据库”项并执行下述建表语句:

```
CREATE TABLE Mytable(c1 int)
```

则系统会出现如图 3-33 所示的报错信息。

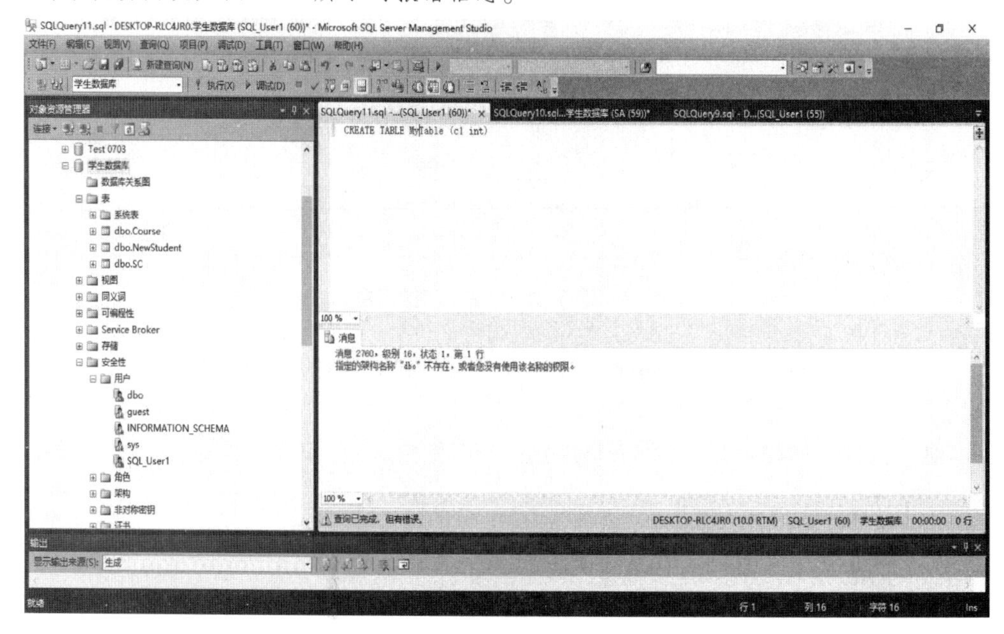

图 3-33 执行建表语句的报错信息

出现图 3-33 所示的错误原因是:SQL_Use1 用户没有在 dbo 架构中创建对象的权限,而且也没有为 SQL_User1 用户指定默认架构,因此 CREAT TABLE MyTable 失败了。

解决此问题的一个办法是让数据库系统管理员定义一个架构,并将该架构的所有权赋给 SQL_User1 用户,然后将新建架构设为 SQL_User1 用户的默认架构。

示例 在“学生数据库”中创建一个名为 TestSchema 的架构,将该架构的所有权赋给 SQL_User1 用户,然后将该架构设为 SQL_User1 用户的默认架构。选择“学生数据库”项,并用具有系统管理员权限的用户执行下列语句:

```
CREATE SCHEMA TestSchema AUTHORIZATION SQL_User1;
GO
ALTER USER SQL_User1 WITH DEFAULT_SCHEMA = TestSchema
```

然后再让 SQL_User1 用户执行创建表的语句,这时就不会出现上述错误了。

(2) 用 T-SQL 语句实现。

同对象权限的管理一样,语句权限的管理有以下三种:

① GRANT 语句。GRANT 语句的语法格式如下:

```
GRANT  语句权限名[,…] TO {数据库用户名 |用户角色名}[, … ]
```

② REVOKE 语句。REVOKE 语句的语法格式如下：

```
REVOKE  语句权限名[,…] FROM{数据库用户名 |用户角色名 }[, …]
```

③ DENY 语句。DENY 语句的语法格式如下：

```
DENY  语句权限名[  ,…]TO{数据库用户名 |用户角色名}[, …]
```

其中，语法格式中“语句权限名”包括：CREATE TABLE、CREATE VIEW 等。

例 12　授予 user1 具有创建数据表的权限。

语句为：

```
GRANT CREATE TABLE TO user1
```

例 13　授予 user1 和 user2 具有创建数据表和视图的权限。

语句为：

```
GRANT CREATE TABLE,CREATE VIEW TO user1,user2
```

例 14　收回授予 user1 创建数据表的权限。

语句为：

```
REVOKE CREATE TABLE FROM user1
```

例 15　拒绝 user1 具有创建视图的权限。

语句为：

```
DENY CREATE VIEW TO user1
```

3.5　角色

在数据库中，为便于对用户及权限的管理，可以将一组具有相同权限的用户组织在一起，这一组具有相同权限的用户称为角色(Role)。角色类似于 Windows 操作系统安全体系中“组”的概念。在实际工作中，一般一个部门中用户的权限基本都是一样的，如果让数据库管理员对每个用户分别授权是一件非常麻烦的事情；但如果把具有相同权限的用户集中在角色中进行管理，则会方便很多。

对一个角色授权就相当于对该角色中的所有成员进行操作。可以为有相同权限的一类用户建立一个角色，然后再为角色授予合适的权限。对角色进行授权的另一个好处是便于进行权限维护。例如，当有人新加入工作时，只需将他添加到该工作的角色中；当有人离开时，只需从角色中删除该用户，而无须在每个工作人员加入或离开工作时都反复地进行权限设置。

使用角色可以使得系统管理员只须对权限的种类进行划分，然后将不同的权限授予不同的角色，而不必关心有哪些具体的用户。而且当角色中的成员发生变化时，比如添加或删除成员，系统管理员都无须做任何关于权限的操作。

在 SQL Server 2012 中，角色分为系统预定义的固定角色和用户根据自己的需要定义用户角色两类，这里只介绍用户定义的角色。

3.5.1 建立用户定义的角色

建立用户定义的角色可以用 SSMS 实现，也可以用 T-SQL 语句实现。下面以在“学生数据库”中建立一个 Software 角色为例，说明其实现过程。

1. 用 SSMS 实现

用 SSMS 建立用户定义的角色的步骤如下：

（1）以数据库管理员身份登录到 SSMS，在 SSMS 的对象资源管理器中，依次展开“数据库”→“学生数据库”→“安全性”→“角色”节点，在“角色”节点上右击，在弹出的菜单中选择“新建”→“新建数据库角色”项，或者在“角色”→“数据库角色”节点上右击，在弹出的菜单中选择“新建数据库角色”项，均可弹出“数据库角色-新建”窗口，如图3-34 所示。

（2）在“角色名称”文本框中输入角色的名字，这里输入的是 Software。

（3）单击“确定”按钮，关闭“数据库角色-新键”窗口，完成用户自定义角色的创建。

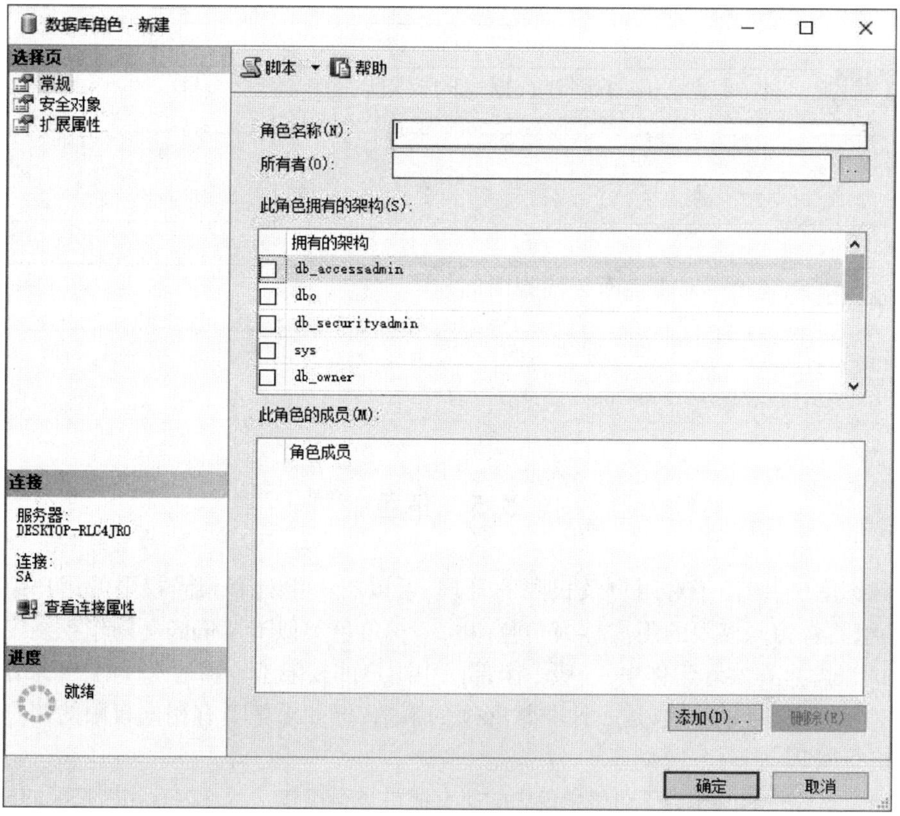

图 3-34 “数据库角色-新建”窗口

这时在对象资源管理器的“数据库”→“学生数据库”→“安全性”→“数据库角色”节点下可以看到新建的 Software 角色，如图 3-35 所示。

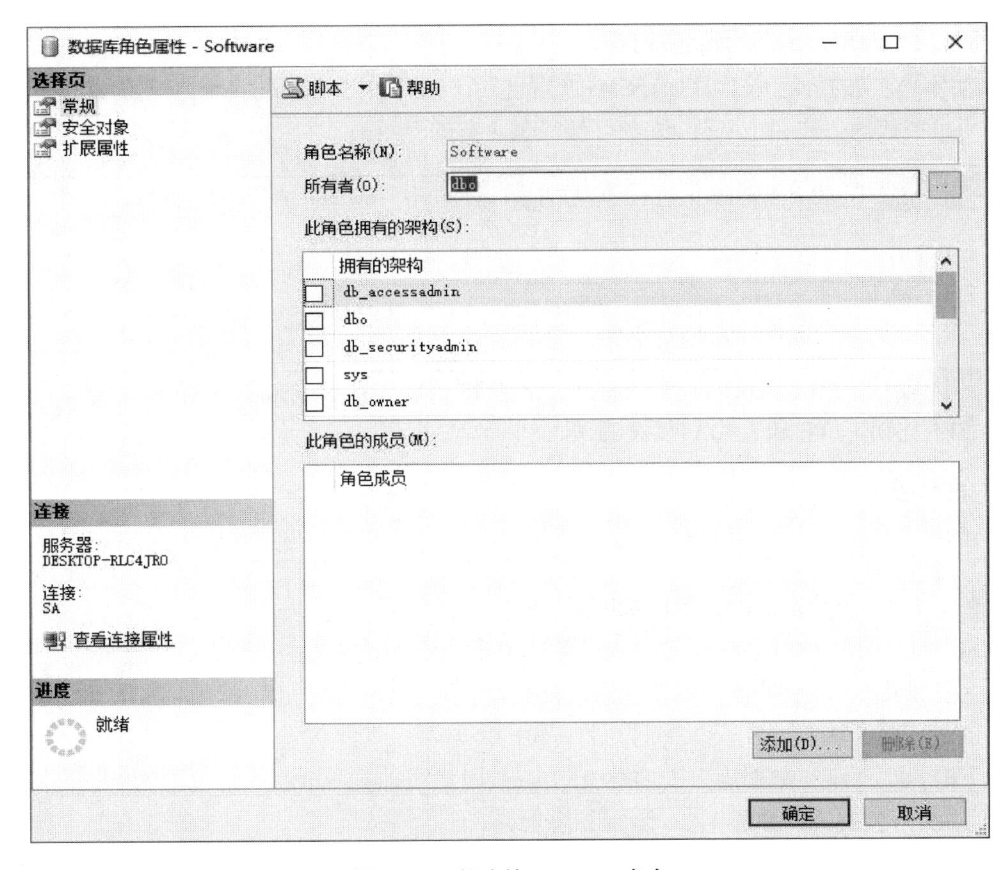

图 3-35 新建的 Software 角色

2. 用 T-SQL 语句实现

创建用户自定义角色的 T-SQL 语句是 CREATE ROLE,其语法格式为:

```
CREATE ROLE roLe_name[AUTHORIZATION owner_name ]
```

其中,各项参数为:

- role_name:待创建角色的名称。
- AUTHORIZATION owner_name:将拥有新角色的数据库用户或角色。如果未指定用户,则执行 CREATE ROLE 的用户将拥有该角色。

例 16 在"学生数据库"中创建用户自定义角色 CompDept,其拥有者为创建该角色的用户。

首先选择"学生数据库"项,然后执行语句:

```
CREATE ROLE CompDept
```

例 17 在"学生数据库"中创建用户自定义角色 InfoDept,其拥有者为 SQL_User1。

首先选择"学生数据库"项,然后执行语句:

```
CREATE ROLE InfoDept AUTHORIZATION SQL_User1
```

3.5.2 为用户定义的角色授权

为用户定义的角色授权可以用SSMS实现,也可以用下T-SQL语句实现,它们的操作与为数据库用户授权的方法完全一样,读者可参考3.4节的介绍。

例18 为Software角色授予"学生数据库"中NewStudent表的SELECT权限。

语句为:

```
GRANT SELECT ON NewStudent TO Software
```

例19 为CompDept角色授予"学生数据库"中NewStudent表的SELECT、INSERT、DELETE和UPDATE权限。

语句为:

```
GRANT SELECT, INSERT, DELETE,UPDATE ON NewStudent TO CompDept
```

3.5.3 为用户定义的角色添加成员

用户定义的角色中的成员自动具有角色的全部权限,因此在为用户定义的角色授权之后,就要为它添加成员。为用户定义的角色添加成员可以用SSMS实现,也可以用T-SQL语句实现。

1. 用SSMS实现

下面,以在"学生数据库"中,将SQL_User1用户添加到Software角色中为例,介绍使用SSMS添加角色成员的方法:

(1) 以数据库管理员的身份登录到SSMS,在SSMS的对象资源管理器中,依次展开"数据库"→"学生数据库"→"安全性"→"角色"节点,在要添加成员的角色(这里是Software)上右击,在弹出的菜单中选择"属性"项,弹出如图3-35所示的窗口。

(2) 在图3-35所示的窗口中,单击"添加"按钮,弹出如图3-36所示的"选择数据库用户或角色"窗口。

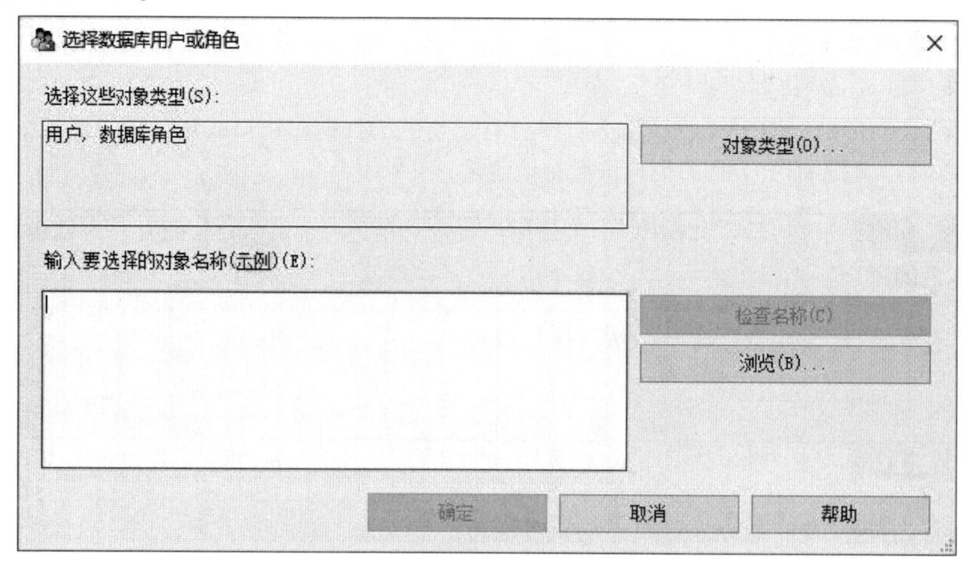

图3-36 "选择数据库用户或角色"窗口

（3）在图3-36所示的窗口中，单击“浏览”按钮，弹出如图3-37所示的“查找对象”窗口。

（4）在图3-37所示的窗口中，可以选择要添加到角色中的用户，此处选择SQL_User1复选框，也可以选择多个用户，表示将这些用户均添加到角色中。单击“确定”按钮，回到“选择数据库用户或角色”窗口，此时，在该窗口的“输入要选择的对象名称（示例）”列表框中将列出已选的用户，如图3-38所示。

（5）在图3-38所示的窗口中单击“确定”按钮，关闭此窗口，回到“数据库角色属性-Software”窗口，此时在该窗口的“角色成员”列表框中将列出已添加到该角色中的成员名，如图3-39所示。

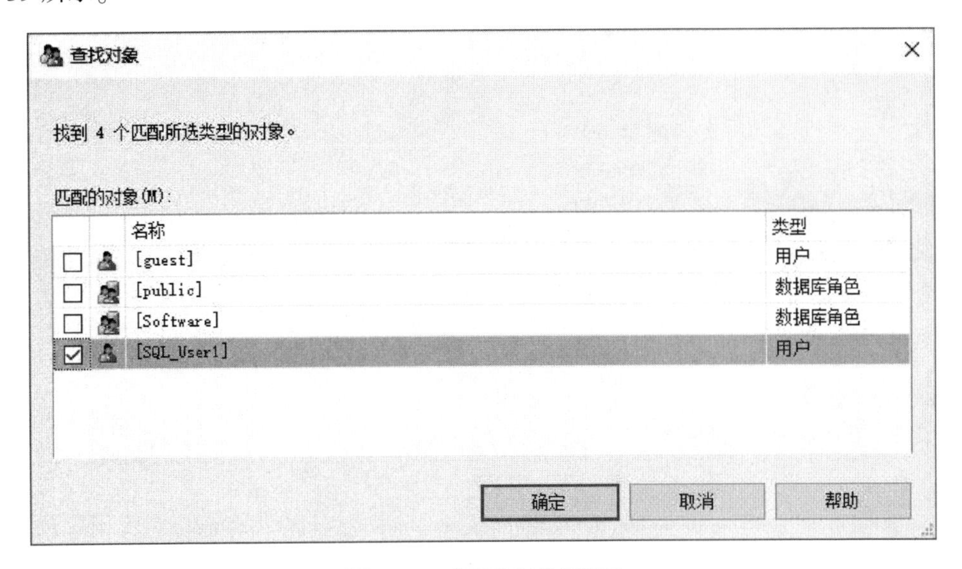

图3-37　“查找对象”窗口

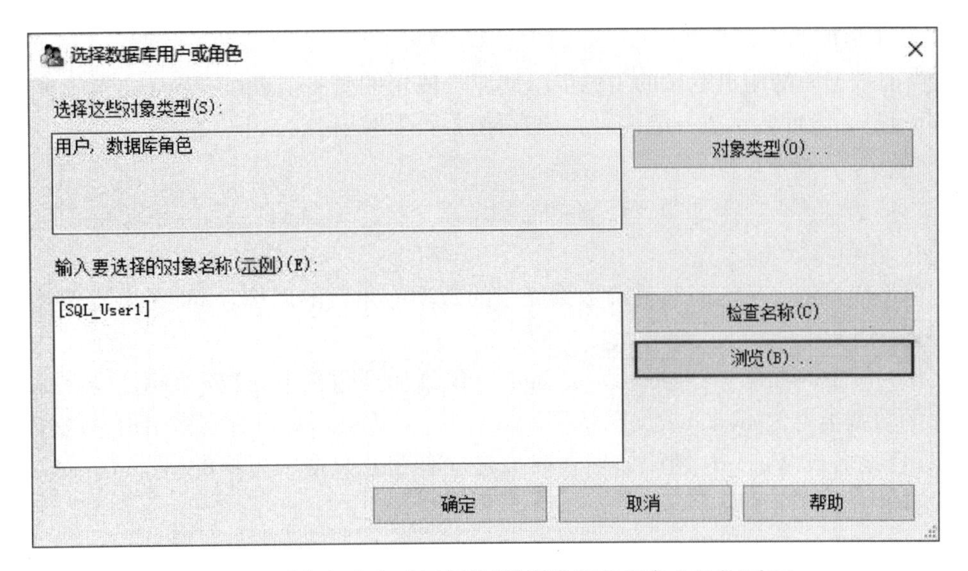

图3-38　选择好角色成员后的“选择数据库用户或角色”窗口

（6）在图3-39所示的窗口中，单击“确定”按钮，完成添加角色成员的工作。

图 3-39　定义好角色成员后的"数据库角色属性-Software"窗口

2. 用 T-SQL 语句实现

在当前数据库的用户定义的角色中添加成员使用的是 sp_addrolemember 系统存储过程(存储过程是一段可调用执行的代码),该存储过程的语法格式如下:

```
sp_addrolemember[@ rolename = ]  'role',
[@ membername = ]'security_account'
```

其中,各项参数为:

● [@rolename =]'role':当前数据库中的数据库角色的名称。role 的数据类型为 sysname,无默认值。

● [@membername =]'security_account':要添加到角色中的数据库用户名。security_account 的数据类型为 sysname,无默认值。security_account 可以是数据库用户、数据库角色、Windows 登录名或 Windows 组。如果新成员是没有相应数据库用户的 Windows 登录名,则将为其创建一个对应的数据库用户。

该存储过程的返回值为:0(成功)或 1(失败)。

例20 将 DESKTOP - RLC4JR0 域名下的 Windows 身份验证的账户 Win_User1 添加到“学生数据库”的 Software 角色中。（假设 Win_User1 已是“学生数据库”中的用户）

语句为：

```
EXECT sp_addrolemember 'Software', 'DESKTOP - RLC4JR0 \Win_User1'
```

例21 将 SQL Server 身份验证的账户 SQL_User2 添加到“学生数据库”的 CompDept 角色中。（假设 SQL_User2 已是“学生数据库”中的用户）

语句为：

```
EXECT sp_addrolemember'CompDept','SQL_User2'
```

3.5.4 删除用户定义的角色中的成员

当不希望某用户是某角色中的成员时，可将用户从角色中删除。从用户定义的角色中删除成员可以用 SSMS 实现，也可以用 T-SQL 语句实现。

1. 用 SSMS 实现

下面，以在“学生数据库”中，从 Software 角色中删除 SQL_User1 成员为例，介绍使用 SSMS 删除角色成员的方法：

(1) 以数据库管理员的身份登录到 SSMS，在 SSMS 的对象资源管理器中，依次展开“数据库”→“学生数据库”→“安全性”→“角色”节点，在要删除成员的角色（这里是 Software）上右击，在弹出的菜单中选择“属性”项，弹出如图 3-39 所示的窗口。

(2) 在图 3-39 所示的窗口中，选择要删除的成员名（这里是 SQL_User1），然后单击“删除”按钮即可将所选的成员从用户定义的角色中删除。

2. 用 T-SQL 语句实现

从用户定义的角色中删除成员使用的是 sp_droprolemember 系统存储过程，该存储过程的语法格式如下：

```
sp_droprolemember [@ rolename = ]'role',
[@ membername = ] 'security_account'
```

其中，各项参数为：

- [@ rolename =]'role'：将从当前数据库中删除的数据库的角色名称。
- [@ membername =]'security_account'：被从数据库角色中删除的用户名。

该存储过程的返回值为：0（成功）或 1（失败）。

例22 在“学生数据库”中，删除 CompDept 角色中的 SQL_User2 成员。

语句为：

```
EXECT sp_droprolemember 'CompDept','SQL_User2'
```

3.6 小结

数据库的安全管理是数据库系统中非常重要的部分，安全管理设置的好坏直接影响数据库数据的安全。因此,数据库系统管理员一定要仔细研究数据的安全性问题,并进行适当的设置。

本章介绍了数据库安全控制模型、SQL Server 2012 的安全验证过程以及权限的管理。大型数据库管理系统一般将权限的验证过程分为三步:第一步,验证用户是否具有合法的服务器的登录名;第二步,验证用户是否是要访问的数据库的合法用户;第三步,验证用户是否具有适当的操作权限。可以为用户授予的权限有两种,一种是对数据进行操作的对象权限,即对数据的 INSERT、DELETE、UPDATE 和 SELECT 权限;另一种是创建对象的语句权限,如创建表和创建视图等对象的权限。利用 SQL Server 2012 提供的 SSMS 和 T-SQL 语句,可以很方便地实现数据库的安全管理。

除了可以为每个数据库用户授权之外,为了简化安全管理过程,数据库管理系统还提供角色的概念,角色用于对一组具有相同权限的用户进行管理,同一个角色中的成员具有相同的权限。因此数据库管理员只须为角色授权,就相当于给角色中的所有成员进行了授权。

习　题

1. 通常情况下,数据库中的权限划分为哪几类?
2. 数据库中的用户按其操作权限可分为哪几类,每一类的权限是什么?
3. SQL Server 2012 的登录名的来源有几种? 分别是什么?
4. 权限的管理包含哪些内容?
5. 什么是用户定义的角色,其作用是什么?
6. 在 SQL Server 2012 中,用户定义的角色中可以包含哪些类型的成员?
7. 用 T-SQL 语句实现下述功能:

(1) 建立一个 Windows 身份验证的登录名,Windows 域名为 CS,登录名为 Win_Jone。

(2) 建立一个 SQL Server 身份验证的登录名,登录名为 SQL_Stu,密码为 3Wcd5sTap43K。

(3) 删除 Windows 身份验证的登录名,Windows 域名为 IS,登录名为 U1。

(4) 删除 SQL Server 身份验证的登录名,登录名为 U2。

(5) 建立一个数据库用户,用户名为 SQL_Stu,对应的登录名为 SQL Server 身份验证的 SQL_Stu。

(6) 建立一个数据库用户,用户名为 Jone,对应的登录名为 Windows 身份验证的 Win_Jone,Windows 域名为 CS。

(7) 授予用户 u1 具有对 Course 表的 INSERT 和 DELET 权限。

(8) 授予用户 u1 具有对 SC 表数据的 DELET 权限。

(9) 收回 u1 对 Course 表数据的 DELET 权限。

(10) 拒绝用户 u1 获得对 Course 表数据的 UPDATE 权限。

(11) 授于用户 u1 具有 CREATE TABLE 和 CREATE VIEW 权限。

(12) 收回用户 u1 的权限。

(13) 建立一个新的用户定义的角色,角色名为 New_Role。

(14) 为 New_Role 角色授予 SC 表数据的 SELECT 和 UPDATE 权限。

(15) 将 SQL Server 身份验证的 u1 用户和 Windows 身份验证的 CS\Win_Jone 用户添加

到 New_Role 角色中。

上机练习

1. 用 SSMS 建立 SQL Server 身份验证模式的登录名:log1、log2 和 log3。

2. 利用第 2 章建立的"学生数据库"以及 NewStudent 表、Course 表和 SC 表,用 log1 建立一个新的数据库引擎查询,在"可用数据库"下拉列表框中是否能选择"学生数据库"项?为什么?

3. 将 log1、log2 和 log3 映射为"学生数据库"中的用户,用户名同登录名。

4. 到 log1 建立的数据库引擎查询中,这次在"可用数据库"下拉列表框中是否能选择"学生数据库"项?为什么?

5. 在 log1 建立的数据库引擎查询中,选择"学生数据库"项并执行下述语句,能否成功?为什么?

```
SELECT * FROM Course
```

6. 用系统管理员授予 log1 具有 Course 表的 SELECT 权限,授予 log2 具有 Course 表的 INSERT 权限。

7. 在 SSMS 中,用 log2 建立一个新的数据库引擎查询并执行下述语句能否成功?为什么?

```
INSERT INTO Course VALUES('C101','数据库基础',4,5)
```

再执行下述语句,能否成功?为什么?

```
SELECT * FROM Course
```

8. 在 SSMS 中,在 log1 建立的数据库引擎查询中,再次执行下述语句能否成功?

```
SELECT * FROM Course
```

但如果执行下述语句能否成功?为什么?

```
INSERT INTO Course VALUES('C103','软件工程', 4,5)
```

9. 用系统管理员授予 log3 在"学生数据库"中具有建表的权限。

10. 在"学生数据库"中建立用户定义的角色 SelectRole,并授予该角色对 NewStudent 表、Course 表和 SC 表具有查询权。

11. 新建立一个 SQL Server 身份验证模式的登录名 pub_user,并让该登录名成为"学生数据库"中的合法用户。

12. 在 SSMS 中,用 pub_user 建立一个新的数据库引擎查询,执行下述语句,能否成功?为什么?

```
SELECT * FROM Course
```

13. 将 pub_user 用户添加到 SelectRole 角色中。

14. 在 pub_user 建立的数据库引擎查询中,再次执行下述语句,能否成功?为什么?

```
SELECT * FROM Course
```

第4章 备份和恢复数据库

数据库中的数据是有价值的信息资源,数据库中的数据是不允许丢失或损坏的。因此,在维护数据库时,一项重要的任务就是保证数据库中的数据不被损坏和不被丢失,即使是在存放数据库的物理介质损坏的情况下也应该能够保证这一点。本章介绍的数据库备份和恢复(SQL Server 2012 将“恢复”称为“还原”)技术就是保证数据库不被损坏和数据不被丢失的一种技术,本章主要介绍在 SQL Server 2012 环境下如何具体地实现数据库的备份和恢复。

4.1 备份数据库

备份数据库,是指将数据库中的数据以及保证数据库系统正常运行的有关信息保存起来以备恢复数据库时使用。

4.1.1 为什么要备份数据库

备份数据库的主要目的是为了防止数据丢失。可以设想一下,如果银行等大型机构中的数据由于某种原因被破坏或丢失了,会产生什么样的结果?在现实生活中,数据的安全、可靠问题是无处不在的。因此,要使数据库能够正常工作,就必须要做好数据库的备份工作。

造成数据丢失的原因主要包括如下几种情况:

(1) 存储介质故障。无论是早期的使用磁带存储数据还是现在的使用磁盘、光盘存储数据,这些存储介质都有一定的寿命。在长时间使用之后,存储介质可能出现损坏或者彻底崩溃的现象,这势必会造成数据的丢失。

(2) 用户的操作错误。不管是管理人员还是普通用户,都难免有操作错误。如果用户无意或恶意在数据库中进行非法操作,如删除或更改重要数据等,也会造成数据损坏。

(3) 服务器故障。虽然大型服务器的可靠性比较好,但也可能出现数据损坏或机器崩溃的现象,这是由硬件或软件造成的。如果数据库服务器出现故障,则其造成的损失将是非常巨大的。

(4) 由于病毒的侵害而造成的数据丢失或损坏。

(5) 由于自然灾害而造成的数据丢失或损坏。

总之,由于各种各样的外在因素,有可能造成数据库数据的损坏和不可用,因此备份数据库是数据库管理员非常重要的任务。一旦数据库出现问题,就可以利用数据库的备份恢复数据库,从而将数据恢复到正确的状态。

备份数据库的另一个作用是进行数据转移,可以先对一台服务器上的数据库进行备份,然后在另一台服务器上进行恢复，从而使这两台服务器中具有相同的数据库。

4.1.2　备份内容及备份时间

1．备份内容

在一个正常运行的数据库系统中，除了用户数据库之外，还有维护系统正常运行的系统数据库；因此，在备份数据库时，不但要备份用户数据库，同时还要备份系统数据库，以保证在系统出现故障时能够完全地恢复数据库。

2．备份时间

不同类型的数据库对备份的要求是不同的，对于系统数据库（不包括 tempdb 数据）来说，一般是在修改之后立即做备份比较合适。

> **注意**　对 master 和 msdb 数据库来说，用户并不是显式地到这些数据库中进行修改，而是由用户创建自己的数据库、建立登录名等操作隐式地引起系统对系统数据库进行修改。

用户数据库则不能采用立即备份的方式，因为系统数据库中的数据是不经常变化的，而用户数据库中的数据是经常变化的，特别是对于联机事务处理型的应用系统。因此，对用户数据库一般采取周期性的备份方法。至于多长时间备份一次，与数据的更改频率和用户能够允许的数据丢失量有关。如果数据修改比较少，或者用户可以忍受的数据丢失时间比较长，则可以让备份的时间间隔长一些，否则就应该让备份的时间间隔短一些。

SQL Server 2012 数据库管理系统采用的是动态转储机制，即在备份过程中允许用户操作数据库（不同的数据库管理系统在这方面的处理方式是有差别的），因此对用户数据库的备份一般都选在数据操作相对比较少的时间进行，比如在夜间进行，这样可以尽可能减少对备份和数据库操作性能的影响。

4.1.3　备份设备

SQL Server 2012 将备份数据库的载体称为备份设备，备份载体可以是磁带，也可以是磁盘，现在通常采用的是磁盘。备份设备在操作系统一级实际上就是物理存在的文件。SQL Server 支持两种备份方式，一种是先建立备份设备，然后再将数据库备份到备份设备上，这样的备份设备称为永久备份设备；另一种是直接将数据库备份到物理文件上，这样的备份设备称为临时备份设备。

创建备份设备时，需要指定备份设备（逻辑备份设备）对应的操作系统文件名和文件的存放位置（物理备份设备）。创建备份设备可以用 SSMS 实现，也可以用 T-SQL 语句实现。

1．用 SSMS 实现

在 SSMS 中创建备份设备的步骤如下：

（1）在 SSMS 的对象资源管理器中，展开“服务器对象”→“备份设备”节点，在“备份设备”节点上右击，在弹出的菜单中选择“新建备份设备”项，打开“备份设备”窗口，如图 4-1 所示。

（2）在图 4-1 中，在“设备名称”文本框中输入备份设备的名称（此外输入的是 bk1），在“文件”文本框中可以指定备份设备存放的位置和文件名，也可以单击选择按钮，然后在弹出的“定位数据库文件”窗口中指定备份文件的存储位置和文件名。备份设备的默认文件扩展名为 bak。

（3）指定好备份设备的存放位置和对应的物理名称之后，单击图 4-1 窗口上的“确定”

按钮，关闭此窗口并创建备份设备。

定义好备份设备后，在对象资源管理器中，依次展开“服务器对象”→“备份设备”节点，可以看到新建立的备份设备。

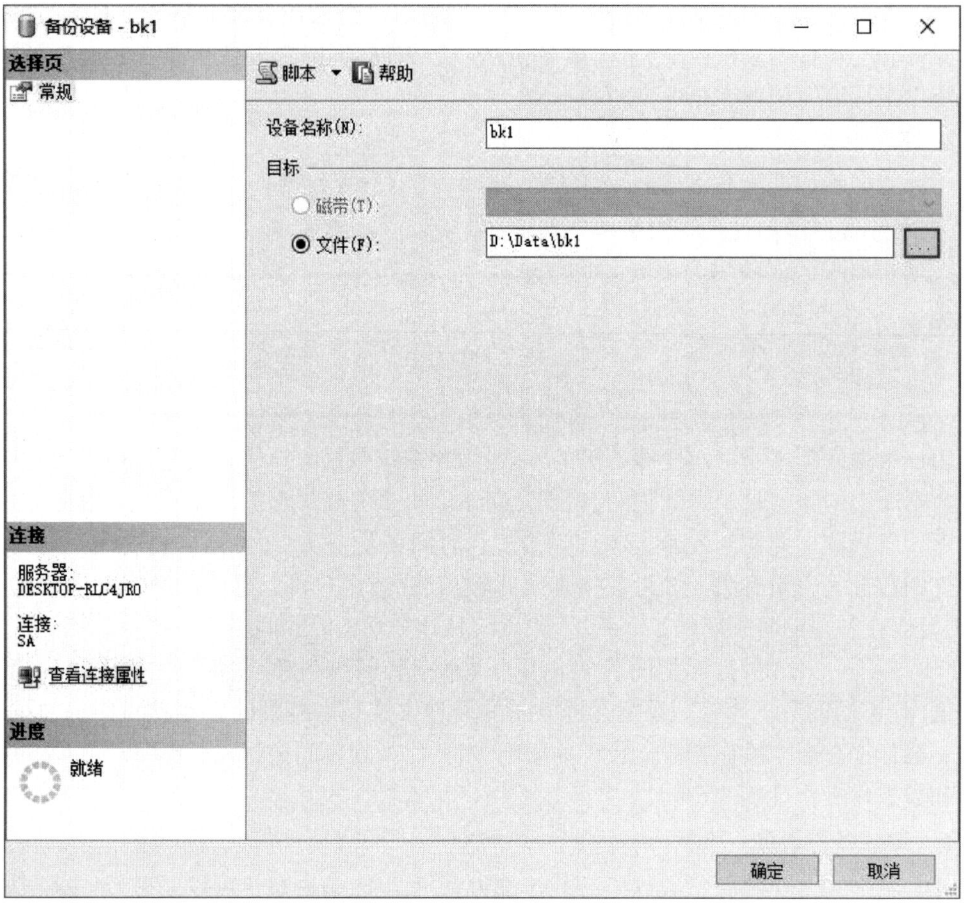

图 4-1 “备份设备-bk1”窗口

2. 用 T-SQL 语句实现

创建备份设备的 T-SQL 语句是 sp_addumpdevice 系统存储过程，其语法格式如下：

```
sp_addumpdevice [@ devtype = ]'device_type',
  [@ logicalname = ]'logical_name',
  [@ physicalname = ]'physical_name'
```

其中，各项参数含义为：

● [@devtype =]'device_type'：备份设备的类型。device_type 的数据类型为varchar(20)，无默认值，可以是下列值之一。

➢ disk：备份文件建立在磁盘上。

➢ type：备份文件建立在 Windows 支持的任何磁带设备上。

● [@logicalname =]'logical_name'：备份设备的逻辑名称。logical_name 的数据类型为 sysname，无默认值，且不能为 NULL。

- [@physicalname =]'physical_name'：备份设备的物理名称。物理名称必须遵从操作系统文件命名规则或网络设备的通用命名约定，并且必须包含完整路径。physical_name 的数据类型为 nvarchar(260)，无默认值，且不能为 NULL。

该存储过程返回 0(成功)或 1(失败)。

注意　(1) 在远程网络位置上创建备份设备时，要确保启动数据库引擎时所用的名称对远程计算机有相应的写权限。

(2) 在 SQL Server 的未来版本中将不再支持磁带备份设备，因此应避免在新的开发工作中使用该功能。

例1　添加本地网络磁盘备份设备。建立一个名为 bk2 的磁盘备份设备，其物理存储位置及文件名为 D:\dump\bk2. bak(假设 D:\dump 文件夹已存在)。

语句为：

```
EXECT sp_addumpdevice 'disk', 'bk2', 'D:\dump\bk2.bak'
```

4.1.4　SQL Server 2012 支持的备份类型

SQL Server 2012 支持的主要数据库备份方法有：完整备份、差异备份和事务日志备份。下面介绍这些备份方法的含义。

1. 完整备份

完整备份是所有备份方法中最基本也是最重要的方法，是备份的基础。完整备份可以备份数据库中的全部信息，它是恢复的基线，在进行完整备份时，不仅备份数据库的数据文件和事务日志文件，而且还备份文件的存储位置信息以及数据库中的全部对象。

数据库的备份需要消耗时间和资源。在备份数据库的过程中，SQL Server 2012 支持用户对数据库数据进行增加、删除、修改等操作，因此，备份并不影响用户对数据库的操作，而且在备份数据库时还能将在备份过程中所发生的修改操作也全部备份下来。例如，假设在上午 10:00 开始对数据库进行备份，到 11:00 备份结束，则用户在 10:00—11:00 之间所进行的全部操作均会被备份下来。

2. 差异备份

差异备份是备份从最近一次的完整备份之后数据库的全部变化内容，它以完整备份为基准点，备份在完整备份之后变化了的数据文件、事务日志文件以及数据库中其他被修改的内容。差异备份也备份在差异备份过程中用户对数据库进行的操作。差异备份比完整备份需要的时间短，占用的存储空间也少于完整备份。差异备份示意图如图 4-2 所示。

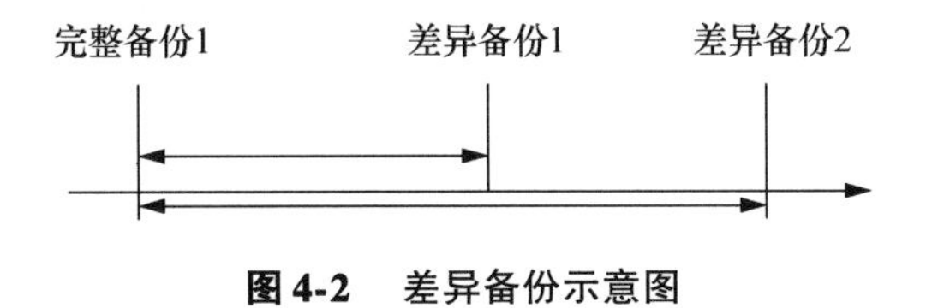

图 4-2　差异备份示意图

注意　在图4-2所示的差异备份示意图中，差异备份1备份的是从完整备份1到差异备份1这段时间数据库发生变化的部分；差异备份2备份的是从最近的完整备份1到差异备份2这段时间数据库发生变化的部分，而不是从差异备份1到差异备份2这段时间数据库所发生的变化部分。因此，在系统出现故障时，只需恢复完整备份1和差异备份2的备份即可。

3. 事务日志备份

事务日志备份是备份从上次备份（可以是完整备份、差异备份和事务日志备份）之后到当前备份时间所汇录的事务日志内容，而且在默认情况下，事务日志备份完成后要截断事务日志。

事务日志记录了用户对数据进行的修改，随着时间的推移，事务日志中记录的内容会越来越多，这样势必会占满整个磁盘空间。因此，为避免这种情况的发生，可以定期地将不需要的事务日志清除，以腾出空间。清除不需要或者不活动的事务日志（不活动的事务日志，是指其所记录的操作已经物理地保存在数据库中）的操作叫做截断事务日志。备份事务日志就是截断事务日志的一种方法。

事务日志备份示意图如图4-3所示。

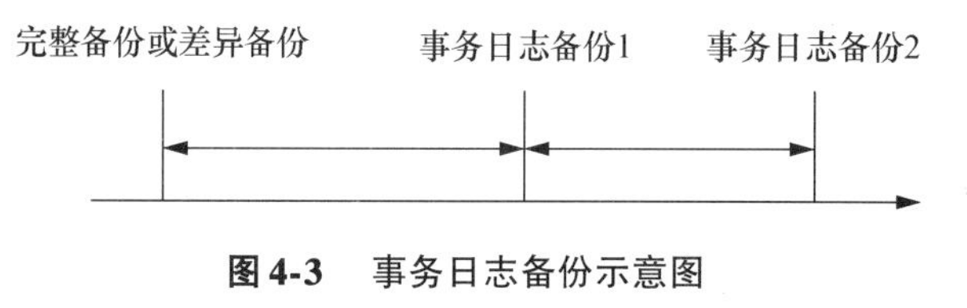

图4-3　事务日志备份示意图

注意　在图4-3所示的事务日志备份示意图中，事务日志备份1备份的是从最近的备份操作（完整备份或差异备份）之后到事务日志备份1这段时间汇录的事务日志内容；事务日志备份2备份的是从事务日志备份1到事务日志备份2这段时间记录的事务日志内容。

如果要进行事务日志备份，则必须将数据库的“恢复模式”设置为“完整”或“大容量事务日志”。设置数据库的“恢复模式”的方法为：在SSMS中，在要设置恢复模式的数据库名上右击（假设这里是在“学生数据库”的右边），在弹出的菜单中选择“属性”项，然后在弹出的属性窗口中，单击左边“选择页”中的“选项”，显示的窗口形式如图4-4所示。

在“恢复模式”下拉列表框中列出以下三种恢复模式选项：

①“完整”恢复模式：“完整”恢复模式可以在最大范围内防止出现故障时丢失数据，它包括数据库备份和事务日志备份，并提供全面保护，使数据库免受媒体故障影响。在SQL Server 2012企业版中，如果在故障发生之后备份了事务日志的尾部（即从上次备份到数据损坏时刻记录的事务日志内容），则完整恢复模式能使数据库恢复到故障时间点。

②“大容量日志”恢复模式：“大容量日志”恢复模式对大容量操作（如创建索引和批量加载数据）只进行最小记录，但会完整地记录其他事务。“大容量日志”恢复模式可以保护大容量操作不受媒体故障的危害，提供最佳性能并占用最小的事务日志空间。但这种恢复模式增加了大容量复制操作丢失数据的风险，因为最小事务日志记录大容量操作不会重新捕获每个事务的更改。如果事务日志备份包含大容量操作，则数据库就只能恢复到事务日

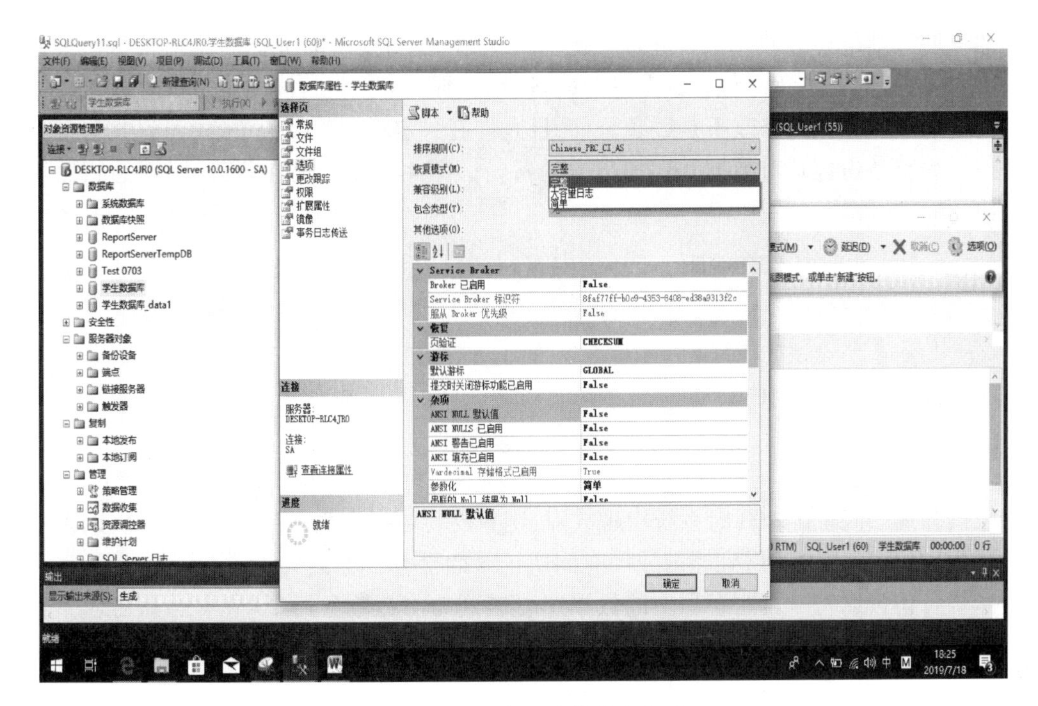

图 4-4　设置数据库的恢复模式

志备份的结尾,而不能恢复到某个时间点或事务日志备份中某个标记的事务。

③“简单”恢复模式:在“简单”恢复模式下不能进行事务日志备份。因为,当数据被永久存储后,事务日志都将被自动截断,也就是说,不活动的事务日志将被删除。由于经常会发生事务日志截断操作,因此没有可以备份的事务日志。“简单”恢复模式简化了备份和还原,但由于没有事务日志备份,因此不能恢复到失败的时间点。

注意　如果要对数据库进行事务日志备份,则必须先把数据库的恢复模式设置为“完整”或“大容量日志”,而且对数据库恢复模式的设置必须在对数据库进行完整备份或差异备份之前进行。如果是在对数据库进行完整备份或差异备份之后、事务日志备份之前修改了恢复模式,虽然不会影响对数据库的备份操作,但在恢复时就会出现问题。这是因为不同的恢复模式对事务日志的记录和维护方式是不一样的。如果在完整备份或差异备份结束之后修改数据库的恢复模式,然后再对数据库进行事务日志备份,就会出现前后备份的事务日志记录格式不一致的情况,从而造成恢复失败。

4.1.5　备份策略

尽管 SQL Server 提供了多种备份方式,但要使数据库的备份方式符合实际的应用需要,还需要制定合适的备份策略。不同的备份策略适用于不同的应用,选择或制定一种最合适的备份策略,可以最大程度地减少丢失的数据,并可加快恢复过程。

通常情况下,有如下三种备份策略可供选择:

1. 完整备份

完整备份适合数据库数据不是很大,而且数据更改不是很频繁的情况。完整备份一般可以几天或几周进行一次。每当进行一次新的完整备份时,前面进行的完整备份就没有用处了,因为后续的完整备份包含数据库的最新情况,所以可以将之前的备份覆盖掉。

当对数据库数据的修改不是很频繁,而且允许有一定量的数据丢失时,可以选择只用完整备份。完整备份包括对数据和事务日志的备份。图 4-5 所示为在每天 0:00 进行一次完整备份。

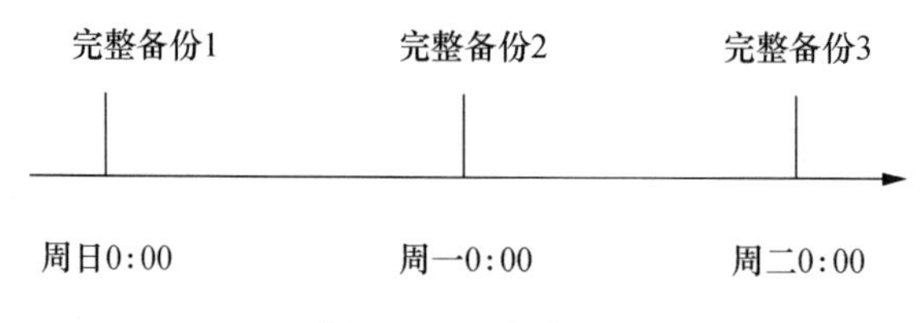

图 4-5　完整备份

假设在周一晚上 11:00 时系统出现故障,则只能将数据库恢复到周一晚 0:00 时的状态(假定没有备份从上次备份到当前故障时间所记录的事务日志)。

完整备份可以将一台服务器上的数据库复制到另一台服务器上(在一台服务器上做完整备份,然后在另一台服务器上进行恢复),使两台服务器上的数据库完全相同;或者将本机某数据库的备份恢复成另一个数据库(在恢复数据库时指定另一个数据库名),使一台服务器上有两个一样的数据库。

2. 完整备份 + 事务日志备份

如果用户不想丢失太多的数据,而且又不希望经常进行完整备份(因为进行完整备份需要的时间比较长),这时可以在完整备份中间加入若干次事务日志备份。例如,可以每天 0:00 进行一次完整备份,然后每隔几个小时进行一次事务日志备份。

假设制定了一个备份策略,即每天 0:00 进行一次完整备份,然后在上班时间(如 7:00—16:00)每隔 3 个小时进行一次事务日志备份,如图 4-6 所示。

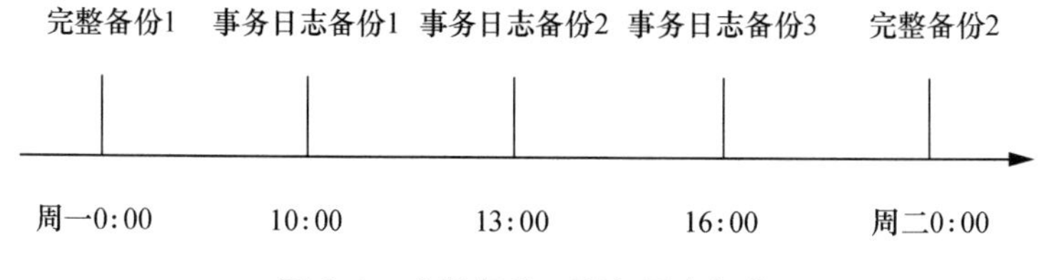

图 4-6　完整备份 + 事务日志备份

如果在周一上午 11:00 系统出现故障,则可以将数据库恢复到周一上午 10:00 时的状态(假定也没有备份从上次备份到当前故障时间所记录的事务日志)。

3. 完整备份 + 差异备份 + 事务日志备份

如果进行一次完整备份的时间比较长,用户可能希望将进行完整备份的时间间隔再加大一些,比如每周日进行一次。如果还采用“完整备份 + 事务日志备份”,那么恢复起来将比较耗费时间。因为在利用事务日志备份进行恢复时,系统是需要将事务日志记录的操作重做一遍。

这时可以采取第三种备份策略,即“完整备份 + 差异备份 + 事务日志备份”。在完整备份中间加一些差异备份,比如每周日 0:00 进行一次完整备份,然后周一至周六的 0:00 进行一次差异备份，再在两次差异备份之间增加一些事务日志备份。这种策略的优点是备份和恢复的速度都比较快，而且当系统出现故障时，丢失的数据也较少。

图4-7所示的备份策略是：完整备份+差异备份+事务日志备份。

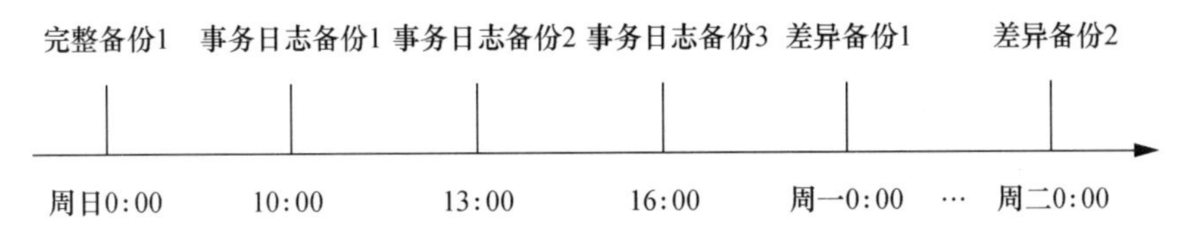

图4-7　完整备份+差异备份+事务日志备份

4.1.6　实现备份

可以用SSMS实现备份，也可以用T-SQL语句进行备份。

1. 用SSMS实现

下面以将“学生数据库”完整备份到bk1设备上为例，说明实现备份的过程。

（1）以系统管理员身份连接到SSMS，在SSMS的对象资源管理器中，展开“数据库”。

（2）在“学生数据库”上右击，在弹出的菜单中选择“任务”→“备份”节点，弹出如图4-8所示的“备份数据库-学生数据库”窗口。

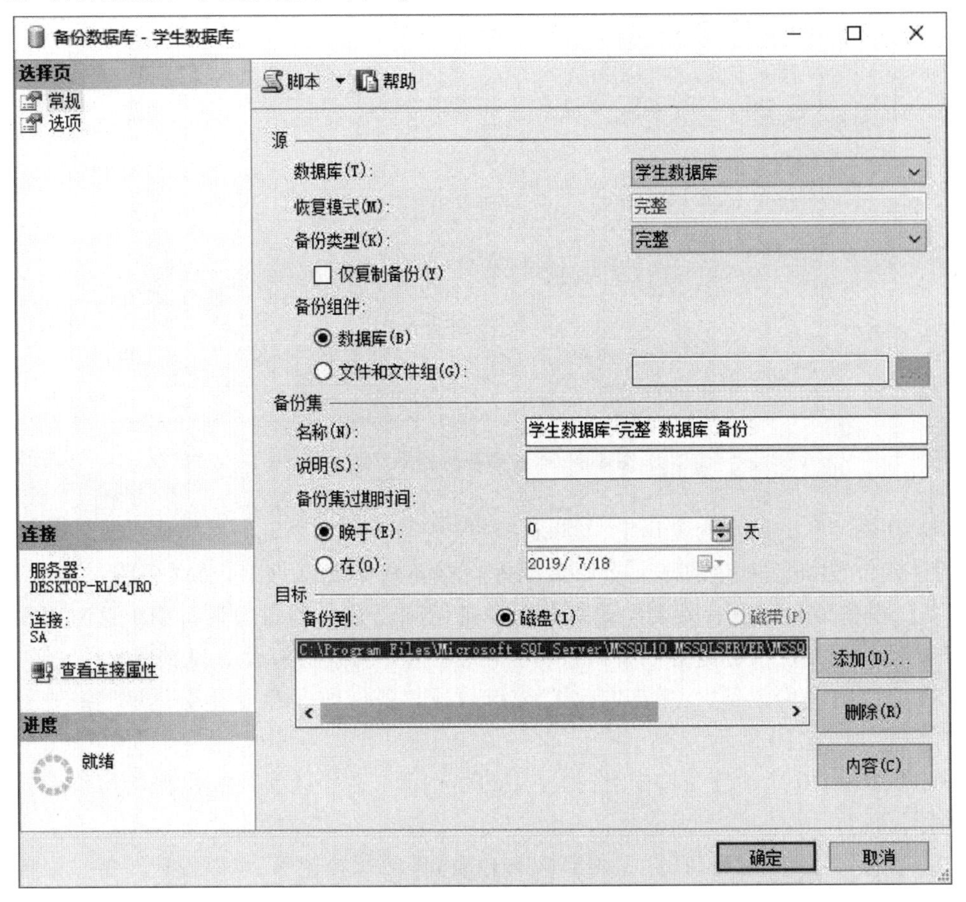

图4-8　“备份数据库-学生数据库”窗口

(3) 图 4-8 所示的窗口中的选项说明如下：

① 在“源”部分可进行如下设置：

- 在“数据库”对应的下拉列表框中指定要备份的数据库(此处是“学生数据库”)；
- 在“备份类型”对应的下拉列表框中,可以指定要进行的备份类型,可以是“完整”“差异”和“事务日志”三种,此处选择“完整”。
- 在“备份组件”部分选择“数据库”单选按钮,表示要对数据库进行备份。

② 在“备份集”部分可以指定备份的名称、备份的说明信息以及备份设备的过期情况,此处不做任何设置。

③ 在“备份到”列表框中,默认已经有一项内容,这是系统的默认备份位置(图中是 C:\Program Files\Microsoft SQL Server\MSSQL10. MSSQLSERVER\MSSQL\Backup\文件夹)和默认的备份文件名(学生数据库. bak)。如果在此处直接指定一个具体的备份文件,则表示将数据库直接备份到该备份文件上,该备份文件即为临时备份设备。如果要将数据库备份到其他位置(包括其他临时备份设备和其他永久备份设备),则可先单击“删除”按钮,删除列表框中的临时备份文件,然后单击“添加”按钮,从弹出的“选择备份目标”窗口(如图4-9所示)中指定备份数据库的备份设备。

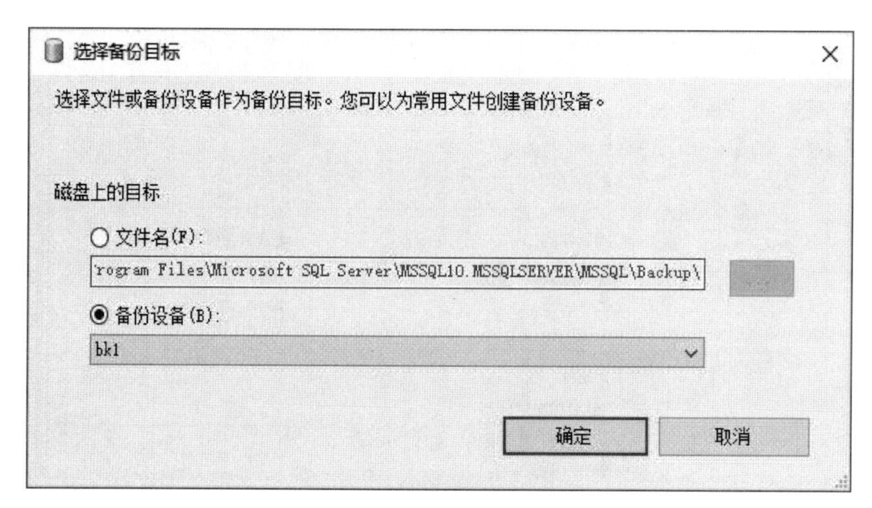

图 4-9 “选择备份目标”窗口

(4) 在图 4-9 的所示的窗口中,如果选择“文件名”单选按钮,并在下面的文本框中输入文件的存放位置和文件名,则表示要将数据库直接备份到此文件上(临时备份设备)。如果选择“备份设备”单选按钮,则表示要将数据库备份到已建好的备份设备中。这时可从下拉列表框中选择一个已经创建好的备份设备名(此处选择的是备份设备 bk1)。

(5) 选择好备份设备后,单击“确定”按钮,回到“备份数据库-学生数据库”窗口,这时该窗口的形式如图 4-10 所示。

(6) 在图 4-10 所示的窗口中,选择左边的“选择页”→“选项”项,出现的窗口形式如图 4-11所示。

(7) 在图 4-11 所示窗口的“备份到现有介质集”单选按钮下,可以设置对备份媒体的使用方式：

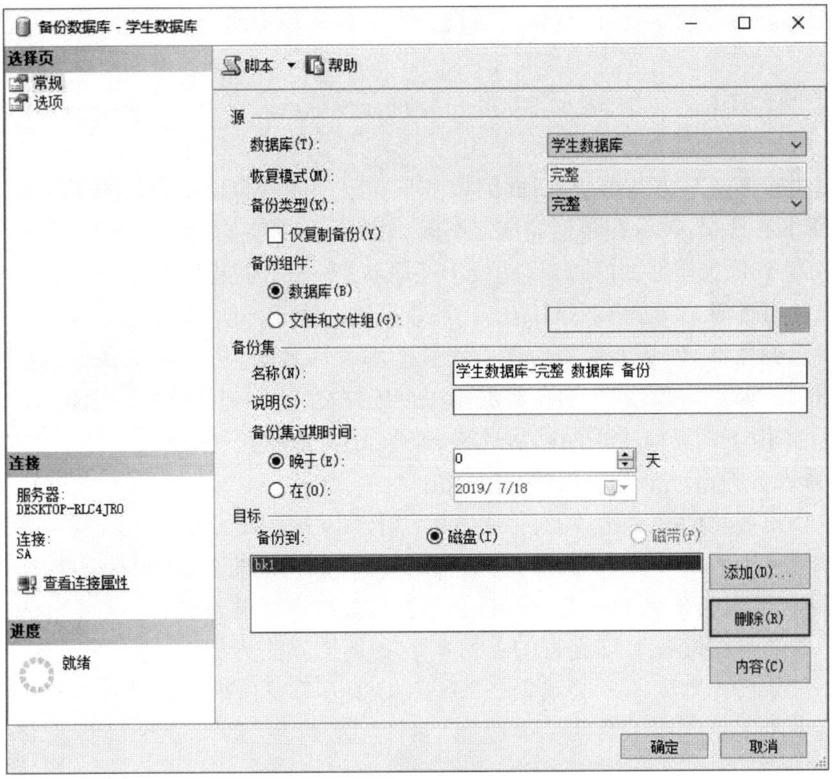

备份数据库 - 学生数据库

选择页
常规
选项

脚本　帮助

源
数据库(T)：学生数据库
恢复模式(M)：完整
备份类型(K)：完整
仅复制备份(Y)
备份组件：
数据库(B)
文件和文件组(G)：

备份集
名称(N)：学生数据库-完整 数据库 备份
说明(S)：
备份集过期时间：
晚于(E)：0 天
在(O)：2019/ 7/18

目标
备份到：磁盘(I)　磁带(P)
bk1
添加(D)...
删除(R)
内容(C)

连接
服务器：
DESKTOP-RLC4JRO
连接：
SA
查看连接属性

进度
就绪

确定　取消

图 4-10　选择好备份设备后的窗口

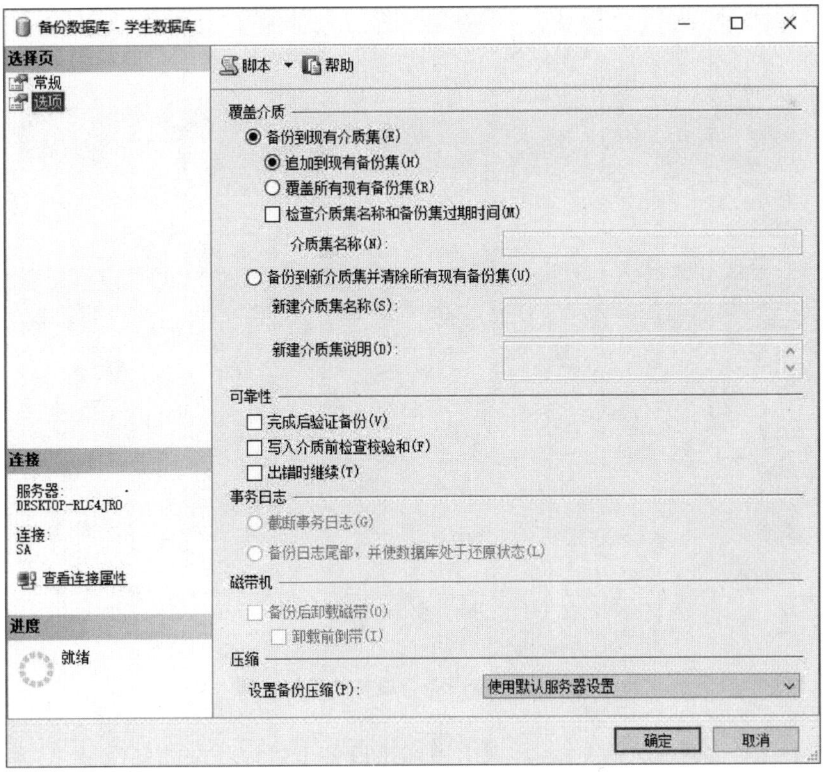

备份数据库 - 学生数据库

选择页
常规
选项

脚本　帮助

覆盖介质
备份到现有介质集(E)
追加到现有备份集(H)
覆盖所有现有备份集(R)
检查介质集名称和备份集过期时间(M)
介质集名称(N)：
备份到新介质集并清除所有现有备份集(U)
新建介质集名称(S)：
新建介质集说明(D)：

可靠性
完成后验证备份(V)
写入介质前检查校验和(F)
出错时继续(T)

事务日志
截断事务日志(G)
备份日志尾部，并使数据库处于还原状态(L)

磁带机
备份后卸载磁带(O)
卸载前倒带(I)

压缩
设置备份压缩(P)：使用默认服务器设置

连接
服务器：
DESKTOP-RLC4JRO
连接：
SA
查看连接属性

进度
就绪

确定　取消

图 4-11　设置对备份设备的使用

● 追加到现有备份集：表示保留备份设备上已有的备份内容，将新的备份内容追加到备份设备上。

● 覆盖所有现有备份集：表示本次备份将覆盖掉该备份设备上之前的备份内容，重新开始备份。

如果是进行事务日志备份，则下面的事务日志组中的内容显示为可用的状态。

● 截断事务日志：表示在备份完成之后要截断事务日志，以防止占满事务日志空间。

● 备份事务日志尾部，并使数据库处于还原状态：表示创建尾部事务日志备份，用于备份尚未备份的事务日志（活动事务日志）。当数据库发生故障时，为尽可能减少数据的丢失，可对事务日志的尾部（即从上次备份之后到数据库毁坏之间）进行一次备份，这种情况下就可以选择该项。如果选择该项，则在数据库完全还原之前，用户无法使用数据库。

在图 4-11 所示的窗口中采用默认选项，按“确定”按钮，开始备份数据库。数据库备份完成之后，系统会弹出一个备份成功的提示窗口。

（8）在备份成功的提示窗口上，单击“确定”按钮，关闭提示窗口，完成数据库的备份。

进行差异备份和事务日志备份的过程与此类似，按同样的方法对“学生数据库”进行一次差异备份，同样也备份到 bk1 备份设备上。当用某个备份设备进行了多次备份之后，可以通过 SSMS 查看备份设备上已进行的备份内容。具体方法为：在 SSMS 的对象资源管理器中，依次展开“服务器对象”→“备份设备”节点，在要查看备份内容的设备上右击（假设此处在 bk1 设备上右击），在弹出的菜单中选择“属性”项，弹出“备份设备-bk1”窗口，在窗口左边选择“选择页”→“介质内容”项，窗口形式如图 4-12 所示。

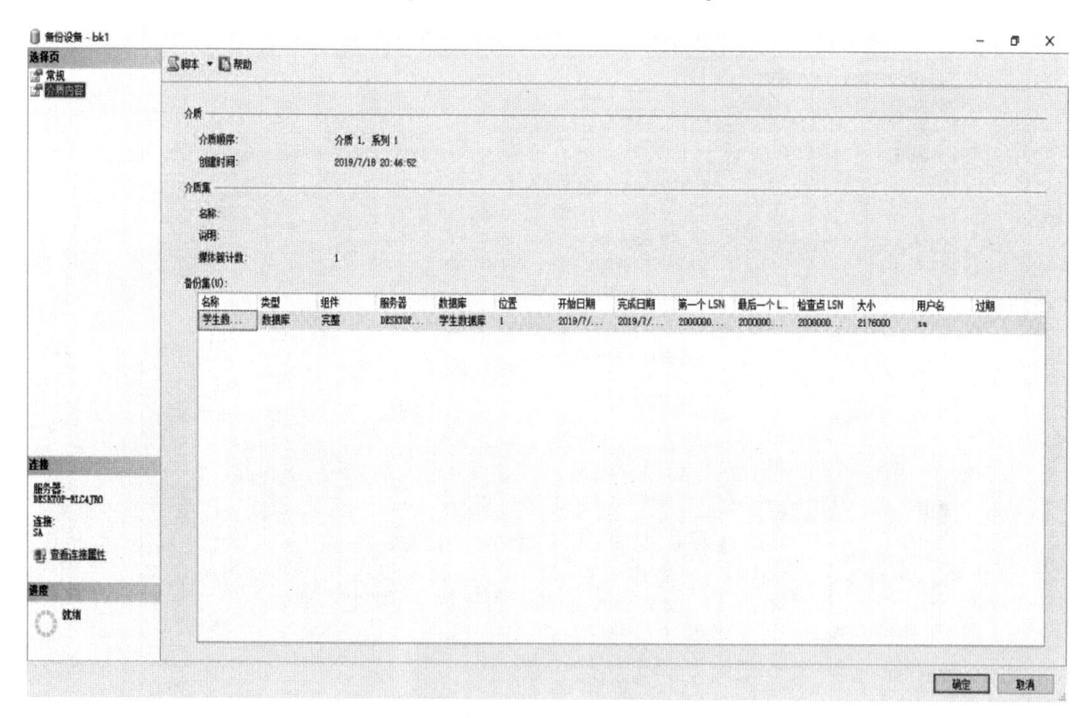

图 4-12　查看备份设备的备份内容

在图 4-12 的“备份集”列表框中，列出了在该设备上进行的全部备份。

说明　① 可以在一个备份设备上对同一个数据库进行多次备份，也可以用一个备份设备对不同的数据库进行多次备份。

② 可以将一个数据库的不同备份放置在多个不同的备份设备上。

③ 可以同时用多个备份设备共同完成一个数据库的一次备份。这种情况适合于数据库较大的情况。可以在不同的磁盘驱动器上建立不同的备份设备，然后利用这些设备完成数据库的备份，使数据库的备份内容被均匀地分布在这些备份设备上，以达到充分利用多个磁盘空间的目的。将这样的一组备份设备称为一个备份媒体集。

2. 用 T-SQL 语句实现

备份数据库使用的是 BACKUP 语句，该语句分为备份数据库和备份事务日志两种语法格式。

(1) 备份数据库的 BACKUP 语句的语法格式为：

```
BACKUP DATABASE 数据库名
TO <backup device> [, …]
{<备份设备名>}| {DISK ='物理备份文件名'}
[WITH
[DIFFERENTIAL]
[[, ] {INIT |NOINIT} |{NOFORMAT |FORMAT}]
] [;]
```

其中，各项参数含义为：

- <备份设备名>：表示将数据库备份到已创建好的备份设备上。
- DISK ='物理备份文件名'：表示将数据库备份到磁盘的某个文件上。
- DIFFERENTIAL：表示进行差异备份。
- INIT：表示本次备份数据库将重写备份设备，即覆盖掉本设备之前的所有备份内容。
- NOINIT：表示本次备份数据库将追加到备份设备上。
- NOFORMAT：指定备份操作在用于此备份操作的介质卷上保留现有的介质标头和备份集。这是默认行为。
- FORMAT：指定创建新的介质集。FORMAT 将在用于备份操作的所有介质卷上写入新的介质标头。介质卷的现有内容将变为无效，因为任何现有的介质标头和备份集将被覆盖。

(2) 备份数据库事务日志的 BACKUP 语句的语法格式为：

```
BACKUP LOG 数据库名
TO {<备份设备名> |DISK ='物理备份文件名'} [, …]
[WITH
[{INIT |NOINIT}]]
[{NORECOVERY |NO_TRUNCATE}]
][;]
```

其中，各项参数含义为：

- NORECOVERY：备份事务日志的尾部并使数据库处于正在还原状态。在执行 RESTORE操作前保存事务日志尾部时，NORECOVERY 很有用。

若要执行最大程度的事务日志备份(跳过事务日志截断)并自动将数据库置于正在还原状态，则应同时使用 NO_TRUNCATE 和 NORECOVERY 选项。

- NO_TRUNCATE：表示备份完事务日志后不截断不活动的事务日志，并使数据库引擎尝试执行备份，而不考虑数据库的状态。因此，使用 NO_TRUNCATE 执行的备份可能具有不完整的元数据。该选项允许在数据库损坏时备份事务日志。
- 其他选项同备份数据库语句中的选项。

例 2 对“学生数据库”进行一次完整备份，备份到 MyBK_1 备份设备上（假设此备份设备已创建好），并覆盖掉该备份设备上已有的内容。

语句为：

```
BACKUP DATABASE 学生数据库 TO MyBK_1 WITH INIT
```

例 3 对“学生数据库”进行一次差异备份，也备份到 MyBK_1 备份设备上，并保留该备份设备上已有的内容。

语句为：

```
BACKUP DATABASE 学生数据库 TO MyBK_1 WITH DIFFERENTIAL,NOINIT
```

例 4 对 testDB 进行一次事务日志备份，直接备份到 D:\LogBack 文件夹下（假设此文件夹已存在）的 testDB_log. bak 文件上。

语句为：

```
BACKUP LOG testDB TO DISK = 'D:\LogBack\testDB_log.bak'
```

4.2 恢复数据库

4.2.1 恢复的顺序

在恢复数据库之前，如果数据库的事务日志文件没有损坏，则为了尽可能减少数据的丢失，可以在恢复之前对数据库进行一次事务日志备份（称为事务日志尾部备份），这样就可以将数据的损失减小到最少。

备份数据库是按一定的顺序进行的，在恢复数据库时也有一定的顺序关系。恢复数据库的顺序如下：

（1）恢复最近的完整数据库备份。因为最近的完整数据库备份记录有数据库最近的全部信息。

（2）恢复完整备份之后的最近的差异数据库备份（如果有的话）。因为差异备份是相对完整备份之后对数据库所做的全部修改的备份。

（3）按事务日志备份的先后顺序恢复自完整备份或差异备份之后的所有事务日志备份。由于事务日志备份记录的是自上次备份之后新记录的事务日志部分，因此必须按顺序恢复自最近的完整备份或差异备份之后所进行的全部事务日志备份。

4.2.2 实现恢复

恢复数据库可以用 SSMS 实现，也可以用 T-SQL 语句实现。

1. 用 SSMS 实现

恢复数据库有两种情况,一种情况是数据库还存在,但其中的数据或其他内容出现了损坏,即在服务器上还存在该数据库;另一种情况是数据库已经完全被损坏或者被删除,即在服务器中已经不存在该数据库了。

下面以利用“学生数据库”的备份进行恢复为例,来说明如何在上述两种情况下利用SSMS 还原数据库的过程。

(1) 数据库在服务器中存在。

这种情况下,由于数据库基本上没有损坏,因此在进行实际恢复前,应该首先对“学生数据库”进行一次事务日志尾部备份,以减少数据的损失。

对“学生数据库”进行事务日志尾部备份的方法如下:

① 在“学生数据库”上右击,在弹出的菜单中选择“任务”→“备份”项,弹出“备份数据库-学生数据库”窗口,在“备份类型”下拉列表框中选择“事务日志”项。

② 展开“选择页”→“选项”节点,窗口形式如图 4-13 所示。在此窗口的“事务日志”部分选择“备份事务日志尾部,并使数据库处于还原状态”单选按钮。

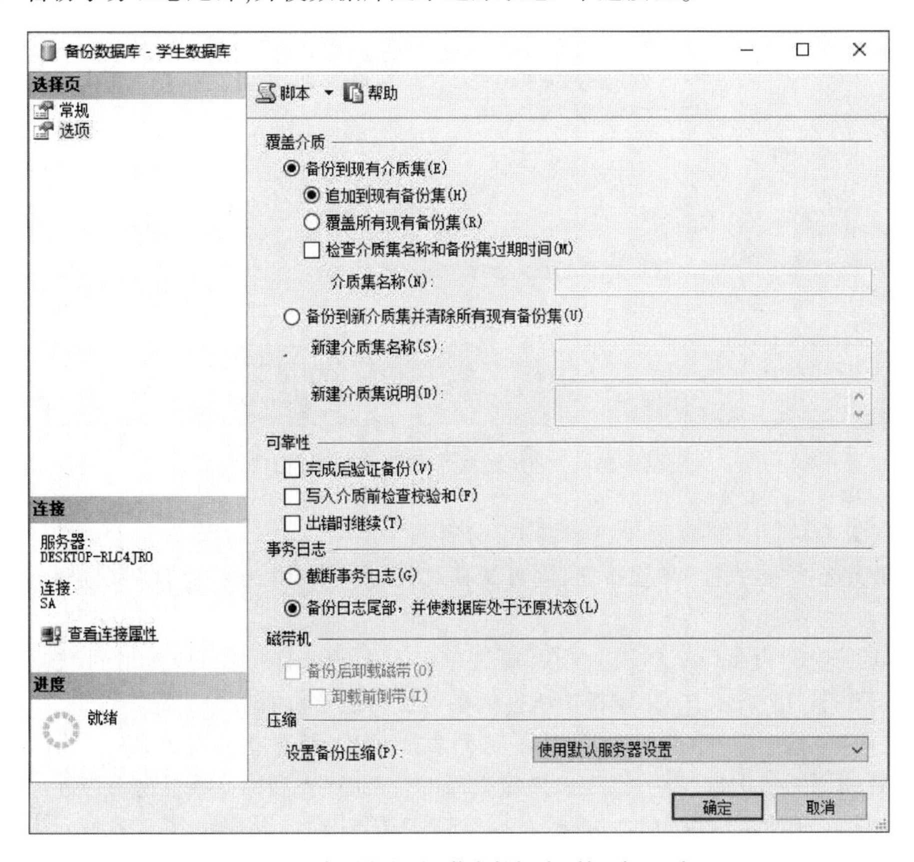

图 4-13 “备份数据库-学生数据库”的“选项”窗口

③ 单击“确定”按钮,开始对数据库进行事务日志尾部备份。

事务日志尾部备份完成以后,在“对象资源管理器”中可以看到“学生数据库”名字后面有“正在还原”的提示。

完成事务日志尾部备份以后,再恢复"学生数据库",步骤如下:

① 以系统管理员身份联接到 SSMS,打开对象资源管理器,在"学生数据库"右击,在弹出的菜单依次选择"任务"→"还原"→"数据库"项,弹出如图 4-14 所示的"还原数据库-学生数据库"窗口。

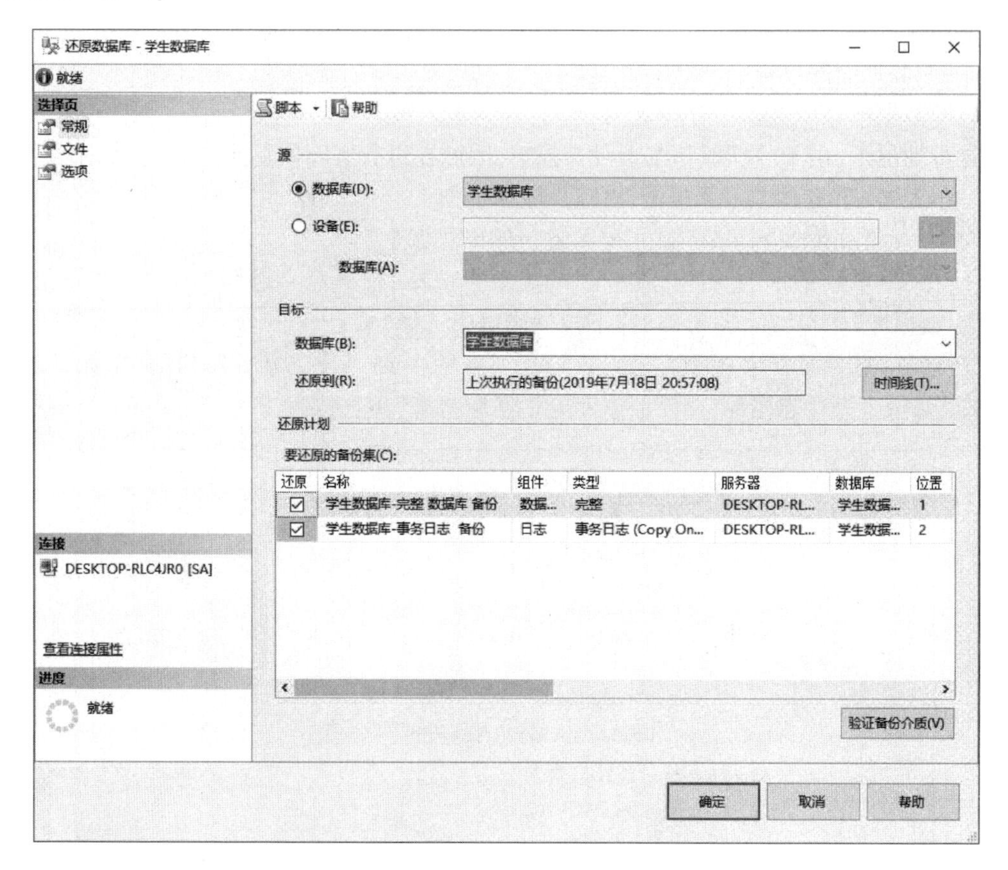

图 4-14 "还原数据库-学生数据库"窗口

② 在图 4-14 所示的窗口中,在"源"部分有两个选项:

- 如果选择"数据库"单选按钮,则可从其对应的下拉列表框中选择需要进行恢复的数据库备份。
- 如果选择"设备"单选按钮,则可通过单击右侧的选择按钮,从弹出的"选择备份设备"窗口(如图4-15 所示)中指定备份所在的备份设备或备份所在的文件。

此处选择"数据库"单选按钮,并从下拉列表框中选择"学生数据库"项。之后,在窗口下面的"要还原的备份集"部分会列出该数据库的全部备份,利用这些备份可以还原数据库。

展开图 4-14 所示窗口中的"选择页"→"选项"节点,窗口形式如图 4-16 所示。

在图 4-16 所示的窗口中,"还原选项"部分中各选项的含义如下:

- 覆盖现有数据库:如果服务器中有与被恢复的数据库同名的数据库,则选择该项将覆盖掉服务器中现有的同名数据库。如果服务器中存在与被恢复数据库同名的数据库,并且也没有对被恢复的数据库进行事务日志尾部备份,则在恢复数据库时,必须选择该项,否则会出现一个报错窗口。

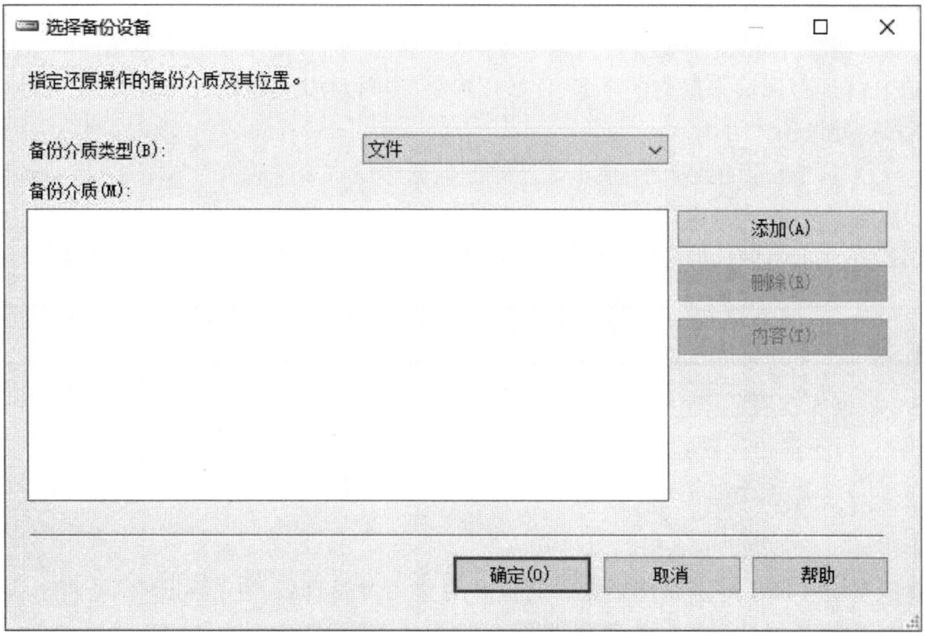

选择备份设备

指定还原操作的备份介质及其位置。

备份介质类型(B)：　文件

备份介质(M)：

添加(A)

删除(R)

内容(T)

确定(O)　取消　帮助

图 4-15　“选择备份设备”窗口

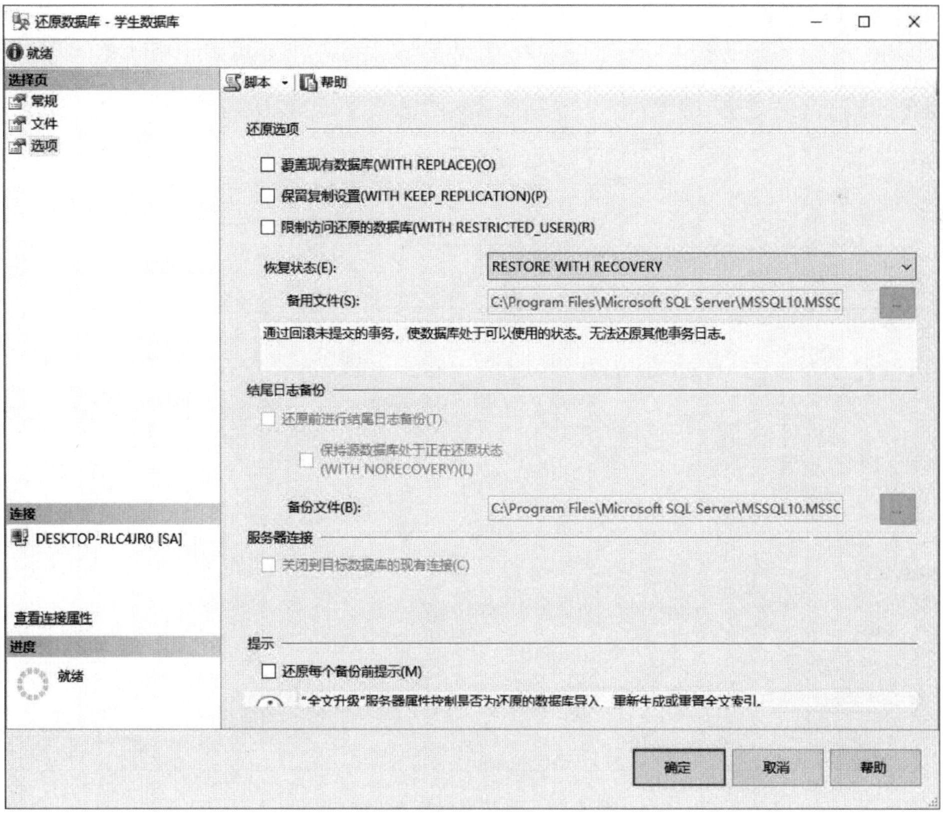

还原数据库 - 学生数据库

就绪

选择页

常规

文件

选项

脚本　帮助

还原选项

☐ 覆盖现有数据库(WITH REPLACE)(O)

☐ 保留复制设置(WITH KEEP_REPLICATION)(P)

☐ 限制访问还原的数据库(WITH RESTRICTED_USER)(R)

恢复状态(E)：　RESTORE WITH RECOVERY

备用文件(S)：　C:\Program Files\Microsoft SQL Server\MSSQL10.MSSC

通过回滚未提交的事务，使数据库处于可以使用的状态。无法还原其他事务日志。

结尾日志备份

☐ 还原前进行结尾日志备份(T)

☐ 保持源数据库处于正在还原状态 (WITH NORECOVERY)(L)

备份文件(B)：　C:\Program Files\Microsoft SQL Server\MSSQL10.MSSC

服务器连接

☐ 关闭到目标数据库的现有连接(C)

连接

DESKTOP-RLC4JR0 [SA]

查看连接属性

进度

就绪

提示

☐ 还原每个备份前提示(M)

“全文升级”服务器属性控制是否为还原的数据库导入、重新生成或重置全文索引。

确定　取消　帮助

图 4-16　“还原数据库-学生数据库”中的“选项”窗口

● 保留复制设置：用于复制数据库。将已发布的数据库还原到创建该数据库的服务器之外的服务器时，保留复制设置。仅在选择“恢复状态”部分的下拉列表框 RESTORE WITH RECOVERY（通过回滚未提交的事务，使数据库处于可以使用的状态。无法还原其他事务日志）选项时，此选项才可用。

● 限制访问还原的数据库：使正在还原的数据库仅供 db_owner、dbcreator 或 sysadmin 的成员使用。

此处，在此页不做任何选择，单击“确定”按钮完成对“学生数据库”的还原操作。

注意 不能对正在使用的数据库进行还原操作。

（2）数据库在服务器中已不存在。

首先执行下述语句删除“学生数据库”：

```
DROP DATABASE 学生数据库
```

然后利用“学生数据库”的备份对其进行恢复。

① 以系统管理员身份连接到 SSMS，打开对象资源管理器，在“数据库”处右击，在弹出的菜单中选择“还原数据库”项，弹出如图 4-17 所示的“还原数据库”窗口。

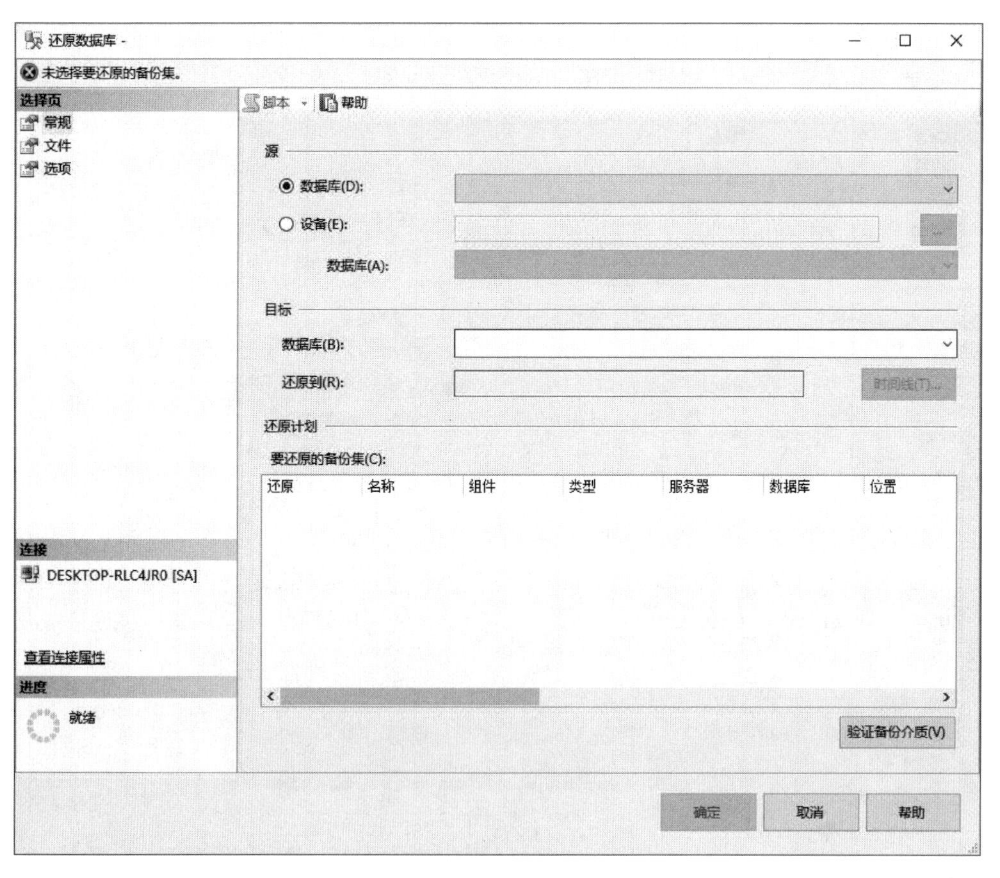

图 4-17 “还原数据库”窗口

② 在图 4-17 所示窗口的“源”部分选择“设备”项,然后单击其右边的选择按钮,弹出“选择备份设备”窗口。之后,在“备份介质类型”下拉列表框中选择“备份设备”,如图4-18所示。然后单击“添加”按钮,弹出的窗口如图 4-19 所示。

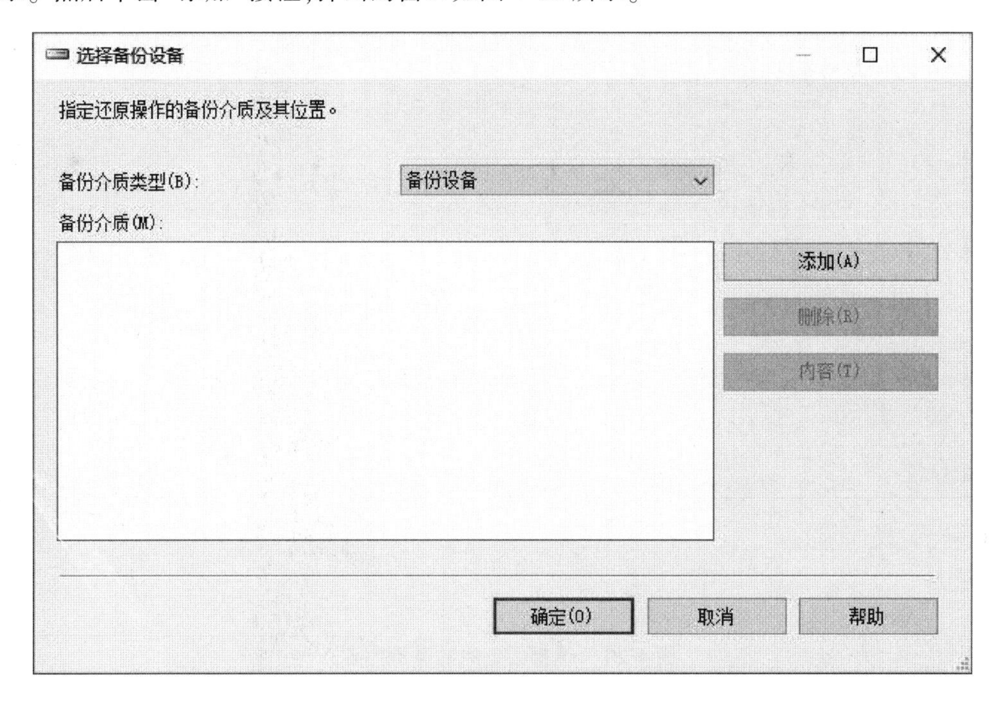

图 4-18　“选择备份设备”窗口

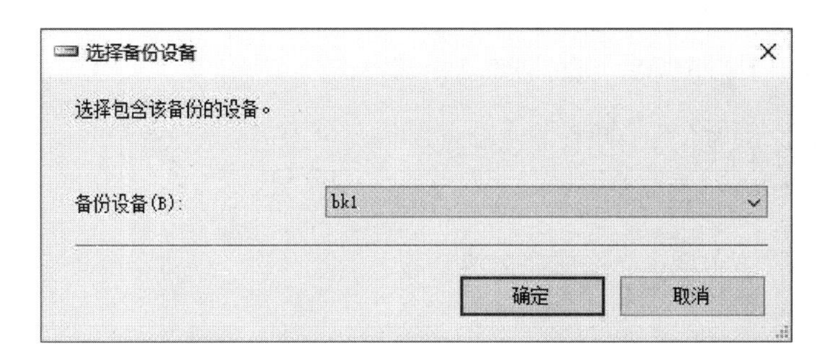

图 4-19　指定包含备份内容的“备份设备”

③ 在图 4-19 所示窗口的“备份设备”下拉列表框中,指定包含备份内容的备份设备,这里指定 bk1,单击“确定”按钮后回到“选择备份设备”窗口。此时,该窗口的“备份介质”部分会列出指定的备份设备(bk1)。

④ 在“选择备份设备”窗口上再次单击“确定”按钮,回到“还原数据库”窗口,此时该窗口的“要还原的备份集”部分列出了该指定设备上进行的所有备份,如图 4-20 所示。

⑤ 单击“确定”按钮,开始还原数据库。数据库还原成功后,在弹出的提示窗口中单击“确定”按钮关闭提示窗口。

此时,在 SSMS 的对象资源管理器中就可以看到已还原好的“学生数据库”。通过查看“学生数据库”中的内容,可以看到还原操作恢复了“学生数据库”中的全部内容。

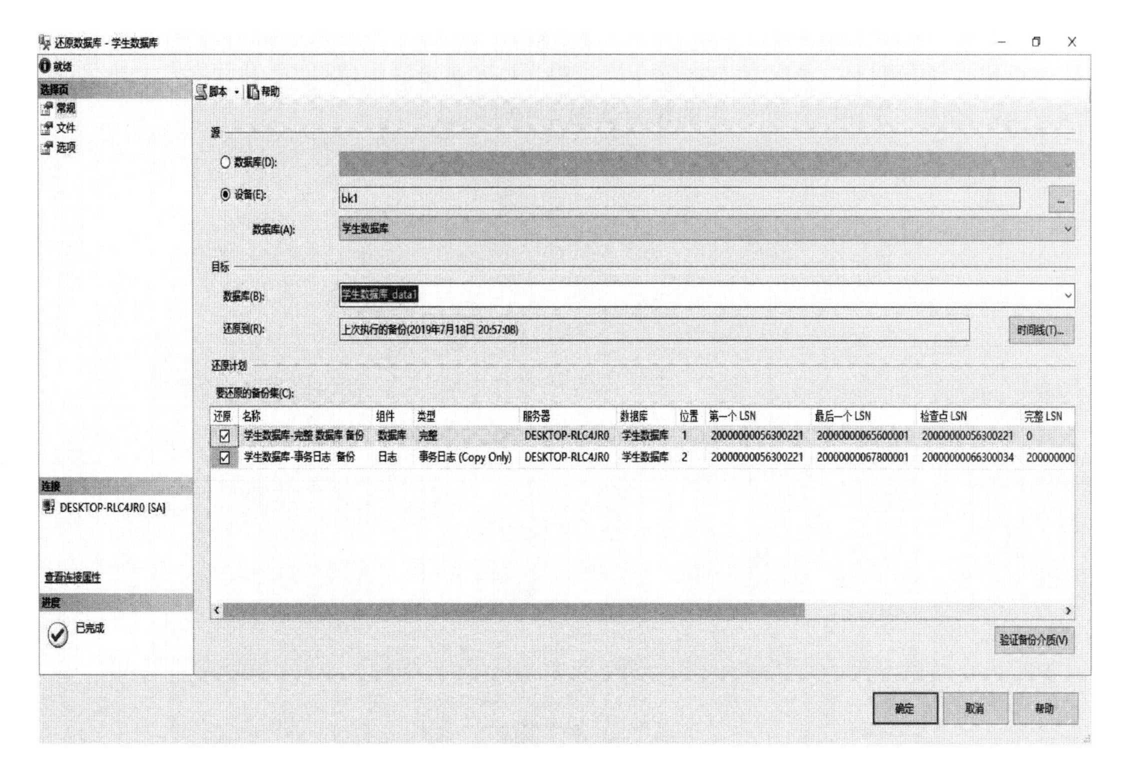

图 4-20　选择要还原的备份内容

2. 用 T-SQL 语句实现

恢复数据库和事务日志的 T-SQL 语句分别是 RESTORE DATABASE 和 RESTORE LOG。

(1) RESTORE DATABASE 语句的语法格式为：

```
RESTORE DATABASE 数据库名
FROM 备份设备名
[WITH FILE  = 文件号
[,] NORECOVERY
[,] RECOVERY
]
```

其中：

● FILE = 文件号：标识要还原的备份，文件号为“1”表示备份设备上的第一个备份，文件号为“2”表示备份设备上的第二个备份。

● NORECOVERY：表明对数据库的恢复操作还没有完成。使用此选项恢复的数据库是不可用的，但可以继续恢复后续的备份。如果没有指明该恢复选项，则默认的选项是 RECOVERY 状态。NORECOVERY 选项等同图 4-16 所示窗口的“恢复状态”部分下拉列表框的 RESTORE WITH NORECOVERY（不对数据库执行任何操作，不回滚未提交的事务。可以还原其他事务日志）选项。

● RECOVERY：表明对数据库的恢复操作已经完成。使用此选项恢复的数据库是可用的，一般是在恢复数据库的最后一个备份时使用此选项。这个选项等同于图 4-16 所示窗口的“恢复状态”部分下拉列表框的 RESTORE WITH RECOVERY（通过回滚未提交的事务，使数据库处于可以使用的状态。无法还原其他事务日志)选项。

(2) RESTORE LOG 语句与 RESTORE DATABASE 语句基本相同,它的语法格式为:

```
RESTORE LOG 数据库名
FROM 备份设备名
[WITH FILE = 文件号
[,] NORECOVERY
[,]RECOVERY
]
```

其中,各选项的含义与 RESTORE DATABASE 语句相同。

例 5　假设已对“学生数据库”进行了完整备份,并且是备份到 MyBK_1 备份设备上,现利用已有的设备对其进行恢复。假设此备份设备只含有对“学生数据库”的完整备份,现利用已有的设备对其进行恢复。

语句为:

```
RESTORE DATABASE 学生数据库 FROM MyBK_1
```

例 6　设“学生数据库”进行了如图 4-21 所示的备份过程,假设在最后一个事务日志备份完成之后的某个时刻系统出现故障,现利用已有的备份对其进行恢复。

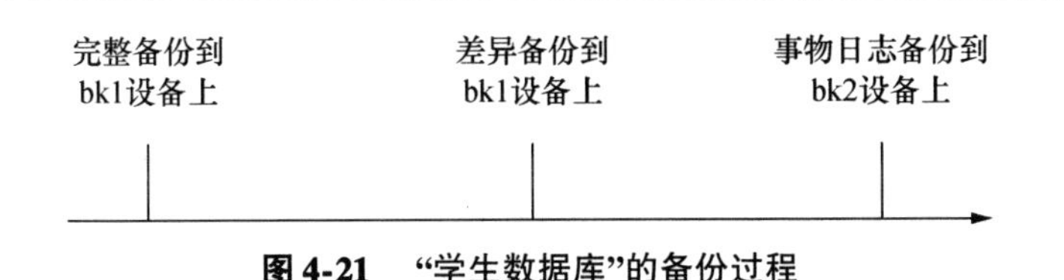

图 4-21　“学生数据库”的备份过程

恢复过程的语句为:

① 首先,恢复完整备份:

```
RESTORE DATABASE 学生数据库 FROM bk1
WITH FILE = 1 ,NORECOVERY
```

② 其次,恢复差异备份:

```
RESTORE DATABASE 学生数据库 FROM bk1
WITH FILE = 2 ,NORECOVERY
```

③ 最后,恢复事务日志备份:

```
RESTORE LOG 学生数据库 FROM bk2
```

4.3　小结

本章介绍了维护数据库时很重要的工作:备份和恢复数据库。在 SQL Server 2012 中,常用的数据库备份方式有三种,即完整备份、差异备份和事务日志备份。完整备份是将数据库的全部内容均备份下来,对数据库进行的第一个备份必须是完整备份;差异备份是备份数据库中相对完整备份之后对数据库的修改部分;事务日志备份是备份自前一次备份之后新增的事务日志内容,而且事务日志备份要求数据库的恢复模式不能是“简单”恢复模式,因为“简单”恢复模式下,系统会自动清空不活动的事务日志。完整备份和差异备份均对事务日志进行备份。数据库的恢复首先从完整备份开始,其次恢复最近的差异备份,最后再按备份的顺序恢复后续的事务日志备份。在恢复数据库的过程中,如果是手工逐个恢复数据库的备份,则在恢复最后一个备份之前,应保持数据库为不可用状态。SQL Server 2012 支持在备份的同时允许用户访问数据库,但在恢复数据库过程中是不允许用户访问数据库的。

数据库的备份介质可以是磁盘,也可以是磁带。在备份数据库时可以将数据库备份到备份设备上,也可以直接备份到磁盘文件上。

习　　题

1. 在确定用户数据库的备份周期时应考虑哪些因素?
2. 对用户数据库和系统数据库分别应该采取什么备份策略?
3. SQL Server 的备份设备是一个独立的物理设备吗?
4. 在创建备份设备时需要指定备份设备的大小吗? 备份设备的大小是由什么决定的?
5. SQL Server 2012 提供了几种备份数据库方式?
6. 事务日志备份对数据库恢复模式有什么要求?
7. 第一次对数据库进行备份时,必须使用哪种备份方式?
8. 差异备份备份的是哪个时间段的哪些内容?
9. 事务日志备份备份的是哪个时间段的哪些内容?
10. 差异备份备份数据库事务日志吗?
11. 恢复数据库时,对恢复的顺序有什么要求?
12. SQL Server 在备份数据库和恢复数据库时允许用户访问数据库吗?

上机练习

分别采用 SSMS 和 T-SQL 语句,利用第 2 章上机练习建立的“学生数据库”和第 3 章上机练习建立的表,完成下列各题。

1. 利用 SSMS 按顺序完成下列操作:

(1) 创建永久备份设备:backup1,backup2。

(2) 对“学生数据库”进行一次完整备份,并以追加的方式备份到 backup1 设备上。

(3) 执行下述语句,删除“学生数据库”中的 SC 表:

```
DROP TABLE SC
```

(4) 利用 backup1 设备对“学生数据库”进行的完整备份,恢复出“学生数据库”。

(5) 查看 SC 表是否被恢复出来了。

2. 利用 SSMS 按顺序完成下列操作:

(1) 对“学生数据库”进行一次完整备份,并以覆盖的方式备份到 backup1 设备上,覆盖掉 backup1 设备上已有的备份内容。

(2) 执行下述语句,在 Course 表中插入一行新记录:

```
INSERT INTO Course VALUES('C201','离散数学',3,4)
```

(3) 将"学生数据库"以覆盖的方式差异备份到 backup2 设备上。

(4) 执行下述语句,删除新插入的记录:

```
DELETE FROM Course WHERE Cno  ='C201'
```

(5) 利用 backup1 和 backup2 备份设备对"学生数据库"备份,恢复"学生数据库"。完全恢复完成后,在 Course 表中有新插入的记录吗?为什么?

3. 利用 SSMS 按顺序完成下列操作:

(1) 将"学生数据库"的恢复模式改为"完整"的。

(2) 对"学生数据库"进行一次完整备份,并以覆盖的方式备份到 backup1 设备上。

(3) 执行下述语句,向 Course 表中插入一行新记录:

```
INSERT INTO Course VALUES('C202','编译原理',5,4)
```

(4) 对"学生数据库"进行一次差异备份,并以追加的方式备份到 backup1 设备上。

(5) 执行下述语句,删除新插入的记录:

```
DELETE FROM Course WHERE Cno ='C202'
```

(6) 对"学生数据库"进行一次事务日志备份,并以覆盖的方式备份到 backup2 设备上。

(7) 利用 backup1 和 backup2 备份设备恢复"学生数据库",恢复完成后,在 Course 表中有新插入的记录吗?为什么?

4. 使用备份和恢复数据库的 T-SQL 语句按顺序完成下列操作:

(1) 新建备份设备 back1 和 back2,它们均存放在 D:\BACKUP 文件夹下(假设此文件夹已存在),对应的物理名称分别为 back1. bak 和 back2. bak。

(2) 对"学生数据库"进行一次完整备份,以覆盖的方式备份到 back1 上。

(3) 删除 SC 表。

(4) 对"学生数据库"进行一次差异备份,以追加的方式备份到 back1 上。

(5) 删除"学生数据库"。

(6) 利用 back1 备份设备恢复"学生数据库"的完整备份,并在恢复完成之后使数据库成为可用状态。

(7) 在 SSMS 的对象资源管理器中查看是否有"学生数据库"?为什么?如果有,展开此数据库中的"表"节点,查看是否有 SC 表?为什么?

(8) 再次利用 back1 备份设备恢复"学生数据库",首先恢复完整备份并使恢复后的数据库成为正在恢复状态,然后再恢复差异备份并使恢复后的数据库成为可用状态。

(9) 在 SSMS 工具的对象资源管理器中展开"数据库"→"学生数据库"→"安全性"→"表"节点,这次是否有 SC 表?为什么?

(10) 对"学生数据库"进行一次完整备份,直接备份到 D:\BACKUP 文件夹下,备份文件名为:students. bak。

(11) 对"学生数据库"进行一次事务日志备份,以追加的方式备份到 back2 设备上。

第2编

空间数据库综合实验

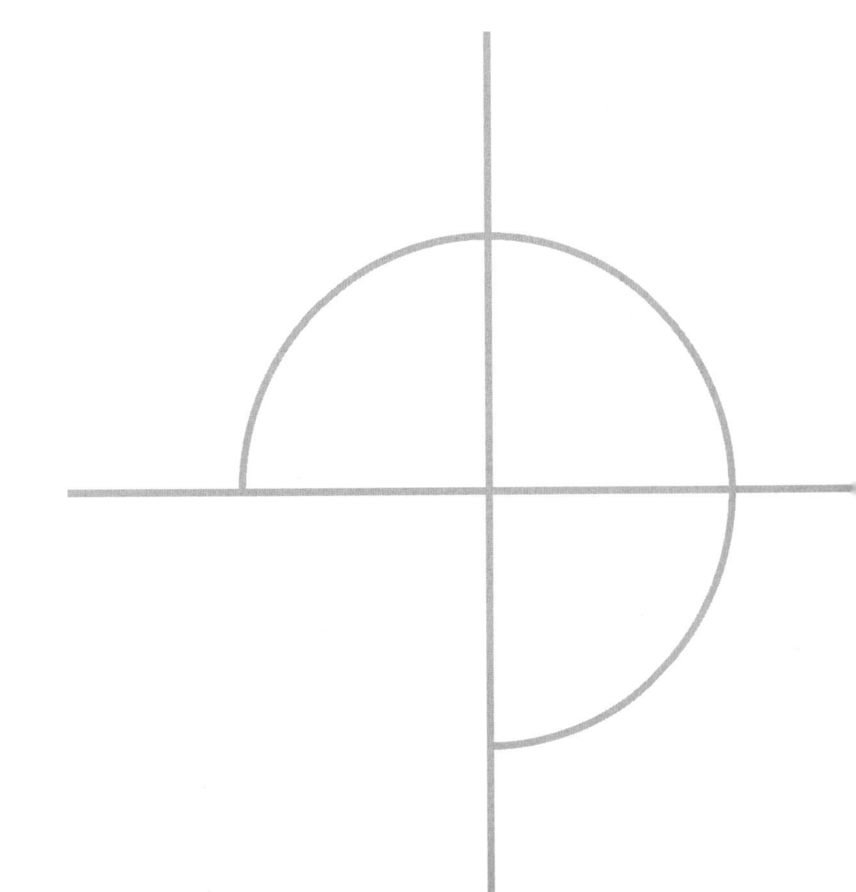

第 5 章
建立与开发关系数据库

实验 1　使用 SQL Server 2012 建立简单数据库

1. 打开 SQL Server 2012

(1) 开机选择管理员账户,输入正确的密码,进入操作系统。在“开始”菜单的“程序”中找到 Microsoft SQL Server 2012,选择 SQL Server Management Studio 项,如图 5-1 所示。

图 5-1　选择 SQL Server Management Studio

(2) 单击 SQL Server Management Studio 后进入 SQL Server 2012 登录界面,如图 5-2 所示。

(3) 在“服务器类型”下拉列表框中,可以选择本地服务器或网络服务器,以本地服务器为例,选择其中一个有效的数据库引擎,弹出的窗口如图 5-3 所示。

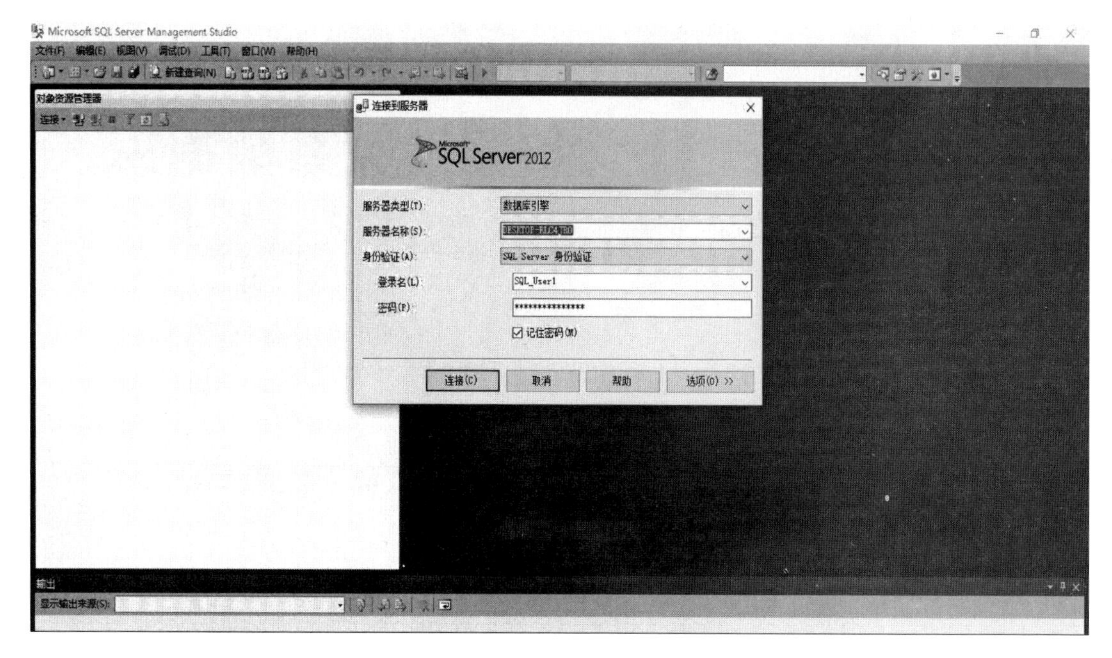

图 5-2　SQL Server 2012 登录界面

图 5-3　“查找服务器”窗口

(4) 在 SQL Server 2012 登录界面的“服务器名称”一栏中,可以在下拉列表框进行选择,要注意名称是否与所提供的服务器名一致,如图 5-4 所示。

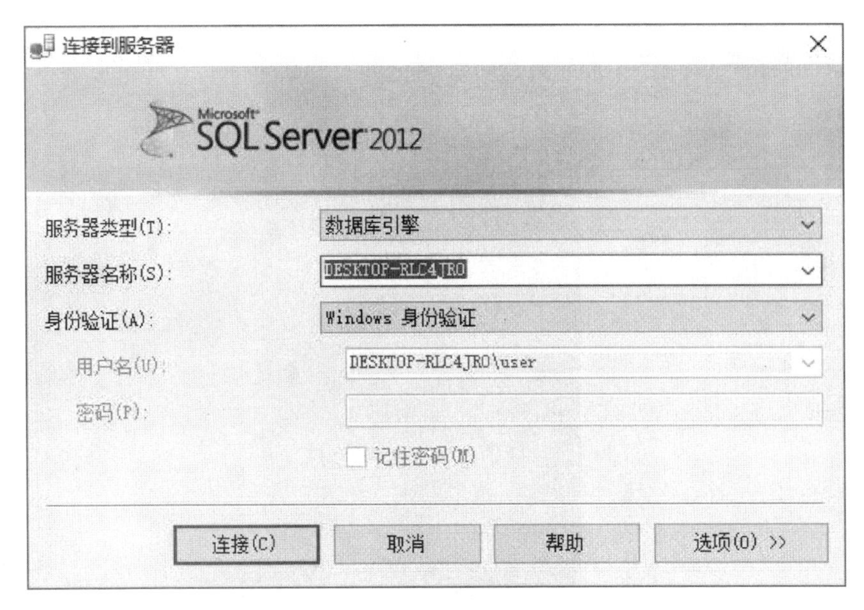

图 5-4　选择"服务器名称"

（5）单击"连接"按钮后，返回到如图5-2所示的登录界面，再单击"连接"按钮即可进入Microsoft SQL Server Management Studio界面，如图5-5所示。

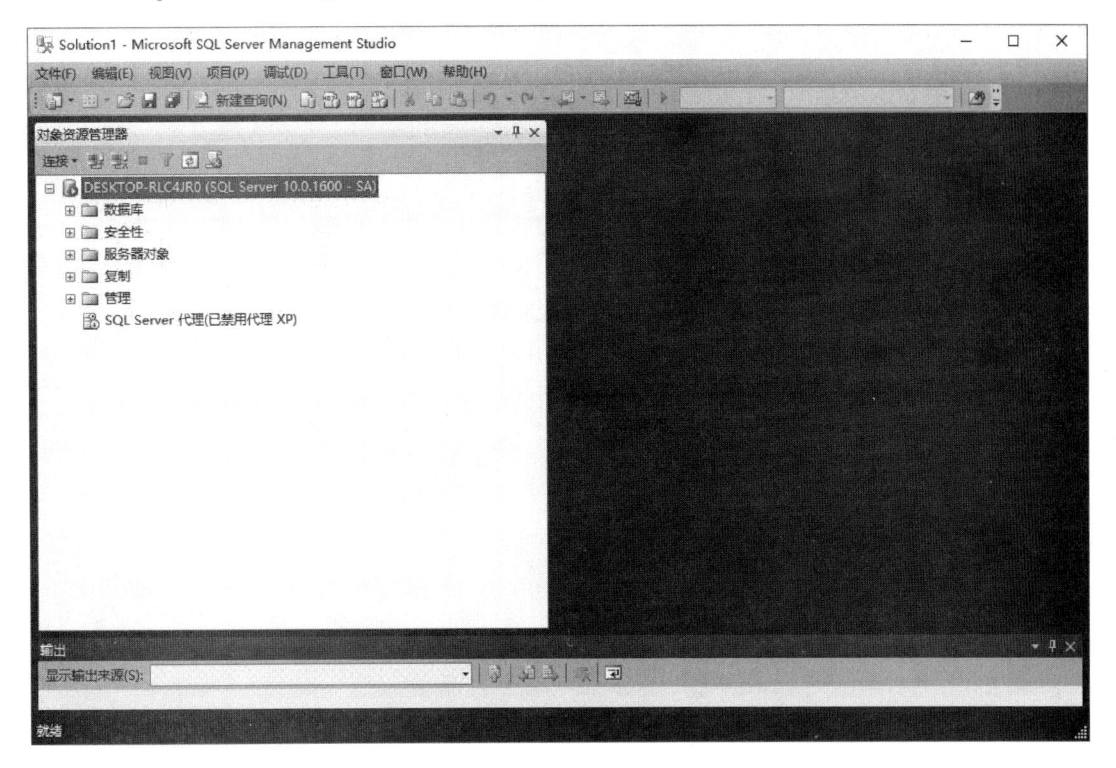

图 5-5　Microsoft SQL Server Management Studio 界面

2. 创建数据库

(1) 新建数据库,命名为“商场管理数据库”,如图 5-6 所示。

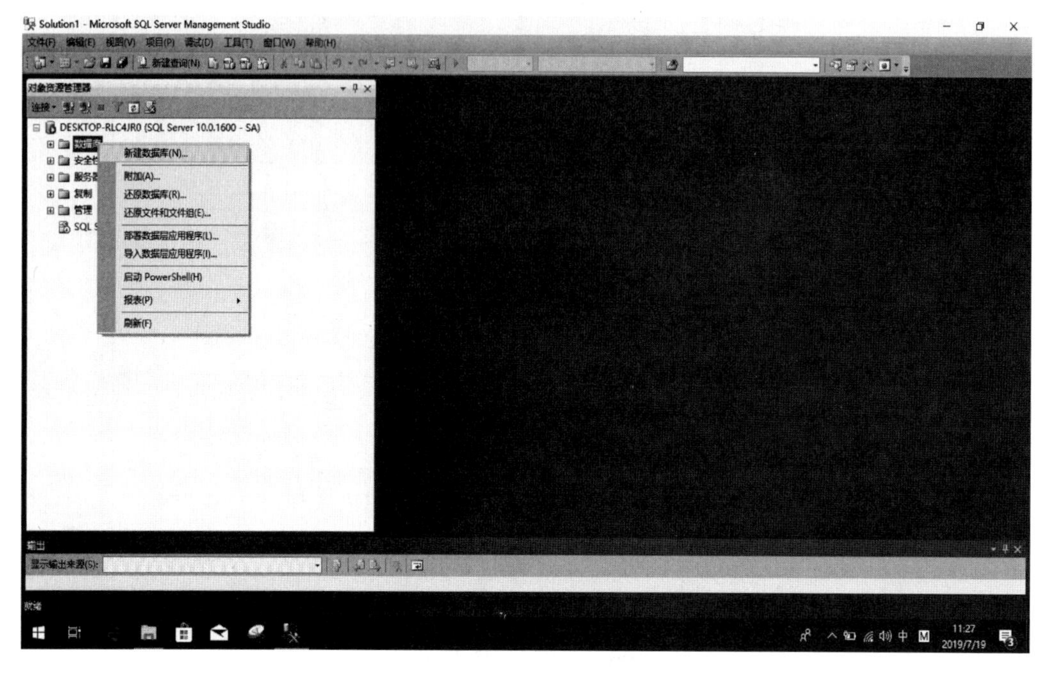

图 5-6　选择“新建数据库”项

(2) 设置新建数据库的各项参数,如图 5-7～图 5-9 所示。

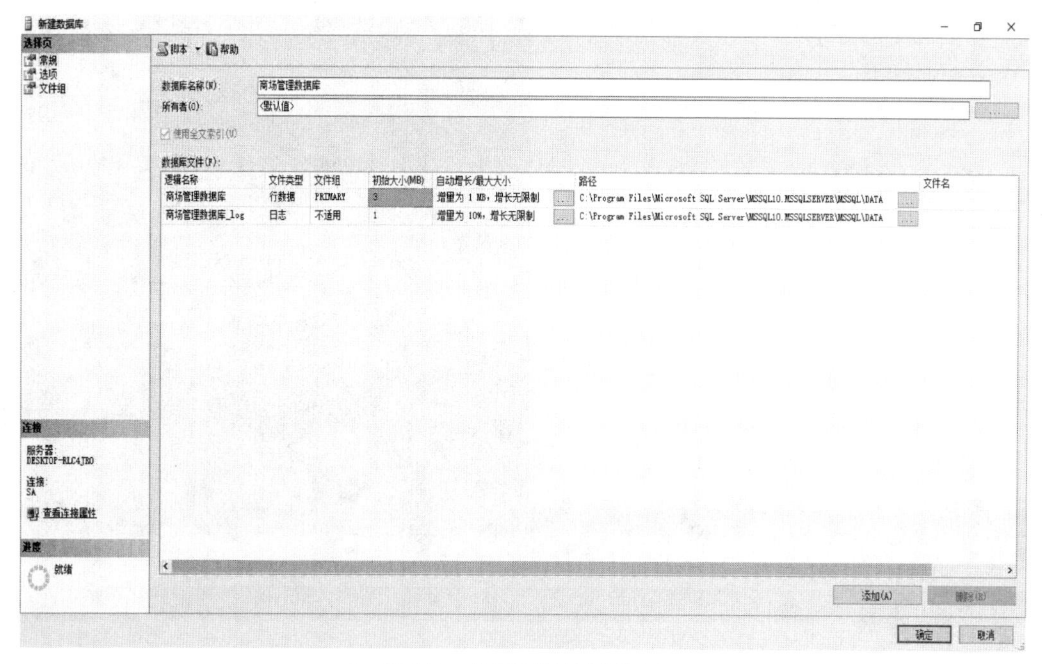

图 5-7　“新建数据库”窗口

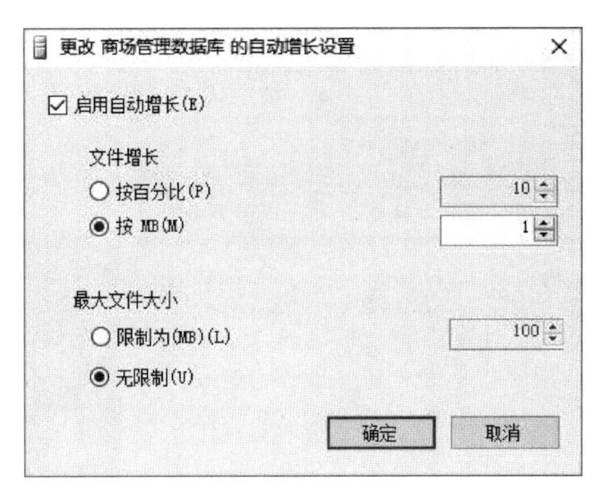

图 5-8　设置数据库的“自动增长”方式和“最大文件大小”

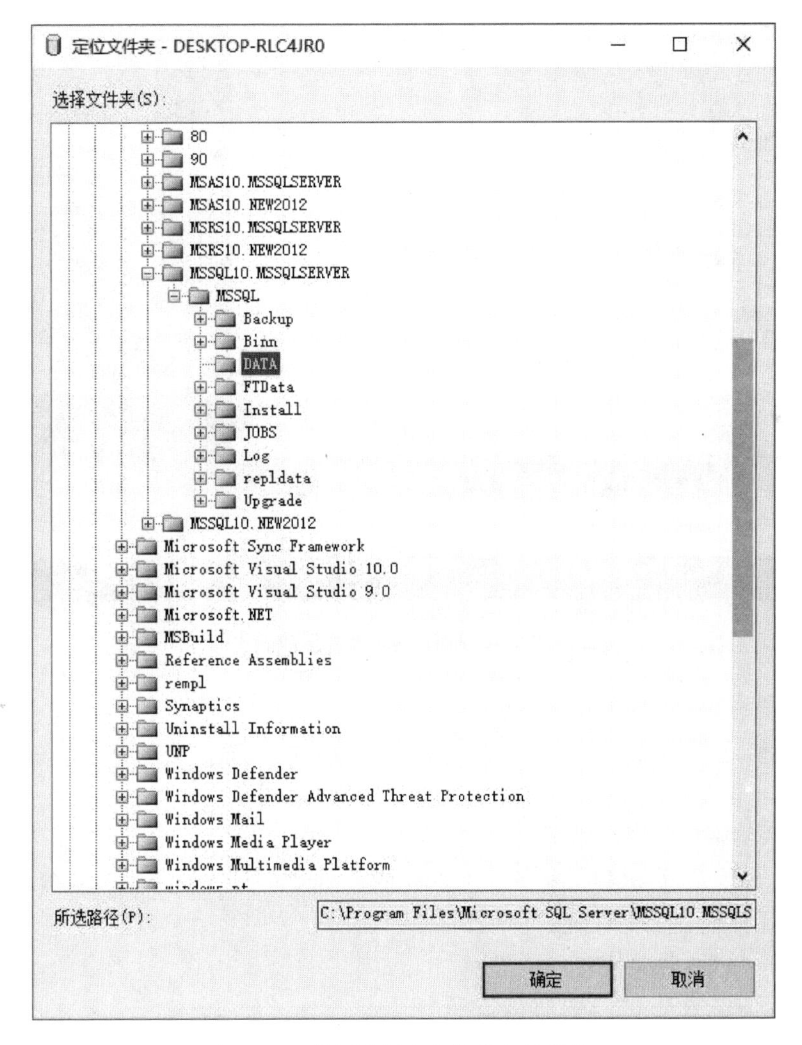

图 5-9　选择数据库文件的存储路径

(3) 单击“确定”按钮之后,“商场管理数据库”就建好了,在对象资源管理器中可以看到创建的“商场管理数据库”,如图 5-10 所示。

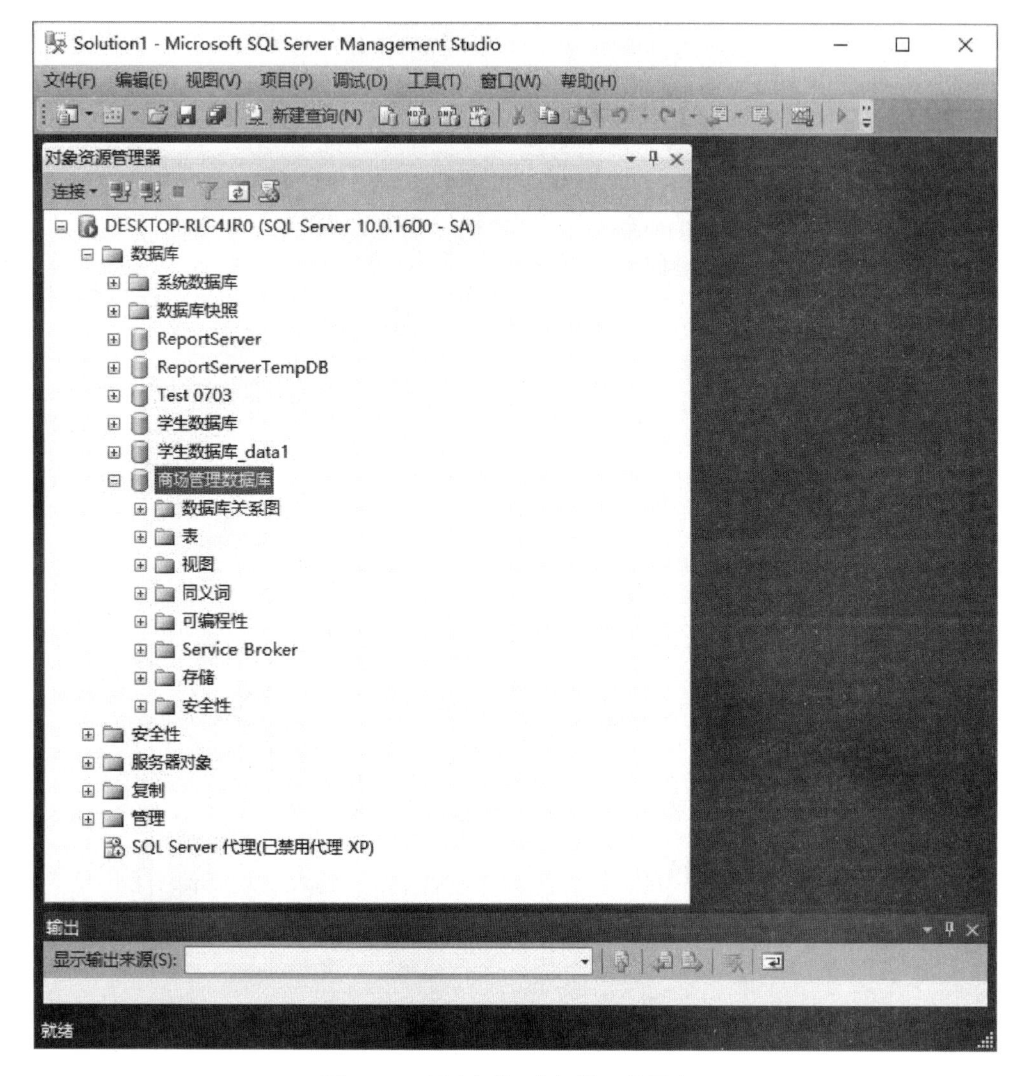

图 5-10　创建好的“商场管理数据库”

3. 建立“商场管理数据库”中的数据库对象

新建的“商场管理数据库”是一个空的数据库,现在要在该数据库中建立 5 张表。“商场管理数据库”E－R 图如图 5-11 所示。

(1) 5 张表的结构及属性约束。

由图 5-11 可知,“商场管理数据库”有 5 张表,5 张表的结构及各个属性约束如下:

① 商场表。

商场包括商场号、商场名、地址。

商场号:数据类型为 int,不允许为空。

商场名:数据类型为 char,长度为 10,允许为空。

地址:数据类型为 char,长度为 20,允许为空。

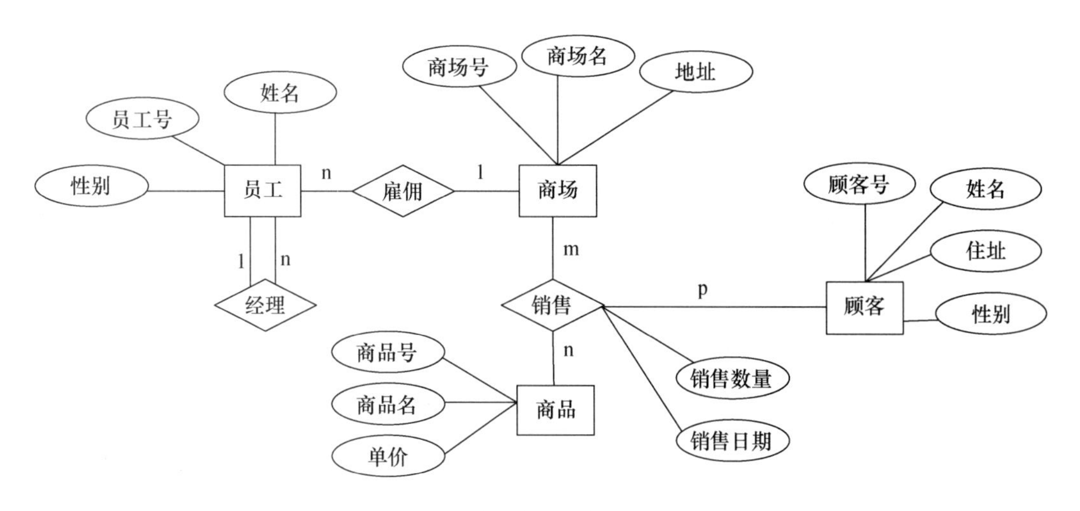

图 5-11　“商场管理数据库”E－R 图

② 商品表。

商品表包括商品号、商品名、单价。

商品号:数据类型为 int,不允许为空。

商品名:数据类型为 char,长度为 10,允许为空。

单价:数据类型为 float,允许为空。

③ 顾客表。

顾客表包括顾客号、姓名、住址、性别。

顾客号:数据类型为 int,不允许为空。

姓名:数据类型为 char,长度为 10,允许为空。

住址:数据类型为 char,长度为 20,允许为空。

性别:数据类型为 char,长度为 4,允许为空。

④ 销售表。

销售表包括商场号、商品号、顾客号、销售日期、销售数量。

商场号:数据类型为 int,不允许为空。

商品号:数据类型为 int,不允许为空。

顾客号:数据类型为 int,不允许为空。

销售日期:数据类型为 datatime,允许为空。

销售数量:数据类型为 int,允许为空。

⑤ 员工表。

员工表包括员工号、姓名、性别、经理、商场号。

员工号:数据类型为 int,不允许为空。

姓名:数据类型为 char,长度为 10,允许为空。

性别:数据类型为 char,长度为 4,允许为空。

经理:数据类型为 int,允许为空。

商场号:数据类型为 int,不允许为空。

（2）建表。

建立"商场管理数据库"中的数据库对象的具体操作如下：

① 根据上面5张表的具体情况，使用SQL Server 2012在建立的空数据库中新建这5张表，并依次设置每张表的主键，如图5-12所示。

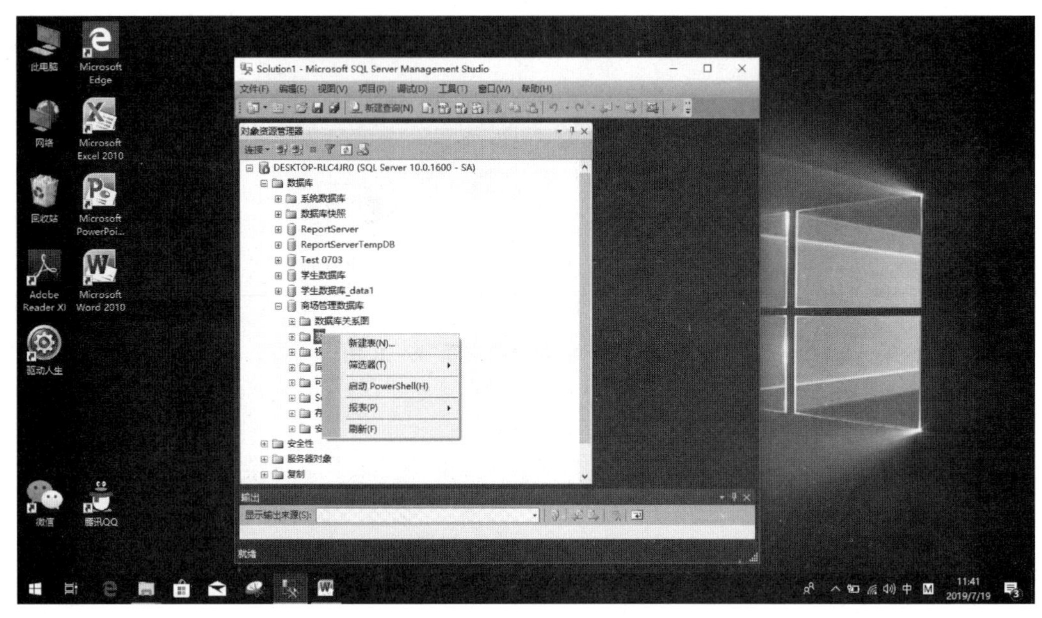

图5-12　新建表

② 设置每张表的各个字段及其约束，以及每张表的主键，并保存，保存时要给表命名，如图5-13、图5-14所示。

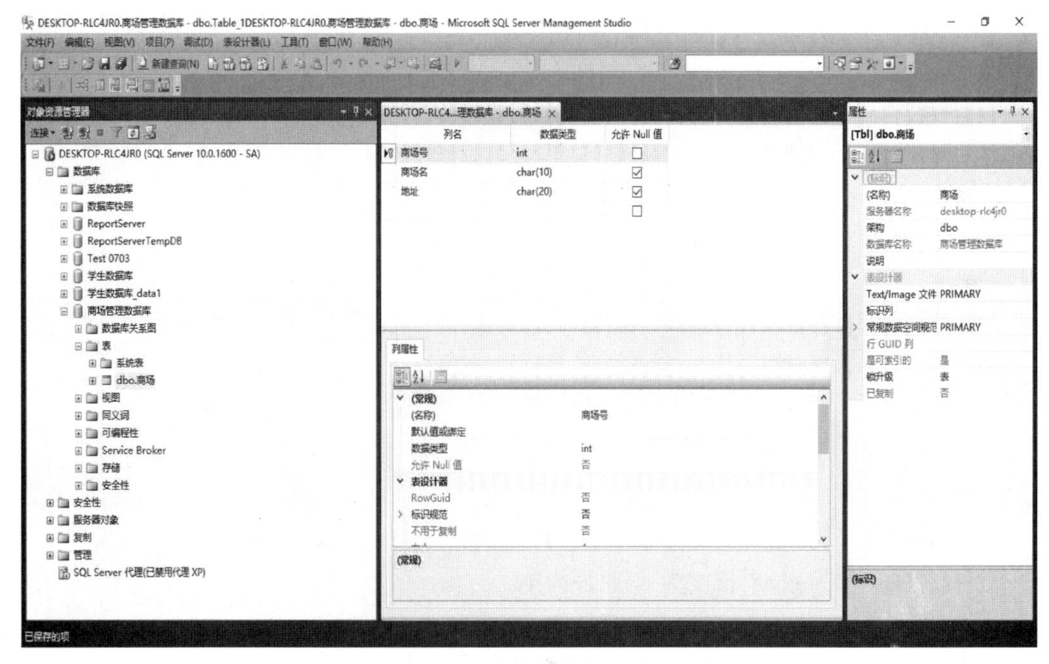

图5-13　设置表的各个字段及其约束

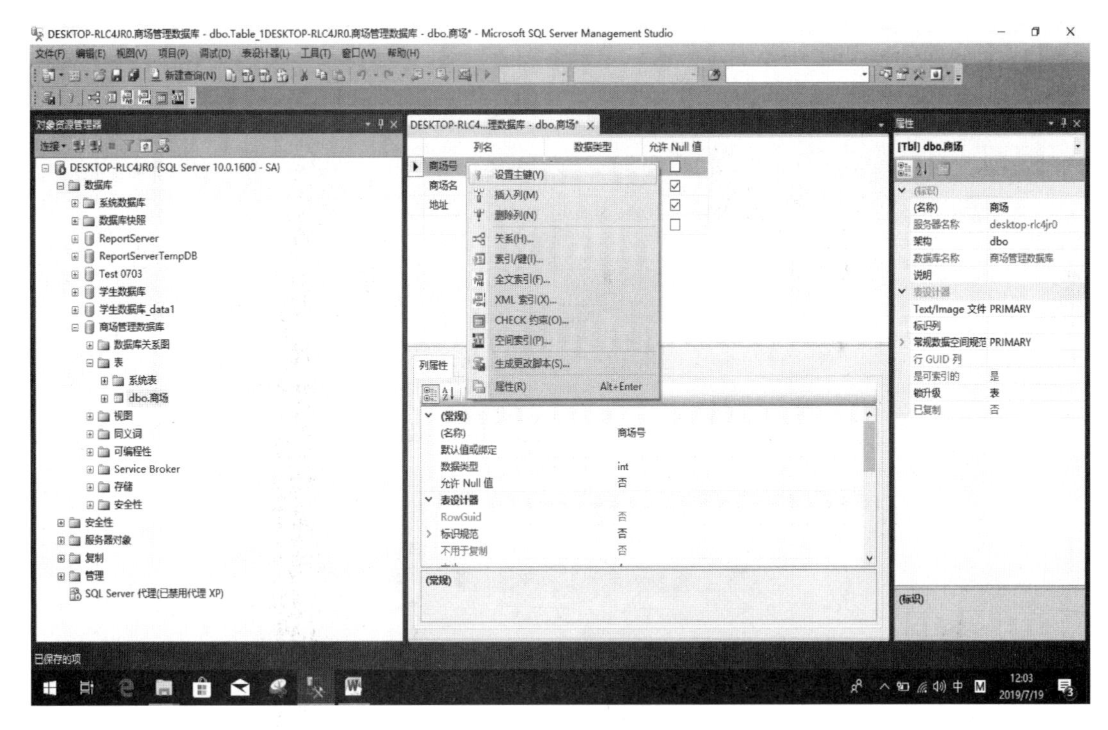

图 5-14　设置主键

③ 需要注意的是，销售表有三个主属性，需要在“索引/键”窗口中来确定，选择“索引/键”项如图 5-15 所示。

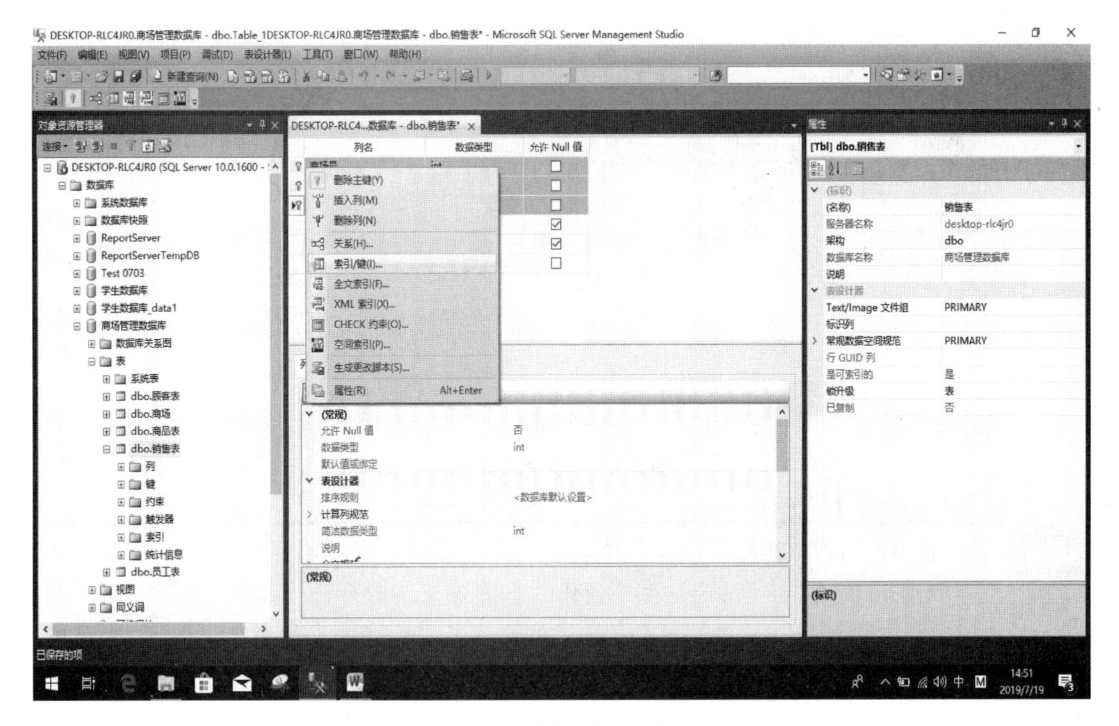

图 5-15　选择“索引/键”项

④ 打开“索引/键”窗口，单击“常规”部分中“列”右边内容的选择按钮，会弹出“索引列”窗口，在列名下分别选择三个主属性——商场号、商品号、顾客号，如图 5-16 所示。

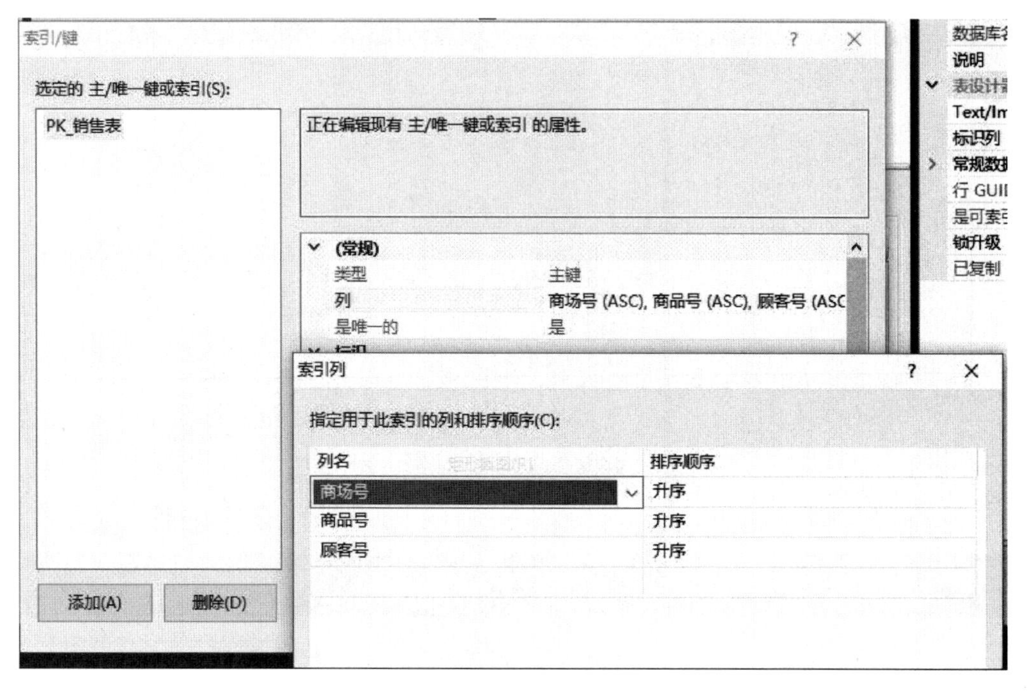

图 5-16　设置多个主属性

⑤ 单击“确定”按钮后，可以看到已设置多个主属性，如图 5-17 所示。

DESKTOP-RLC4...数据库 - dbo.销售表*

列名	数据类型	允许 Null 值
商场号	int	☐
商品号	int	☐
顾客号	int	☐
销售日期	datetime	☑
销售数量	int	☑
		☐

图 5-17　多个主属性

注意　在 SQL Server 2012 里定义各个表结构时，尽量在检查后再保存表；否则在默认状态下无法修改数据类型，这是为了确保数据的安全。若要修改，需要选择“工具”→“选项”→“设计器”→“表设计器和数据库设计器”项，在弹出的窗口中取消“阻止保存要求重新创建表的更改”复选框，这样就可以修改了，如图 5-18 所示。

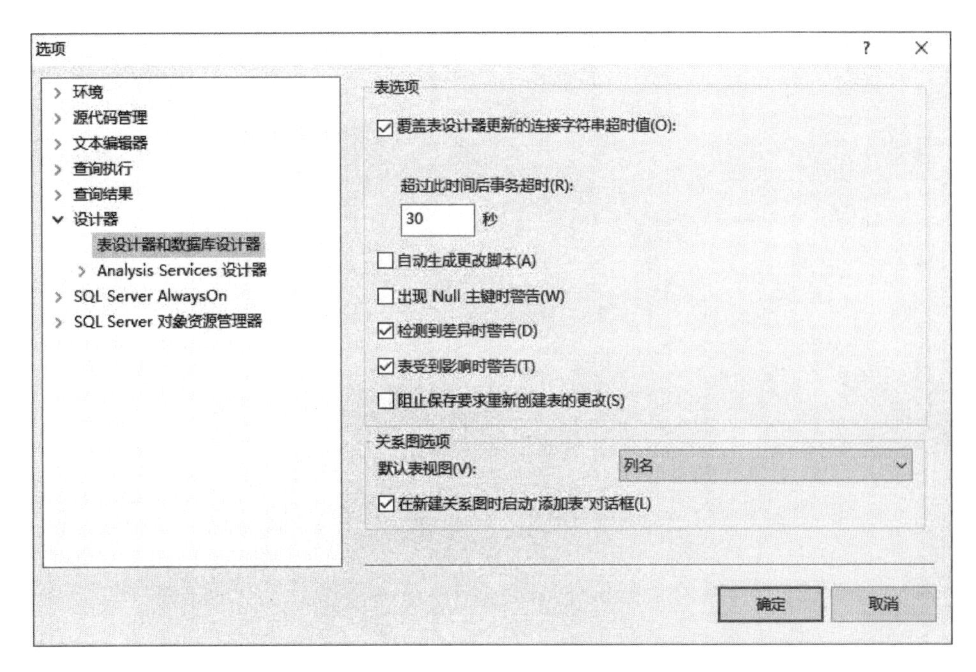

图 5-18　取消"阻止保存要求重新创建表的更改"复选框

4. 建立表间约束关系

完成表设计后，为防止即使外键的取值不正确仍能输入数据的情况出现，要建立表间约束关系，即参照完整性约束。

(1) 如图 5-19 所示，在有外键的表的结构编辑页面右击，在弹出的菜单中选择"关系"项。

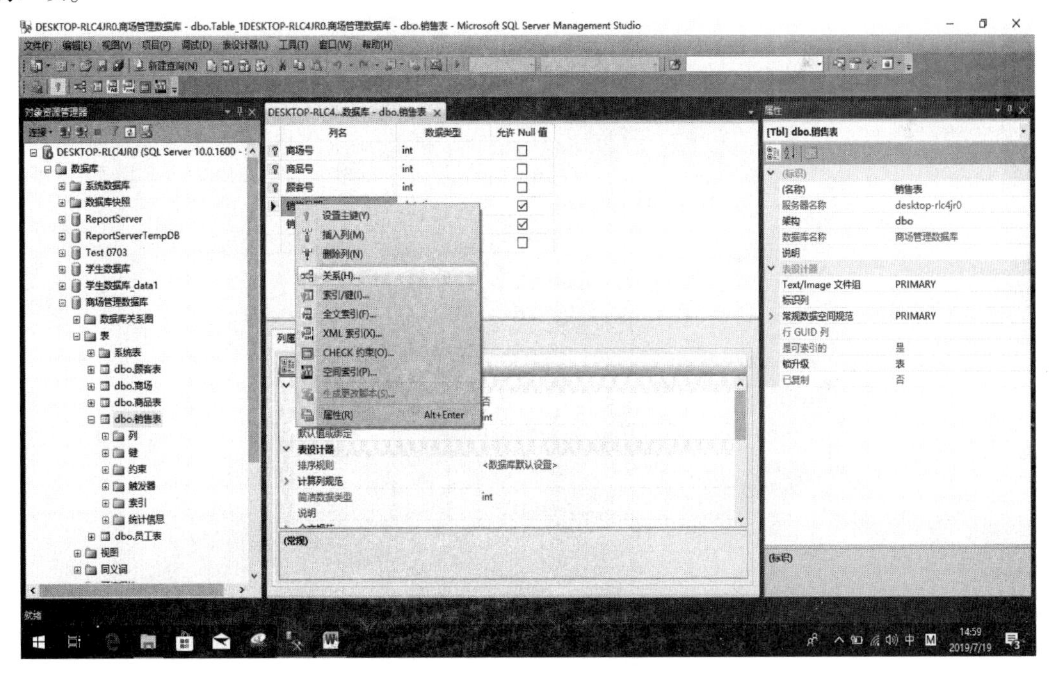

图 5-19　选择"关系"项

(2) 在弹出的“外键关系”窗口中,单击“添加”按钮,如图 5-20 所示。

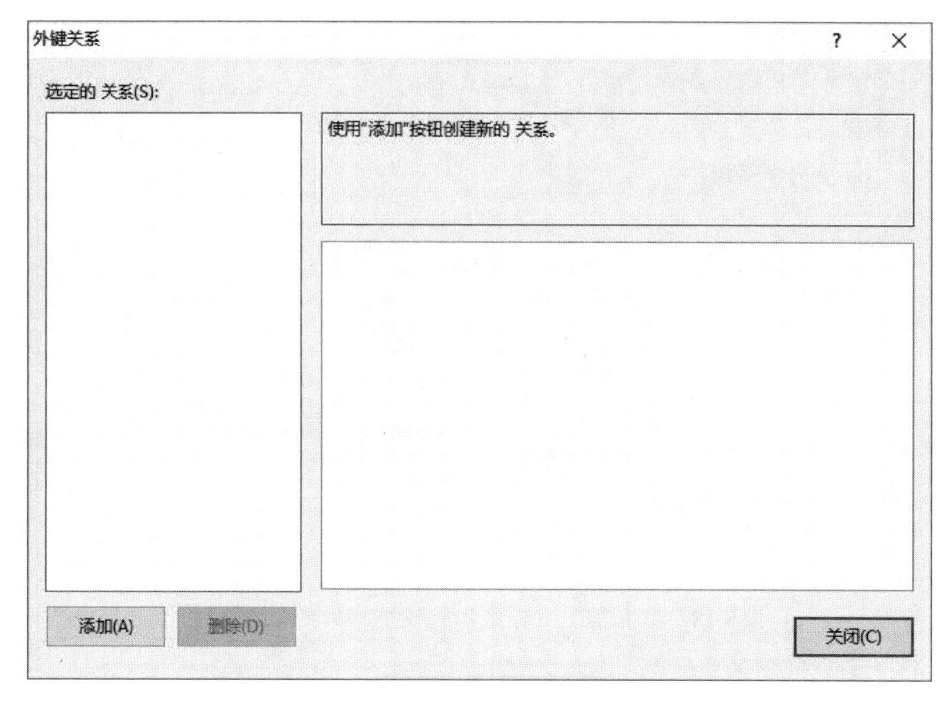

图 5-20 “外键关系”窗口中的“添加”按钮

(3) 在“表和列”窗口中设置主键表的主键及其对应的外键表中的外键,如图 5-21 所示。

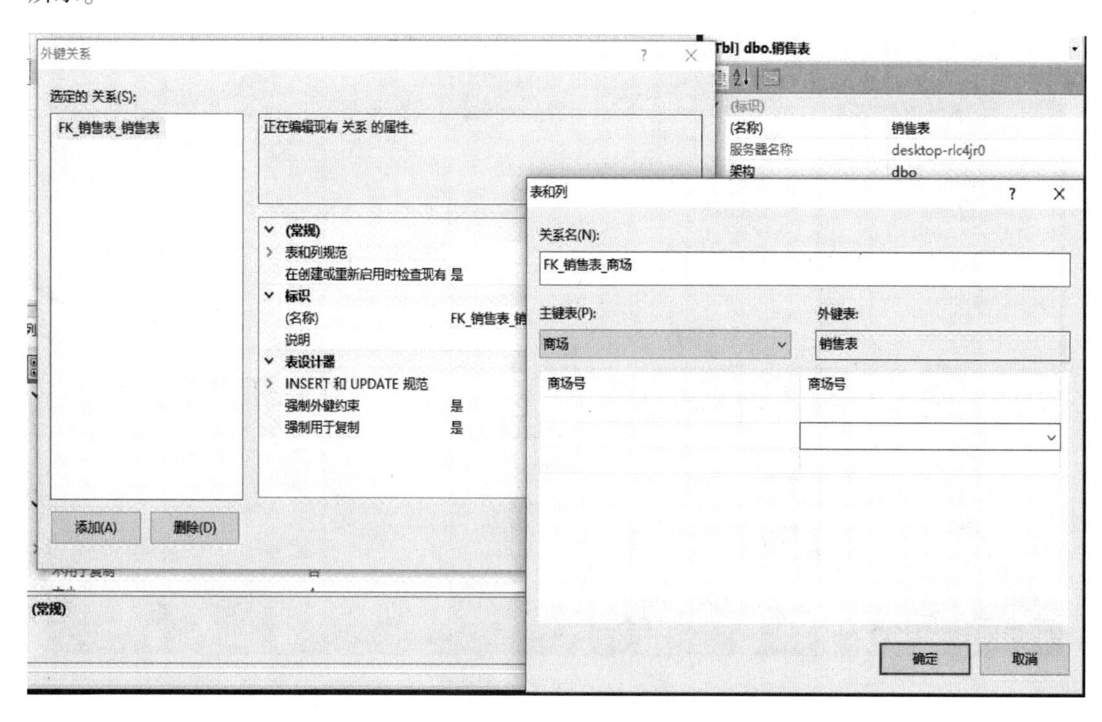

图 5-21 “表和列”窗口

(4) 有的表因为存在多个外键,所以要设置多个外键关系,如销售表就有三个外键关系,如图5-22 所示。

同样,员工表也有两个外键关系,如图 5-23 所示。

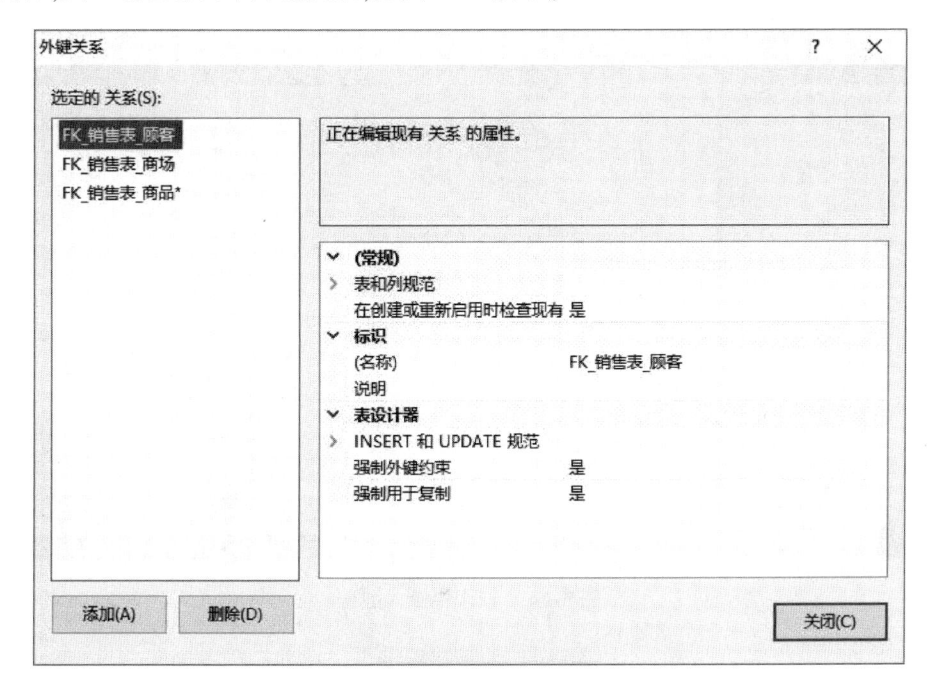

图 5-22　销售表的外键关系

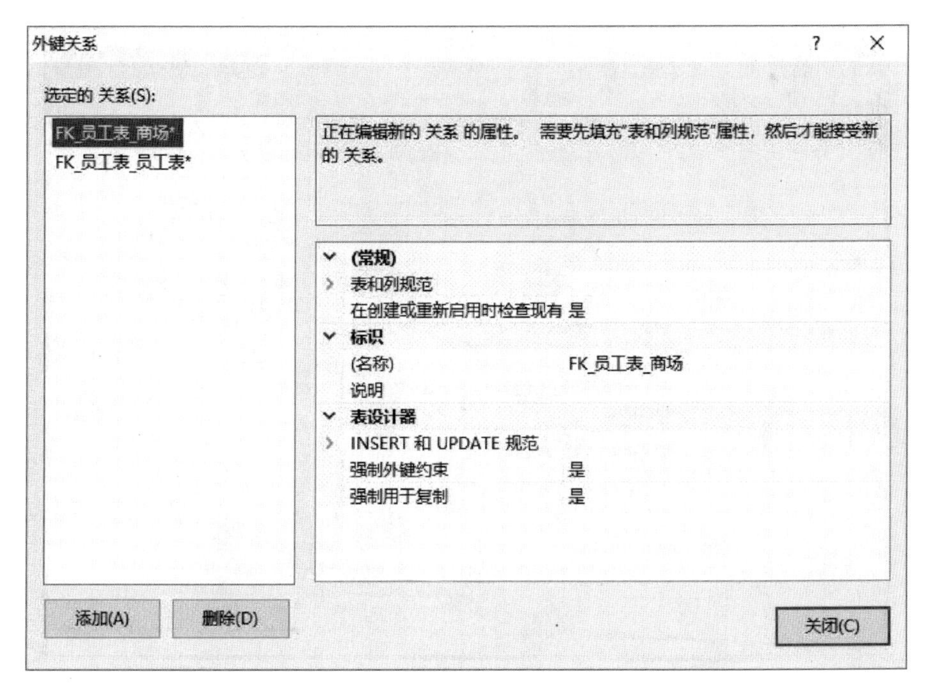

图 5-23　员工表的外键关系

5. 向表中录入数据

(1) 打开各个表,向其中录入数据,要求每张表至少录入5行记录,如图5-24所示。

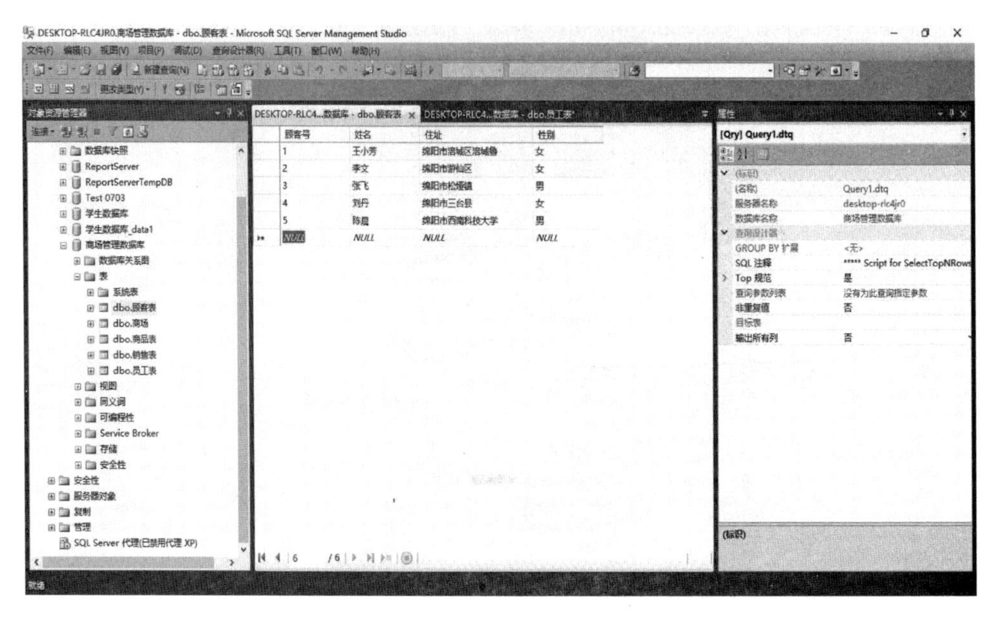

图5-24　向表中录入数据

需要注意的是,在录入数据时,由于在之前建立了表间外键约束,所以有外键的表在录入数据时依赖于其对应的表的主键值。在输入数据时,应该先录没有外键的表,再录有外键的表,否则会出现如图5-25所示的错误。

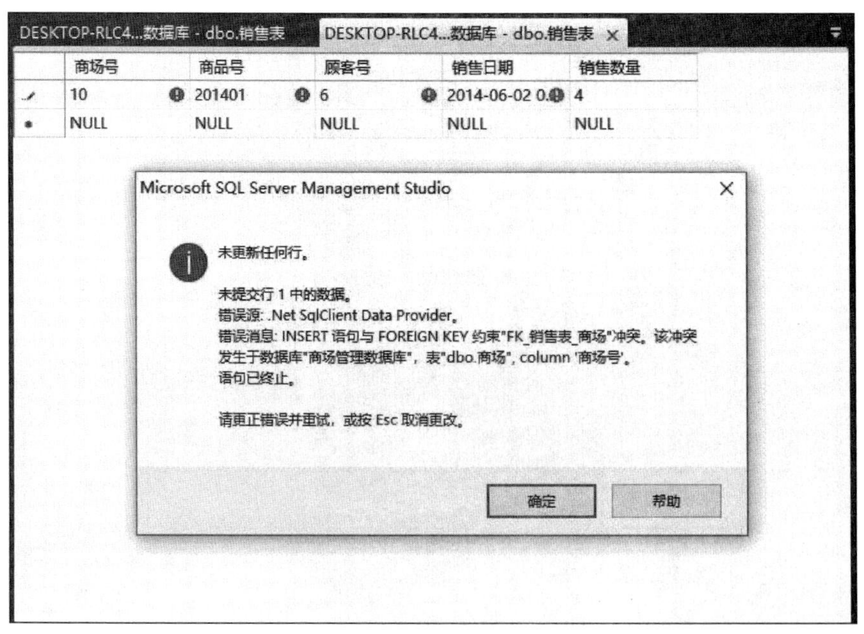

图5-25　外键约束冲突对话框

实验 2　SQL 语句编辑数据库数据(1)

本次实验用到的是"学生课程数据库",表结构如下:

① 学生表:Student(学号、姓名、性别、年龄、专业、班级)。

② 教师表:Teacher(工号、姓名、性别、年龄、级别、专业)。

③ 课程表:Course(课程号、课程名、工号)。

④ 学生选课表:SC(学号、课程号、成绩)。

在 Microsoft SQL Server Management Studio 中单击左上角的"新建查询"按钮,打开 SQL 输入窗口,可以输入语句进行操作,如图 5-26 所示。

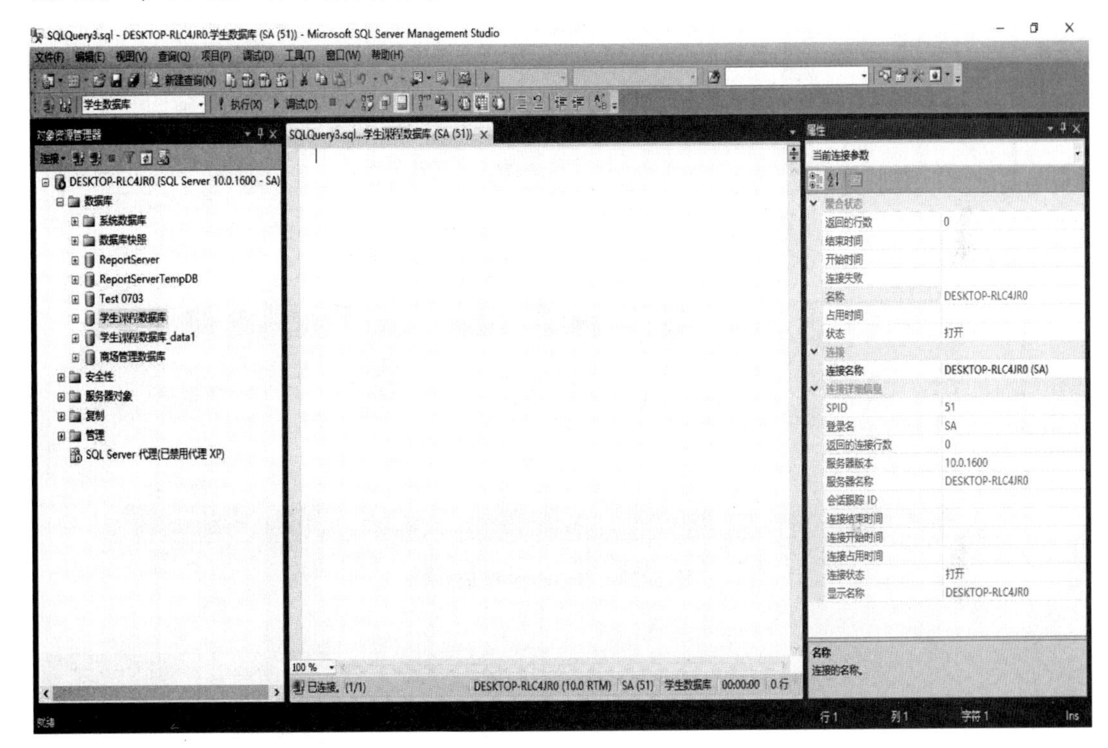

图 5-26　新建查询

在输入 SQL 语句后,可单击"保存"按钮,保存为后缀名为. sql 的文件。

在新打开的 SQL 输入窗口中输入 SQL 语句,完成以下任务:

(1) 利用 SQL 语句输入创建"学生课程数据库"。

(2) 在"学生课程数据库"中创建表,要求使用 SQL 语句设置各个表的主键和外键。

① 创建 Student 表,包括 6 个字段:学号为 Char 型数据,长度为 8;姓名为 Char 型数据,长度为 4;性别为 Char 型数据,长度为 2;年龄为整型数据,长度为 2;专业为 Char 型数据,长度为 12;班级为 Char 型数据,长度为 10。其中,主键为学号。

② 创建 Teacher 表,包括 6 个字段:工号为 Char 型数据,长度为 3;姓名为 Char 型数据,长度为 4;性别为 Char 型数据,长度为 2;年龄为整型数据,长度为 2;级别为 Char 型数据,长度为 6;专业为 Char 型数据,长度为 12。其中,主键为工号。

③ 创建 Course 表,包括 3 个字段:课程号为 Char 型数据,长度为 9;课程名为 Char 型数据,长度为 12;工号为 Char 型数据,长度为 3。其中,主键为课程号,外键为工号。

④ 创建 SC 表,包括 3 个字段:学号为 Char 型数据,长度为 8;课程号为 Char 型数据,长度为 9;成绩为整型数据,长度为 2。其中,主键为学号和课程号,外键为学号、课程号。

(3) 利用 SQL 语句为 SC 表建立索引。

按学号和课程号升序建立唯一的索引。

(4) 利用 SQL 语句实现向每个表中录入如图 5-27～图 5-30 所示的数据记录。

DESKTOP-RLC4JR0...程 - dbo.Student × SQLQuery5.sql - D....master (SA (51))

	学号	姓名	性别	年龄	专业	班级
	20110001	高佩	男	19	地理信息科学	地理1101班
	20110002	刘国	男	21	地理信息科学	地理1102班
	20110003	李维	女	20	测绘工程	测绘1101班
	20110004	曾雨	女	18	测绘工程	测绘1102班
	20110005	吴昊	男	20	采矿工程	采矿1101班
	20110006	杨萌	男	20	采矿工程	采矿1102班
▸*	NULL	NULL	NULL	NULL	NULL	NULL

图 5-27　Student 表记录

DESKTOP-RLC4JR...程 - dbo.Teacher ×

	工号	姓名	性别	年龄	级别	专业
	111	夏青	男	32	副教授	地理信息科学
	128	陈志	男	33	讲师	测绘工程
	129	王红	女	38	教授	测绘工程
	133	武强	女	22	助教	采矿工程
▸*	NULL	NULL	NULL	NULL	NULL	NULL

图 5-28　Teacher 表记录

DESKTOP-RLC4JR...程 - dbo.Course ×

	课程号	课程名	工号
	133990010	网络GIS	128
	133991000	空间数据库	128
	133992031	控制测量	129
	133992033	空间分析	111
	134999002	数字高程模型	133
▸*	NULL	NULL	NULL

图 5-29　Course 表记录

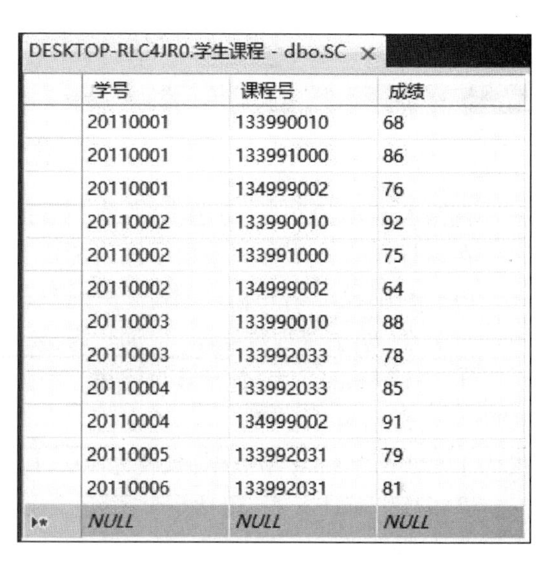

DESKTOP-RLC4JR0.学生课程 - dbo.SC ×

	学号	课程号	成绩
	20110001	133990010	68
	20110001	133991000	86
	20110001	134999002	76
	20110002	133990010	92
	20110002	133991000	75
	20110002	134999002	64
	20110003	133990010	88
	20110003	133992033	78
	20110004	133992033	85
	20110004	134999002	91
	20110005	133992031	79
	20110006	133992031	81
▸*	NULL	NULL	NULL

图 5-30　SC 表记录

(5)利用SQL语句对"学生课程数据库"进行如下查询。

① 查询全体学生的学号、姓名、性别、班级。

② 查询Student表中的全部信息。

③ 查询地理信息科学、测绘工程专业学生的姓名、性别和班级。

④ 查询所有姓"李"的学生的学号、姓名和性别。

⑤ 查询姓"刘"且全名为两个汉字的学生的姓名。

⑥ 查询所有不姓"刘"的学生姓名。

⑦ 查询年龄不在18～20岁(不包括18岁和20岁)的学生姓名、专业和出生年份。

⑧ 查询选修了133991000课程的学生的学号及其成绩,查询结果按分数降序排列,没有成绩的同学不出现在结果中。

⑨ 查询Student表中的全部信息,查询结果按专业升序排列,同一个专业中的学生按学号降序排列。

⑩ 查询选修了课程的学生人数。

⑪ 计算选修133991000课程的学生的平均成绩。

⑫ 查询选修了2门课程以上的学生学号。

⑬ 查询选修了133991000课程且成绩低于80分的学生的学号。

实验3 SQL语句编辑数据库数据(2)

(1)利用SQL语句对"学生课程数据库"进行如下多表查询。

① 查询选修了课程134999002且成绩在60～80分(包括60分和80分)的所有学生记录(不要重复的列)。

② 查询成绩为85分、86分和88分的学生的所有记录(不要重复的列)。

③ 查询地理1101班的学生人数(列名为"学生人数")。

④ 查询平均分大于80分的学生的学号、平均成绩。

提示 having后面跟集函数avg()。

⑤ 查询地理1101班每个学生所选课程的平均分和学号(使用两种方法:嵌套查询和自身连接查询)。

⑥ 以选修课程134999002为例,在Student表中查询成绩高于学号为20110001学生的所有学生记录(使用嵌套查询,层层深入)。

⑦ 查询与学号为20110003的学生同岁的所有学生的学号、姓名和年龄(使用两种方法:嵌套查询和自身连接查询)。

⑧ 查询选修其课程的学生人数多于2人的教师姓名。

提示 采用嵌套查询。

⑨ 查询选修了134999002课程并且比该课程的平均成绩低的学生的学号、课程号和成绩。

提示 采用嵌套查询。

⑩ 列出至少有 2 名女生的专业名。

提示 根据性别 =“男”这个条件来对 Student 表进行分组。

⑪ 查询每门课程最高分的学生的学号、课程号和成绩(假定成绩有重复)。

提示 此题的技巧在于根据课程号及其最高分来查成绩表。

⑫ 查询选修“空间数据库”课程的男同学的成绩表。

提示 采用嵌套查询进行解答。

(2) 利用 SQL 语言对“学生课程数据库”进行如下更新操作:

① 对每一个学生,求其选修课程的平均分,并将此结果存入“学生课程数据库”,运用批处理一次运行所有语句。

提示 先创建一个名为“Agrade”的新表,字段为学号和平均成绩,运用批处理一次运行所有语句。

② 将 Student 表中学号为 20110002 的学生的年龄属性值改为 22,班级属性值改为“地理 1101 班”。

③ 将 SC 表中所有成绩低于 70 分的学生的成绩属性值统一修改为 0。

④ 将 Student 表中姓名属性名含有“李”或“国”的相应年龄属性值增加 1。

⑤ 将学生名为“曾雨”选修的课程为 134999002 的成绩修改为 100 分。

提示 带子查询的更新。

(3) 使用 SQL 语言的控制语句对“学生课程数据库”进行如下操作:

① 根据 SC 表中的考试成绩,查询地理 1101 班学生的课程 133990010 的平均成绩,若平均成绩大于 75 分,输出“地理 1101 班网络 GIS 的平均成绩比较理想”,并输出平均成绩;若平均成绩低于 75 分,则输出“地理 1101 班网络 GIS 的平均成绩不太理想”,并输出平均成绩。

提示 使用 if …else 和 begin…end 语句。

② 查询地理 1101 班学生的考试情况,并使用 CASE 语句将课程号替换为课程名显示,即输出学号、课程名、成绩。

提示 使用 case…end 语句。

实验4　ADO. NET 连接 SQL Server 2012(1)

1. 设置用户名、密码和登录方式

在连接数据库之前,要先设好用户名、密码和登录方式。

(1) 先以 Windows 身份验证方式登录 SQL Server 2012,如图 5-31 所示。

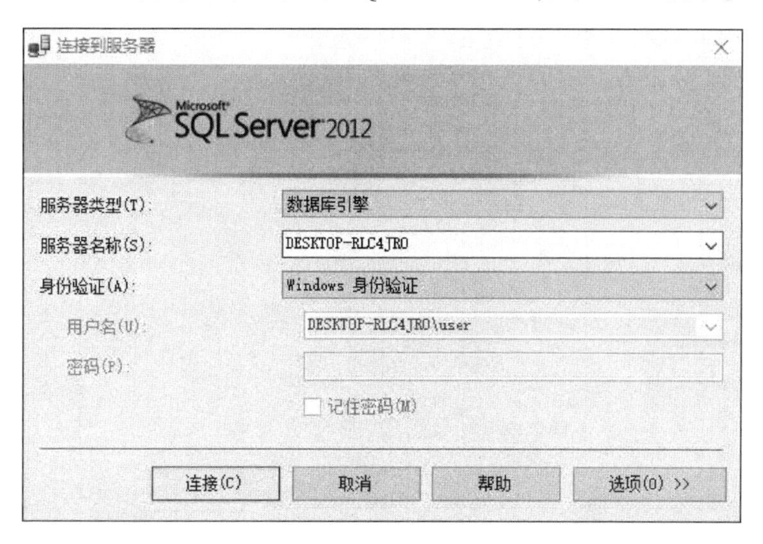

图 5-31　以 Windows 身份验证方式登录 SQL Server 2012

(2) 默认的登录名是 sa,设置 sa 的密码,如图 5-32、图 5-33 所示。

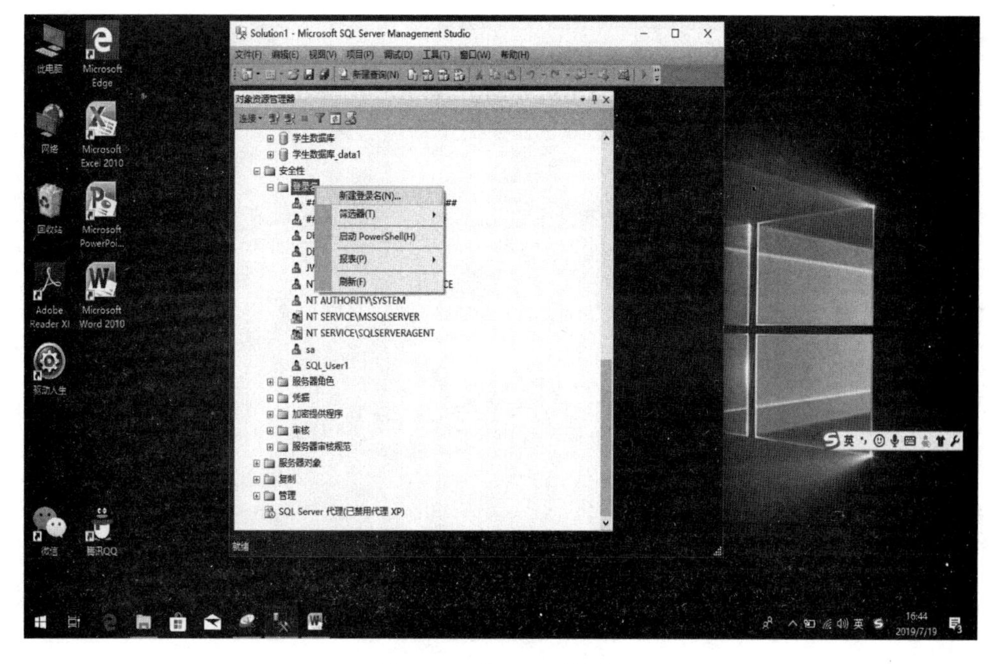

图 5-32　显示 sa 的属性

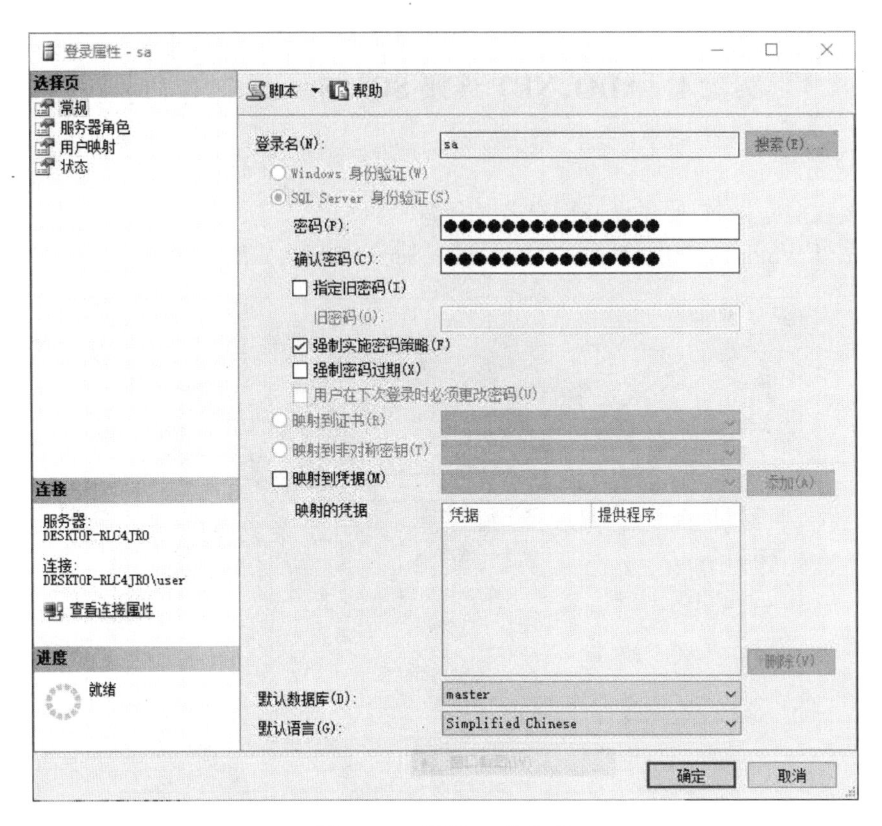

图 5-33　设置 sa 的密码

(3) 新建登录名和密码,如图 5-34、图 5-35 所示。

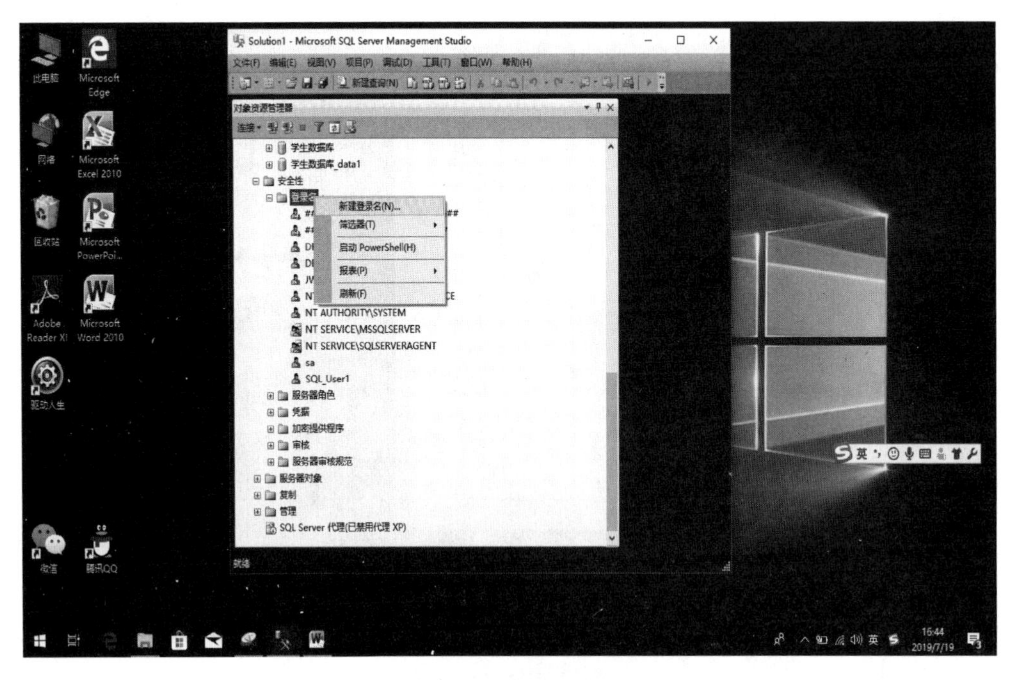

图 5-34　新建登录名

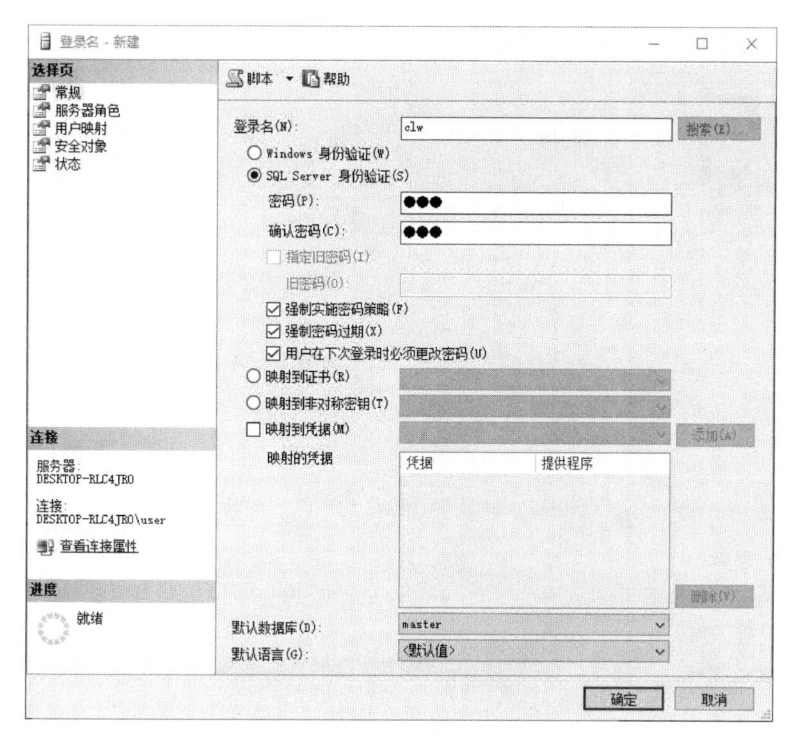

图 5-35　设置新的登录名和密码

（4）设置新建的用户“服务器角色”为 sysadmin（管理员），如图 5-36 所示。

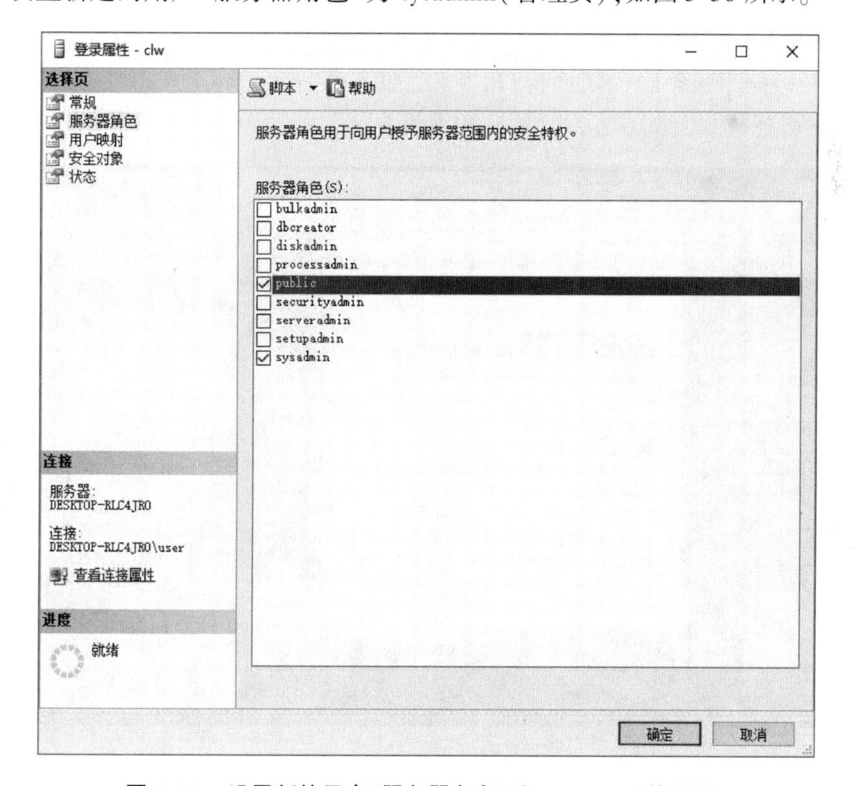

图 5-36　设置新的用户“服务器角色”为 sysadmin（管理员）

（5）设置用户映射，如图 5-37 所示。

图 5-37　设置用户映射

（6）打开数据库服务器的属性窗口，并将“服务器身份验证”方式改为“SQL Server 和 Windows 身份验证模式”，如图 5-38、图 5-39 所示。

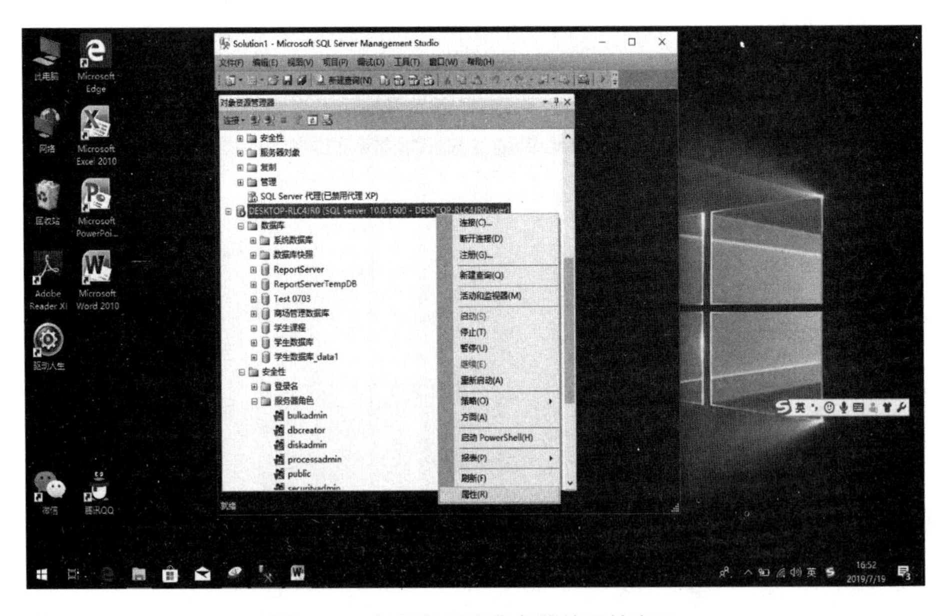

图 5-38　打开数据库服务器的属性窗口

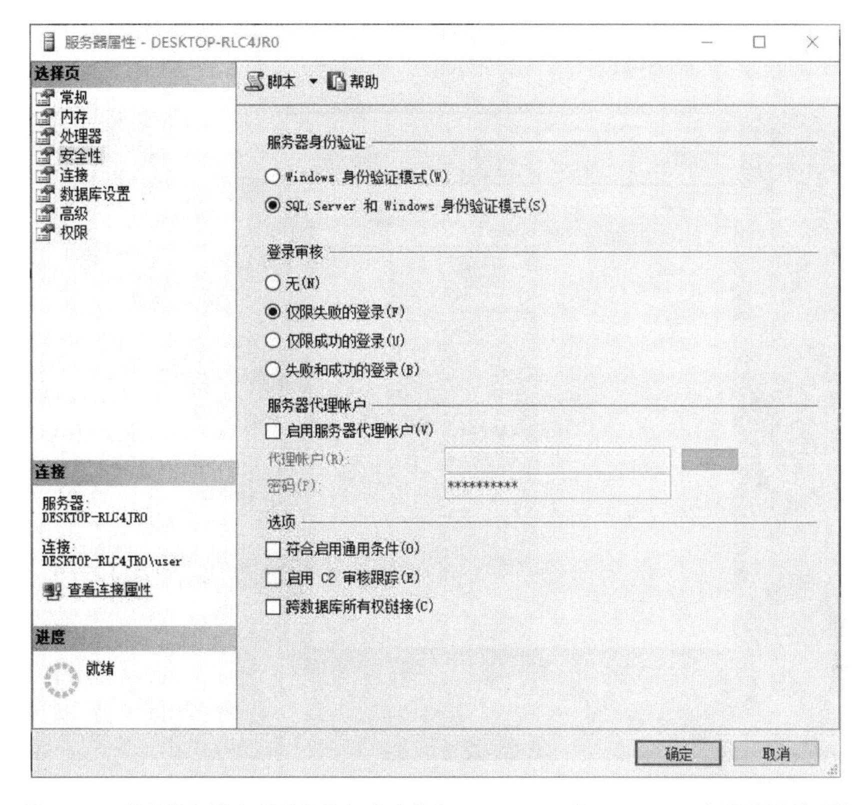

图 5-39　将“服务器身份验证”方式改为“SQL Server 和 Windows 身份验证模式”

（7）重新启动数据库服务器，如图 5-40 所示。

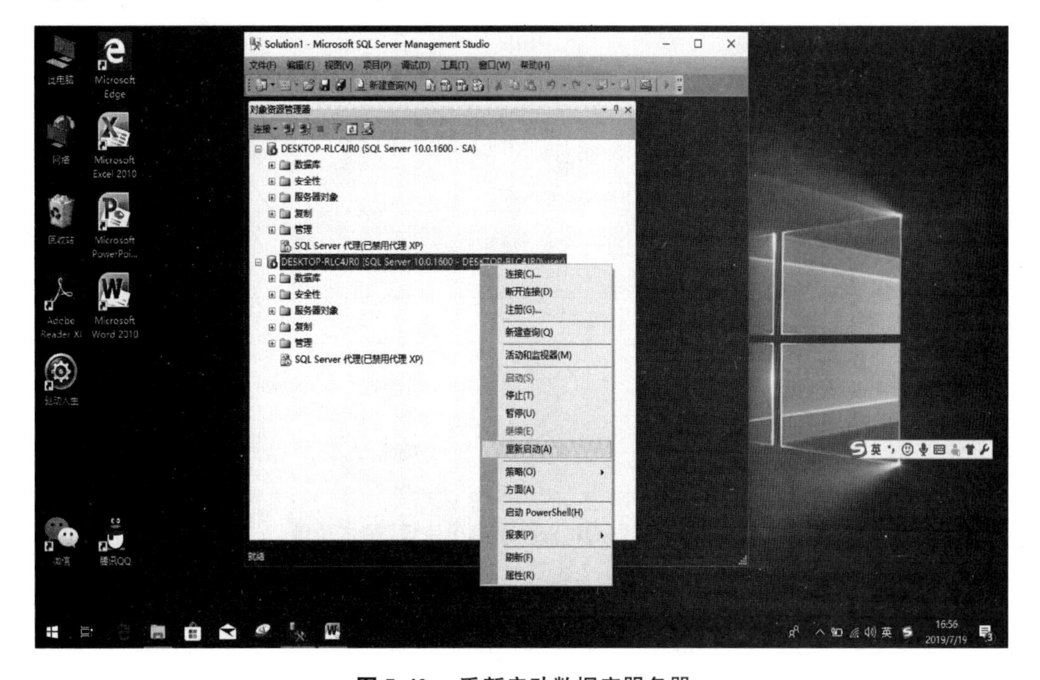

图 5-40　重新启动数据库服务器

(8) 先断开与对象资源管理器的连接,然后再重新连接对象资源管理器,以“SQL Server 身份验证”模式登录,如图 5-41、图 5-42 所示。

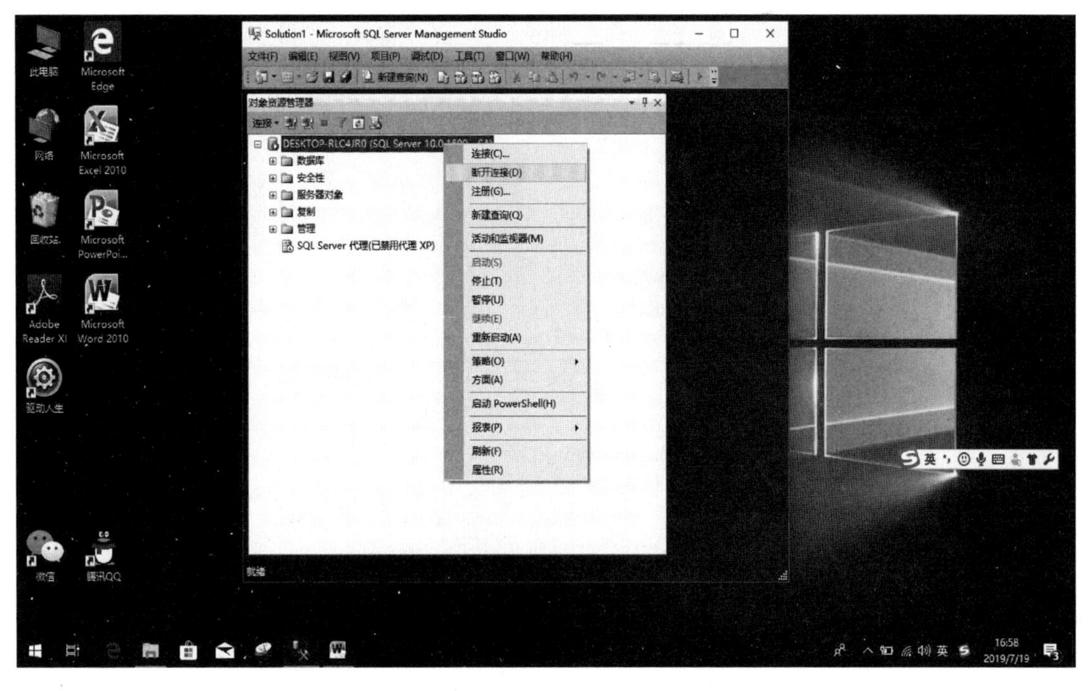

图 5-41 断开与对象资源管理器的连接

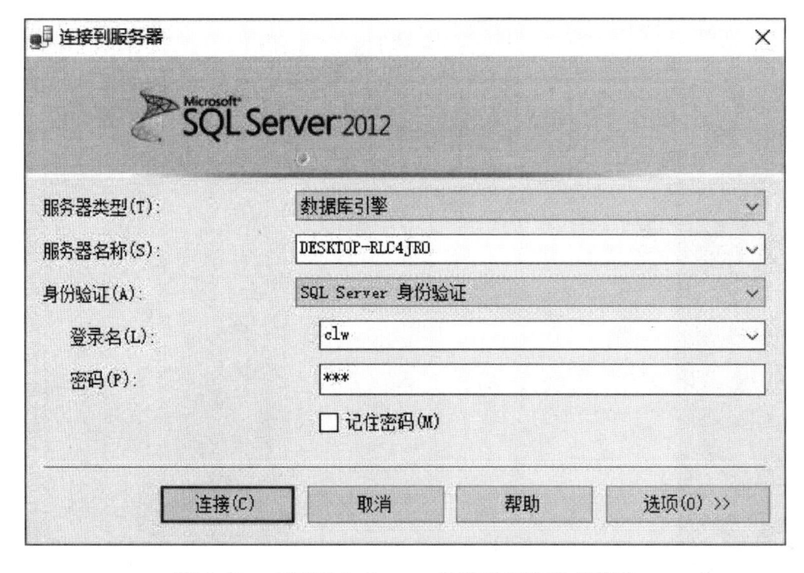

图 5-42 以“SQL Server 身份验证”模式登录

2. 建立连接字符串

新建一个 C#. NET 项目 test001,设计窗体 Form1,设置一个命令按钮 Button1 和一个标签 label1,如图 5-43 所示。

图 5-43 建立连接字符串

程序代码如下：

```
using System;
using System.Collections.Generic;
using System.ComponentModel;
using System.Data;
using System.Drawing;
using System.Linq;
using System.Text;
using System.Windows.Forms;
using System.Data.SqlClient;
namespace test001
{
public partialclassForm1 : Form
{
public Form1()
{
        InitializeComponent();
}
privatevoid button1_Click(Object sender, EventArg e)
{
string ConnectionString = "server = (local);uid = clw;pwd = 123;database =
学生课程";
SqlConnextion myconn = newSqlConnection(ConnectlonString);
Myconn. Open();
If (myconn.State = = ConnectionState.Open)
          Label1.Text = "成功连接到学生课程数据库!";
          }
     }
}
```

运行程序,在出现的界面中单击“连接数据库”按钮,如图 5-44 所示。

图 5-44 单击“连接数据库”按钮后出现的界面

3. 利用 SqlCommand 对象直接操作数据库

（1）利用 SqlCommand 对象返回单个值。设计一个窗体，通过 SqlCommand 对象求“学生课程数据库”SC 表中成绩的平均分，如图 5-45 所示。

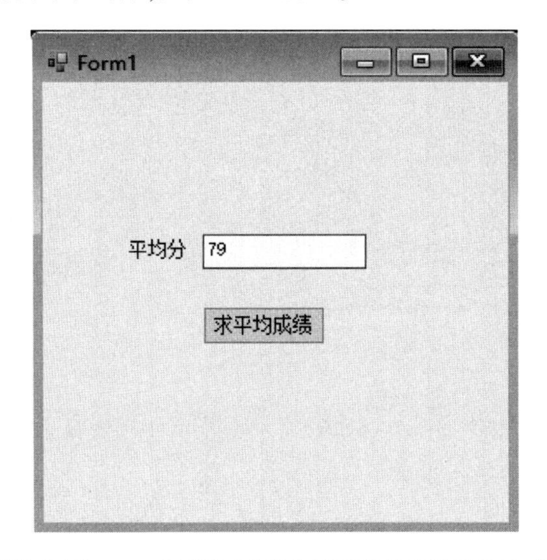

图 5-45 利用 SqlCommand 对象求“学生课程数据库”SC 表中成绩的平均分

程序代码如下：

```
using System.Data.SqlClient;
namespace test002
{
public partialclassForm1:Form
{
public Form1()
      {
          InitializeComponent();
      }
private void button1_Click(object sender, EventArgs e)
```

```
{
string ConnectionString = "server = (local);uid = clw;pwd = 123;database =
        学生课程";
SqlConnection myconn = newSqlConnection(ConnectionString);
        myconn.Open();
SqlCommand mycmd = newSqlCommand("select avg (成绩) from SC",myconn);
        textBox1.Text = mycmd.ExecuteScalar().ToString();
        myconn.Close();
}
}
}
```

(2) 利用SqlCommand对象执行修改操作,如图5-46所示。

可以把常用的数据库连接字符串写到一个类中,即可建立类,如图5-47所示。

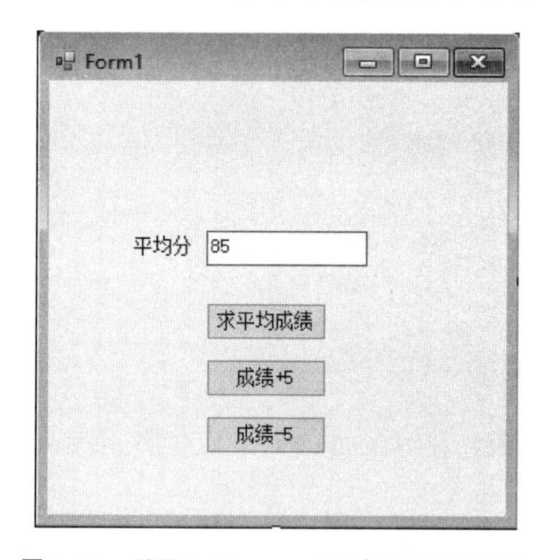

图5-46　利用SqlCommand对象执行修改操作

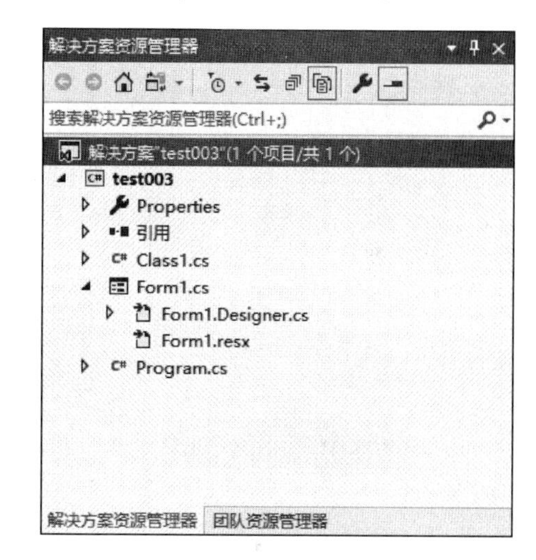

图5-47　建立类

在类中,编写的程序代码如下:

```
using System;
using System.Collections.Generic;
using System.Text;
using System.Data.SqlClient;
namespace test003
{
classClass1
{
public static SqlConnection CyCon()
{
return newSqlConnection("server = (local); uid = clw; pwd = 123; database =
学生课程");
}
}
}
```

然后在Form1的3个按钮单击事件函数中编写如下代码:

```
privatevoid button1_Click(Object sender,EventArgs e)
{
SqlConnection myconn = Class1.CyCon();
        myconn.Open();
SqlCommand mycmd = newSqlCommand( "select avg(成绩) from SC", myconn);
        textBox1.Text = mycmd.ExecuteScalar().ToString();
        myconn.Close();
}
privatevoid button2_Click(Object sender, EventArgs e)
{
SqlConnection myconn = Class1.CyCon();
        myconn.Open();
SqlCommand mycmd = newSqlCommand ("update SC set 成绩 = 成绩 + 5",myconn);
        mycmd.ExecuteNonQuery ();
        myconn.Close();
}
privatevoid button3_Click(Object sender, EventArgs e)
{
SqlConnection myconn = Class1.CyCon();
        myconn.Open();
SqlCommand mycmd = newSqlCommand ("update SC set 成绩 = 成绩 - 5",myconn);
        mycmd.ExecuteNonQuery ();
        myconn.Close();
}
```

(3) 在SQL语句中利用文本框的值设置查询条件,利用DataReader显示多值,如图5-48所示。

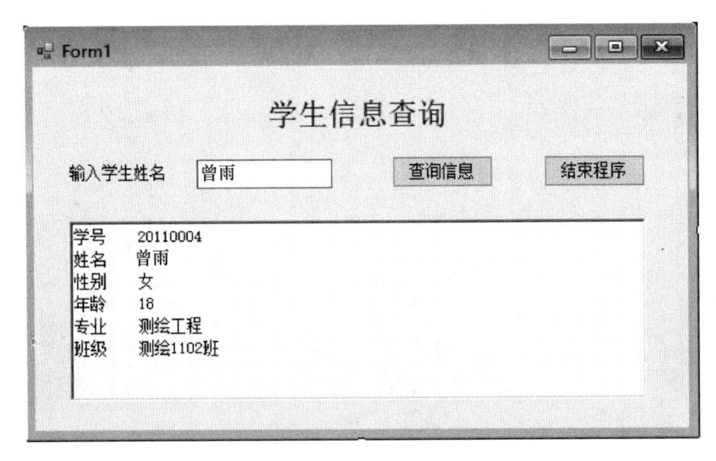

图5-48 学生信息查询

所有学生信息显示在RichTextBox控件中,两个按钮的单击事件函数代码如下:

```
privatevoid btnSelect_Click (object sender,EventArgs e)
{
String connStr,SelectName,SelectCmd;
      SelectName = tXtName.Text;
      selectCmd = "select * from Student where 姓名 = "" + selectName + "";
      connStr = "server = (local);uid = clw;pwd = 123;database = 学生课程";
SqlConnection conn;
SqlCommand cmd;
SqlDataReader myReader;
      Conn = newSqlConnection(commStr);
      conn.Open();
      cmd = newSqlCommand(selectCmd, conn);
      myReade = cmd.ExecuteReader();
while (myReader.Read())
{
for (int i = 0; i < myReader.FiledCount; i ++)
      {
          rtbShow.Text += myReader.GetName(i) + "\t" + myReader.GetVal-
ue(i) + "\n";
      }
}
      myReader.Close();
      conn.Close();
}
Privatevoid btnEnd_Click (object sender, EventArgs e)
{
      Environment.Exit(0);
}
```

(4) 在 SQL 语句中，可以使用命名参数进行数据库的修改，如图 5-49 所示。

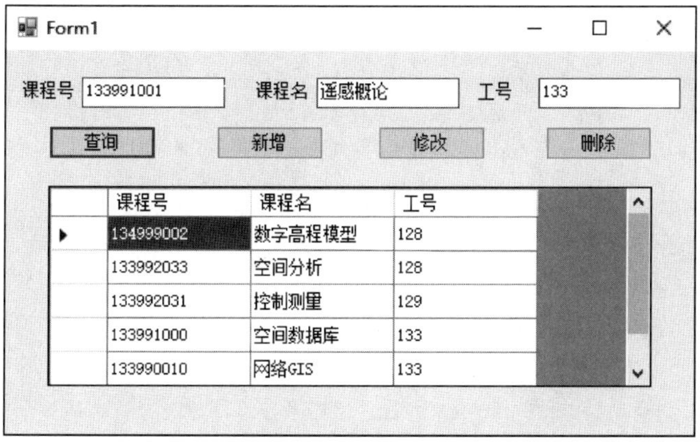

图 5-49　使用命名参数进行数据库的修改

DataGridView1 控件的数据显示程序代码如下：

```
void ShowPerson()
{
string connStr, selctCmd;
      connStr = "server = (local);uid = clw;pwd = 123;database = 学生课程";
      selectCmd = "Select * From Course Order By 课程号 DESC";
```

```
SqlConnection conn;
SqlDataAdapter myAdapter;
DataSet myDataSet =newDataSet();
      Conn =newSqlConnection(connStr);
      Conn.Open();
      myAdapter =newSqlDataAdapter(select Cmd, conn);
      myAdapter.Fill(myDataSet,"Course");
      dataGridView1.DataSource =myDataSet.Tables["Course"];
}
privatevoid Form1_Load(object sender, EventArgs e)
{
      ShowPerson();
}
```

“查询”按钮的单击事件程序代码如下：

```
privatevoid btnCX_Click(object sender,EventArgs e)
{
string connStr,selectName,selectCmd;
      selectName =txtName.Text;
      selectCmd ="Select * from Course where 课程名 =@ cname";
      connStr ="server =(local);uid =clw;psd =123; database =学生课程";
SqlConnection conn;
SqlCommand cmd;
SqlDataReadermyReader;
      Conn =newSqlConnection(connStr);
      Conn.Open();
      cmd =newSqlCommand(SelectCmd,conn);
      cmd.Parameters.Add(newSqlParameter("@ cname",SqlDbType.Char));
      cmd.Parameters["@ cname"].Value =txtName.Text;
      myReader =cmd.ExecuteReader();
while(myReader.Read())
{
      txtCNO.Text =myReader.GetValue(0).ToString();
      txtName.Text =myReader.GetValue(1).ToString();
      txtTNO.Text =myReader.GetValue(2).ToString();
}
      myReader.Close();
      conn.Close();
}
```

“新增”按钮、“修改”按钮和“删除”按钮的单击事件程序代码如下：

```
privatevoid btnAdd_Click(Object sender,EventArgs e)
{
string connStr, insertCmd;
      connStr ="server =(local); uid =clw; pwd =123; databse =学生课程";
      InsertCmd ="Insert Into Course(课程号,课程名,工号) Values(@ cno,
@ cname, @ tno)";
      SqlConnection conn;
      SqlCommand cmd;
      Conn =newSqlConnection(connStr)

      conn.Open();
      cmd =newSqlCommand(insertCmd,conn);
```

```
        cmd.Parameters.Add(newSqlParameter("@ cno",SqlDbType.Char));
        cmd.Parameters.Add(newSqlParameter("@ cname",SqlDbType.Char));
        cmd.Parameters.Add(newSqlParameter("@ tno", SqlDbType.Char));
        cmd.Parameters["@ cno"].Value = txtCNO.Text;
        cmd.Parameters["@ cname").Value = txtName.Text;
        cmd.Parameters["@ tno"].Value = txtTNO.Text;
        cmd.ExecuteNonQuery();
        conn.Close();
        ShowPerson();
        }
privatevoid btnUpdate_Click(object sender, EventArgs e)
{
string connStr, updateCmd;
        connStr = "server = (local); uid = clw; pwd = 123; database = 学生课程";
        SqlConnectionB conn;
        SqlCommand cmd;
        conn = newSqlConnection(connStr);
        conn.Open();
        updateCmd = "update Course Set 工号 = @ tno,课程号 = @ cno Where 课程名 =
        @ cname";
        cmd = newSqlCommand(UpdateCmd,Conn);
        cmd.Parameters.Add(newSqlParameter("@ cno",SqlDbType.Char));
        cmd.Parameters.Add(newSqlParameter("@ cname",SqlDbType.Char));
        cmd.Parameters.Add(newSqlParameter("@ tno",SqlDbTyPe.Char));
        cmd.Parameters["@ cno"].Value = txtCNO.Text;
        cmd.ParameterS["@ cname").Value = txtName.Text;
        cmd.Parameters["@ tno"].Value = txtTNO.Text;
        cmd.ExecuteNonQuery();
        conn.Close();
        ShowPerson();
}
privatevoid btnDel_Click(Object sender, EventArgs e)
{
string connStr, delCmd;
        connStr = "server = (local);uid = clw; pwd = 123; database = 学生课程";
        delCmd = "Delete From Course Where 课程名 = @ cname";
        SqlConnection conn;

        SqlCommand cmd;
        conn = newSqlConnection(connStr);
        conn.Open();
        cmd = newSqlCommand(delCmd, conn);
        cmd.Parameters.Add(newSqlParameter("@ cname", SqlDbType.Char));

        cmd.Parameters["@ cname"].Value = txtName.Text;
        cmd.ExecuteNonQuery();
        conn.Close();
        ShowPerson();
}
```

实验 5　ADO. NET 连接 SQL Server 2012(2)

1. 使用 DataReader 对象访问数据库

使用 DataReader 对象访问“学生课程数据库”中 Student 表字段中的值,如图 5-50 所示。

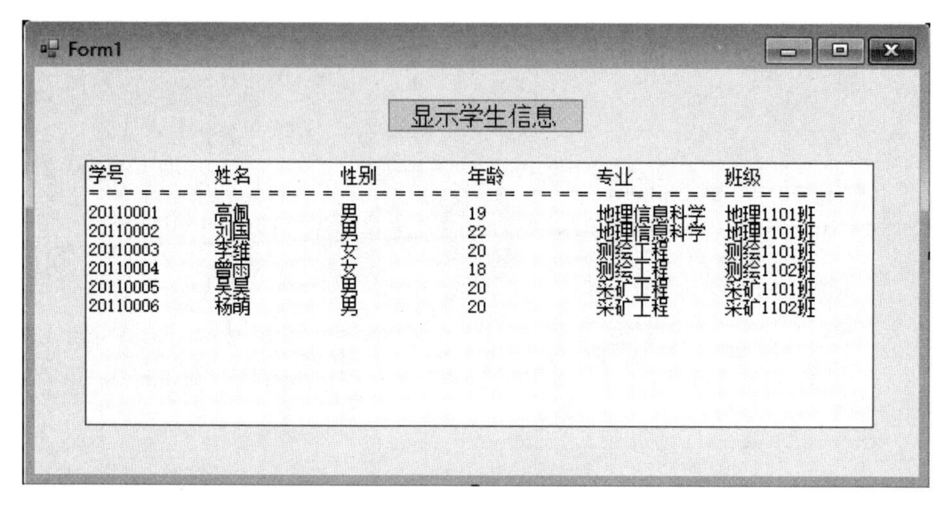

图 5-50　读取 DataReader 中的值

程序代码如下:

```
privatevoid btnXS_Click(Object sender, EVentArgs e)
{
string cstring = "server = (local); uid = clw;pwd = 123;database = 学生课程";
string sqlstring = "select * from Student";
string strRow = "";
string strRow1 = "";
SqlConnection myconn = newSqlConnection(cstring);
    myconn.Open();
SqlCommand mycmd = newSqlCommand();
    mycmd.Connection = myconn;
    mycmd.CommandType = CommandType.Text;
    mycmd.CommandText = sqlstring;
SqlDataReader myreader = mycmd.ExecuteReader();
    listBox1.Items.Clear();
for (int i = 0; i < myreader.FieldCount; i ++)
{
    strRow + = myreader.GeyName(i) + "\t \t";
}
    ListBox1.Items.Add(strRow);
    ListBox1.Item.Add
("= = = = = = = = = = = = = = = = = = = = = = = = = = = = = = = = = = = = = = =
= = = = =")
While (myreader.Read())
{
```

```
strRow1 =myreader.GetString(0) + "\t";
strRow1 =strRow1 +myreader.GetString(1) + "\t \t";
strRow1 =strRow1 +myreader.GetString(2) + "\t \t";
strRow1 =strRow1 +myreader.GetInt32(3) + "\t \t";
strRow1 =strRow1 +myreader.GetString(4) + "\t \t";
strRow1 =strRow1 +myreader.GetString(5) + "\t \t";
strRow1 =strRow1 + (char)10 + (char)13;
listBox1.Items.Add(strRow1);
}
myreader.Close();
myconn.Close();
}
```

2. 使用 DataSet 对象更新数据

可以使用 SqlDataAdapter 对象的 Fill 方法向 DataSet 对象中填充数据，语法如下：

```
SqlDataAdapter 对象名.Fill(DataSet 对象名,"数据表名");
```

使用 SqlCommandBuilder 类产生数据适配器的 Update 方法，以更新数据，语法如下：

```
SqlCommandBuilder mycmdbuilder =newSqlCommander(数据适配器名);
    数据适配器名.Update(DataSet 对象名,"数据表名").
```

设计如图 5-51 所示的窗体，使用 DataSet 对象更新数据，向 Student 表中插入一条学生记录，向窗体中加入一个分组框 GroupBox1 和按钮，分组框中有 6 个标签和 6 个文本框。

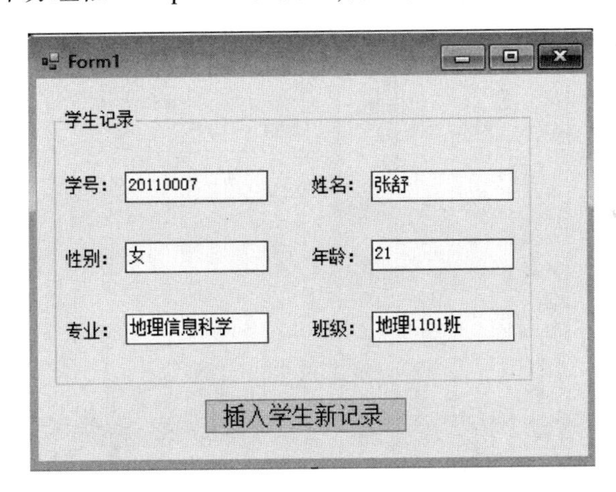

图 5-51 使用 DataSet 对象更新数据

程序代码如下：

```
privatevoid Form1_Load (object sender,EventArgs e)
{
      textBox1.Text = "";
      teXtBox2.Text = "";
      textBox3.Text = "";
      teXtBox4.Text = "";
      textBox5.Text = "";
```

```
        textBox6.Text = "";
    }

    priratevoid button1_Click (object sender,EVentArgs e)
    {
    if (textBox1.Text = = "")
    {
    MessaseBox.show("学生记录输入错误","信息提示");
    }
    else
    {
    String cstring = "server = (local);uid = clw;pwd = 123;database = 学生课程";
    string sqlstring = "select * from Student";
    SqlConnection myconn = newSqlConnection(cstring);
    myconn.Open();
    SqlDataAdapter myAdapter;
    myAdapter = newSqlDataAdapter(sqlstring, myconn);
    DataSet myDataSet = newDataSet();
    myAdapter.Fill(myDataSet,"学生记录表");
    DataRow myrow = myDataSet.Tables["学生记录表"].NewRow();
    myrow[0] = textBox1.Text;
    myrow[1] = textBox2.Text;
    myrow[2] = textBox3.Text;
    myrow[3] = System.Int32.Parse(textBox4.Text);
    myrow[4] = textBox5.Text;
    myrow[5] = textBox6.Text;
    myDataSet.Tables["学生记录表"].Rows.Add(myrow);
    SqlCommandBuilder mycmdbuilder = newSqlCommandBuilder(myAdapter);
    myAdapter.Update(myDataSet, "学生记录表");
    myconn.Close();
    }
    }
```

3. 数据绑定

设计如图 5-52 所示的窗体,要求使用 BindlingSource 类绑定数据实现如下操作：显示 4 个命令按钮以及让每个文本框显示 Student 表中的一行记录。

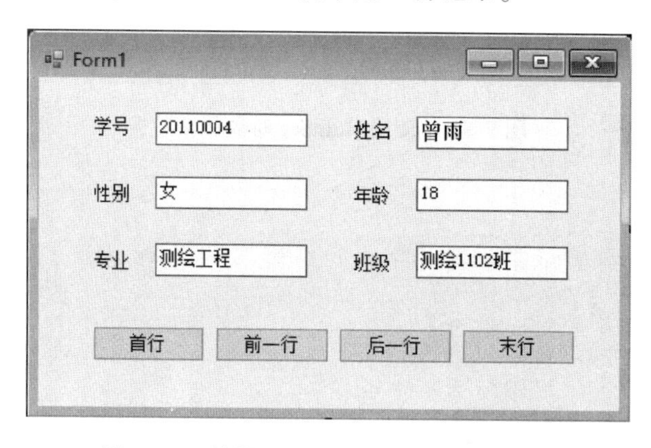

图 5-52　使用 BindlingSource 类绑定数据

文本框的程序代码如下：

```
BindingSource myBindingSource = newBindingSource();//创建 BindingSource

privatevoid Fom1_Load(object sender,EventArgs e)
{
string cstring = "server = (local); uid = clw; pwd = 123; database = 学生课程";
SqlConnection myconn = newSqlConnection(cstring);
    myconn.Open();
string sqlstring = "select * from Student";
SqlDataAdapter myAdapter;
    myAdapter = newSqlDataAdapter(sqlstring, myconn);
DataSet myDataSet = newDataSet();
    myAdapter.Fill(myDataSet,"学生记录表");
    myBindingSource = newBindingSource(myDataSet,"学生记录表");
    textBox1.DataBindings.Add("Text", myBindingSource, "学号");
    textBox2.DataBindings.Add("Text", myBindingSource, "姓名");
    textBox3.DataBindings.Add("Text", myBindingSource, "性别");
    textBox4.DataBindings.Add("Text", myBindingSource, "年龄");
    textBox5.DataBindings.Add("Text", myBindingSource, "专业");
    textBox6.DataBindings.Add("Text", myBindingSource, "班级");
    myconn.Close();
}
```

4 个命令按钮的程序代码如下：

```
privatevoid btnFirst_Click(object sender, EventArgs e)
{
If (myBindingSource.Position ! = 0)
{
    myBindingSource.MoveFirst();
}
}
privatevoid btnPre_Click(object sender, EventArgs e)
{
if(myBindingSource.Postion ! = 0)
{
    myBindingSource.MovePrevious();
}
}
privatevoid btnNext_Click(object sender, EventArgs e)
{
if (myBindingSource.Position ! = myBindingSource.Count - 1)
{
    myBindingSource.MoveNext();
}
}
privatevoid btnLast_Click(object sender, EventArgs e)
{
if (myBindingSource.Position ! = myBindingSource.Count - 1)
{
    myBindingSource.MoveLast();
}
}
```

4. 使用 DataGridView 控件

使用 DataGridView 控件,设计如图 5-53 所示的窗体。

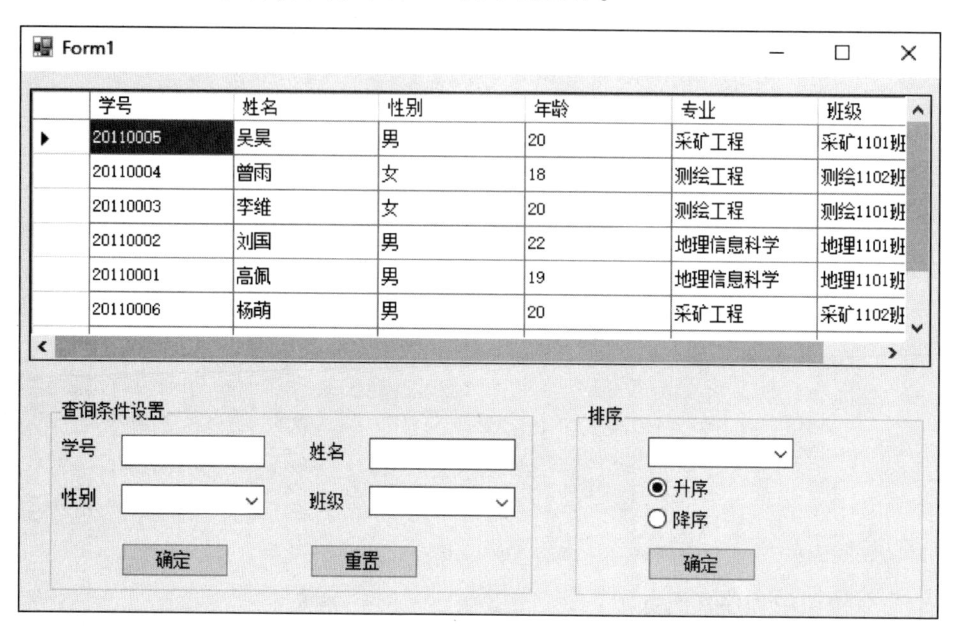

图 5-53　使用 DataGridView 控件

程序代码如下:

```
DataView mydv;
publicstaticstring cstring = "server = (local);uid = clw;pwd = 123;database
 = 学生课程";
staticSqlConnection myconn = newSqlConnection(cstring);
SqlDataAdapter myda = newSqlDataAdapter ("select * from student",
myconn);
DataSet myds = newDataSet();
Privatevoid Form1_Load(object sender,EventArgs e)
{
        Myconn.Open();
        myda.Fill(myds,"student");
        mydv = myds.Tables["student"].DefaultView;
        myda = newSqlDataAdapter("selectdistinct 性别 fromstudent", myconn);
        myda.Fill(myds,"sex");
        comboBox1.DataSource = mydS.Tables["sex"];
        comboBox1.DisplayMember = "性别";
        myda = newSqlDataAdapter ("selectdistinct 班级 from student", my-
        conn);
        myda.Fill(myds,"class");
        comboBox2.DataSource = myds.Tables["class"];
        comboBox2.DisplayMember = "班级";
        dataGridView1.DataSource = mydv;
        dataGridView1.Columns[0].HeaderText = "学号";
        dataGridView1.Columns[1].HeaderText = "姓名";
```

```
        dataGridView1.Columns[2].HeaderText = "性别";
        dataGridView1.Columns[3].HeaderText = "年龄";
        dataGridView1.Columns[4].HeaderText = "专业";
        dataGridView1.Columns[5].HeaderText = "班级";
        myconn.Close();
        comboBox3.Items.Add("学号");
        comboBox3.Items.Add("姓名");
        comboBox3.Items.Add("性别");
        comboBox3.Items.Add("年龄");
        comboBox3.Items.Add("专业");
        comboBox3.Items.Add("班级");
        radioButton1.Checked = true;
        radioButton2.Checked = false;
        textBox1.Text = "";
        textBox2.Text = "";
        comboBox1.Text = "";
        comboBox2.Text = "";
    }

    privatevoid btnCX_Click(object sender, EventArgs e)
    {
    string condstr = "";
    if (textBox1.Text != "")
    {
    condstr = "学号 like " + textBox1.Text + "% ";
    }
    if (textBox2.Text != "")
    {
    if (condstr != "")
    {
    condstr = condstr + "and 姓名 like " + textBox2.Text + "% ";
    }
    else
    {
    condstr = "姓名 like " + textBox2.Text + "% ";
    }
    }
    if (comboBox1.Text != "")
    {
    if (condstr != "")
    {
    condstr = condstr + "and 性别 like " + comboBox1.Text + "% ";
    }
    else
    {
    condstr = "性别 like " + comboBox1.Text + "% ";
    }
    }
    if (comboBox2.Text != "")
    {
    if (condstr != "")
    {
    condstr = condstr + "and 班级 like " + comboBox2.Text + "% ";
    }
```

```
else
{
condstr = "班级 like " + comboBox2.Text + "% ";
}
}
mydv.RowFilter = constr;
}
privatevoid btnCZ_Click (object sender, EventArgs e)
{
textBox1.Text = "";
textBox2.Text = "";
comboBox1.Text = "";
comboBox2.Text = "";
}

privatevoid btnPX_Click(object sender, EventArgs e)
{
string orderstr = "";
if (comboBox3.text ! = "")
{
if (radioButton1.Checked)
{
orderstr = comboBox3.Text + "ASC";
}
else
{
orderstr = comboBox3.Text + "DESC";
}
}
mydv.Sort = orderstr;
}
```

第6章
建立 Geodatabase 数据库

实验1　建立 Geodatabase 数据库之空间数据库设计

本次实验以汤国安、杨昕等编著的《ArcGIS 地理信息系统空间分析实验教程》(第二版)中的部分数据以及某地区的地理信息数据库为例,完成 Geodatabase 数据库的设计。

1. 原始数据

该地区地理信息数据库涉及的内容包括如下数据:

(1) 水系:点状水系(shape 格式)——泉、线状水系(shape 格式)——地面河流、面状水系(coverage 格式)——地下河段。

(2) 居民地:coverage 格式,点状——乡镇。

(3) 铁路:shape 格式,线状——单线标准轨道。

(4) 公路网:shape 格式,线状——建成国道。

(5) 行政区划:coverage 格式,面状——县级行政区域已界定。

(6) 植被:coverage 格式,面状——灌木林。

(7) 地貌:coverage 格式,面状——土堆。

(8) 土质:coverage 格式,面状——盐碱地。

(9) 实验区交通图:栅格数据。

这些信息的基本形式包括两种,即矢量数据(shape 和 coverage)和栅格数据。以上数据都保存在 Exercise Data1 文件夹中。

2. 数据分组

将收集到的各种数据根据其用途和专业性质分为基础地理和基础专业两个类别。每个类别包含若干要素数据集,每个要素数据集又包含若干要素类。

(1) 基础地理。

基础地理中包括了主要的基础地理信息要素,如水系、居民地、铁路、公路网和行政区划等。基础地理的作用有两个:一是为其他地理要素提供地理参考背景,二是为了制图与打印输出的需要。

(2) 基础专业。

基础专业中包括了各专业要素,如植被、地貌和土质等。因为这些要素与应用的专业领域密切相关,故对其属性数据要求较高。

3. 要素数据集和要素类划分

根据数据分组和实验所提供的数据,可以在数据库中将基础地理数据分为水系、居民地、交通和行政区4个要素数据集,将基础专业数据分为植被、地貌和土质三个要素数据集,共7个要素数据集。除了水系要素数据集包含三个要素类,交通要素数据集包含两个要素类之外,其他的要素数据集都只包含一个要素类。

4. 要素数据集和要素类编码

为了规范数据管理和方便数据存取,对要素数据集和要素类的标识进行统一编码。编码执行国家标准GB/T 13923—2006《基础地理信息要素分类与代码》。代码数字部分采用6位十进制数字码,按数据顺序排列分别为大类码、中类码、小类码和子类码,具体编码结构如图6-1所示。

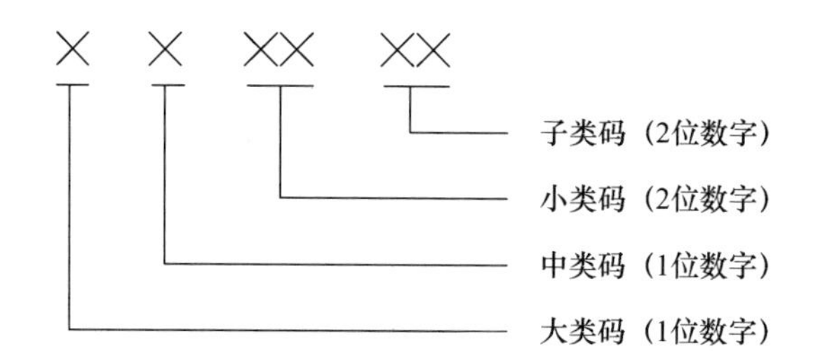

图6-1　编码结构

(1) 左起第1位为大类码。

(2) 左起第2位为中类码,在大类基础上细分形成的要素类。

(3) 左起第3、4位为小类码,在中类基础上细分形成的要素类。

(4) 左起第5、6位为子类码,在小类基础上细分形成的要素类。

本次实验中的水系部分要素数据集和要素类及其编码如表6-1所示。

表6-1　水系部分要素数据集和要素类及其编码

编码	要素数据集和要素类	编码	要素数据集和要素类
200000	水系	210300	干涸河(干河床)
210000	河流	210301	河道干河
210100	常年河	210302	漫流干河
210101	地面河流	210400	水边线
210102	地下河段	210401	水边线(左岸)
210103	地下河段出入口	210402	水边线(右岸)
210104	消失河段	219000	河流标记
210200	时令河		

由表 6-1 可知，要素数据集水系的最终编码为 200000，要素类地面河流的编码为 210101。由于 ArcCatalog 为要素数据集和要素类命名时不允许完全使用数字，故可按照其数据分组为编码添加前缀。数据库中所有的数据分为基础地理和基础专业两类，可约定所有基础地理数据前缀为 A，基础专业数据前缀为 B。因此，要素数据集水系的最终编码为 7 位：A200000，要素类地面河流的最终编码为 7 位：A210101。

其余要素数据集和要素类的编码可按照上面的示例进行编码。

5. 使用 ArcCatalog 的向导工具建立一个 Geodatabase 数据库

（1）创建新的 Geodatabase。

① 打开 ArcCatalog 文件夹，在想要建立 Geodatabase 的文件夹上右击，选择 New→File Geodatabase 项，如图 6-2 所示。

需要注意的是，在建立 Geodatabase 数据库时，路径和数据库名尽量不使用中文。

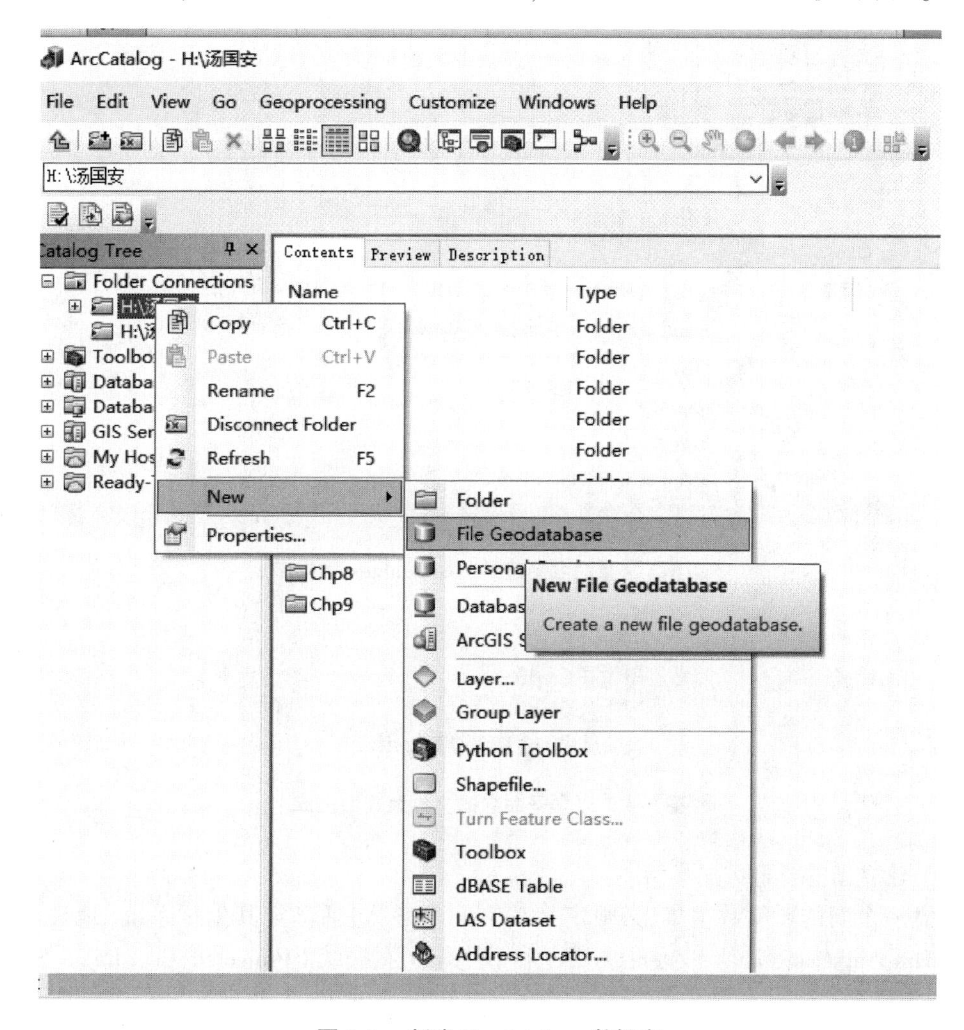

图 6-2　新建 Geodatabase 数据库

可将新建的 Geodatabase 数据库重新命名为自己的学号，如图 6-3、图 6-4 所示。

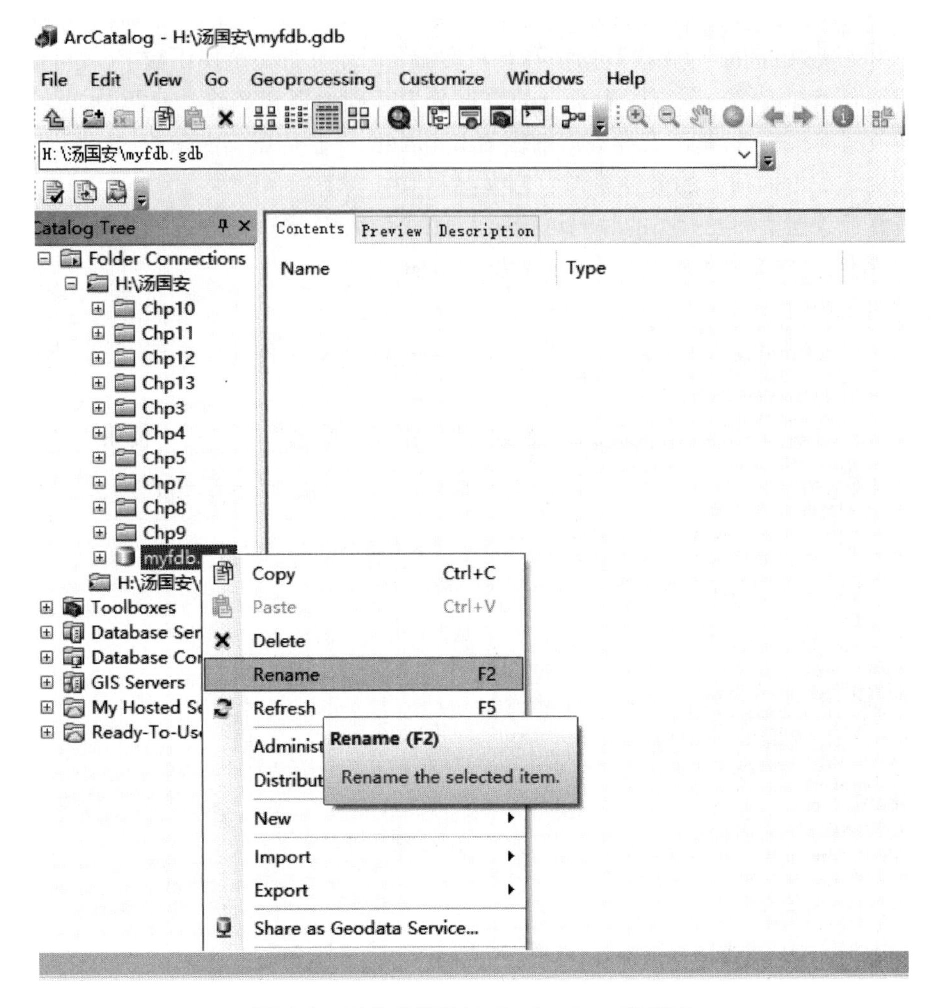

图 6-3　重命名新建的 Geodatabase 数据库

图 6-4　以学号命名的文件地理数据库

(2) 建立新的要素数据集。

建立一个新的要素数据集,必须定义其空间参考,包括确定其坐标系统[地理坐标系统(Geographic Coordinate System, GCS)和投影坐标系统(Projected Coordinate System, PCS)]、坐标系(X、Y、Z、M 值和精度)。关于空间参考的定义,在定义坐标系统时可以选择预先定义的坐标系,使用自己定义或已有要素数据集的坐标系统或独立要素类的坐标系统作为模板。

本次实验所用的数据,其空间参考一律使用地理坐标系统(GCS_Krasovsky_1940)。

① 新建要素数据集。在新建的 Geodatabase 地理数据库 20121206001. gdb 上右击,选择

New→Feature Dataset 项，操作过程如图 6-5 所示。

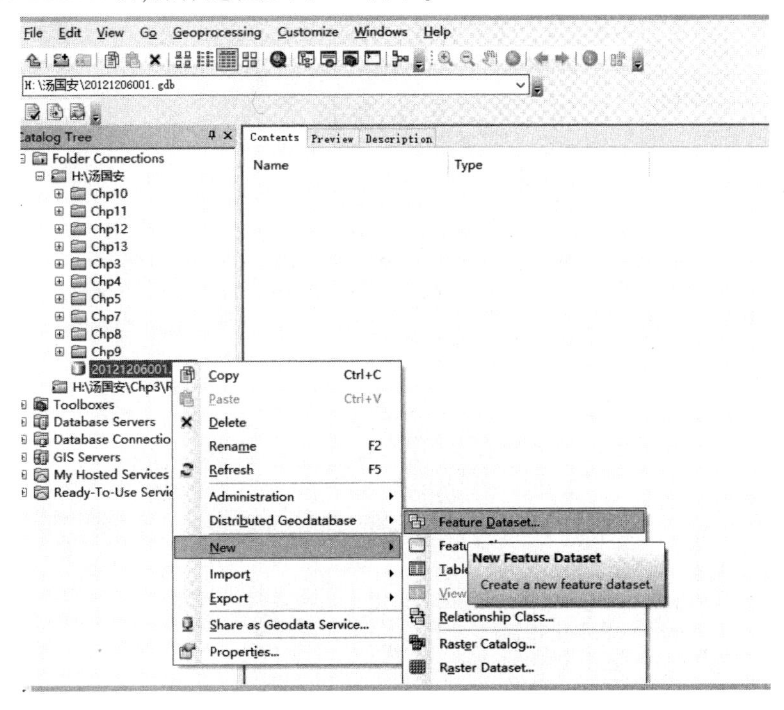

图 6-5　新建要素数据集

② 为要素数据集命名，使用约定的 7 位编码，如图 6-6 所示。

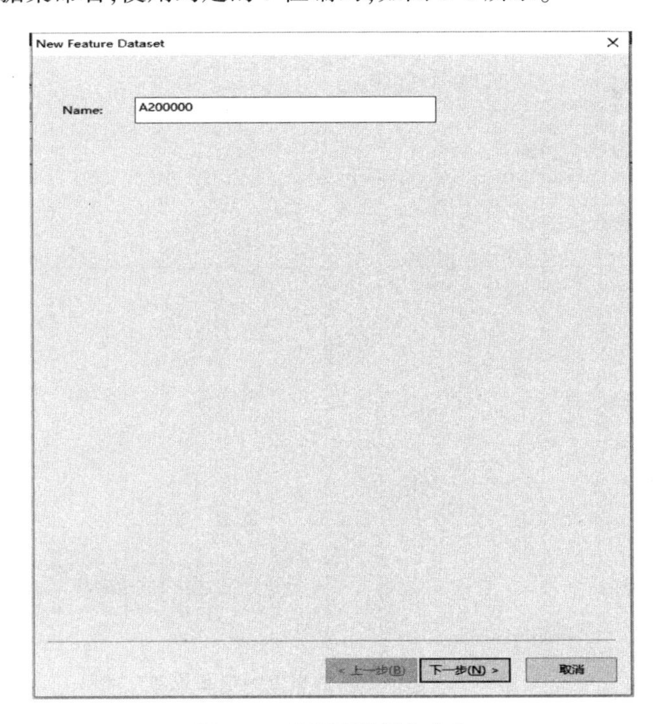

图 6-6　为要素数据集命名

③ 在 Geographic Coordinate System 的 Spheroid - based 文件夹下，为要素数据集选定空间参考(GCS_Krasovsky_1940)，如图 6-7 所示。

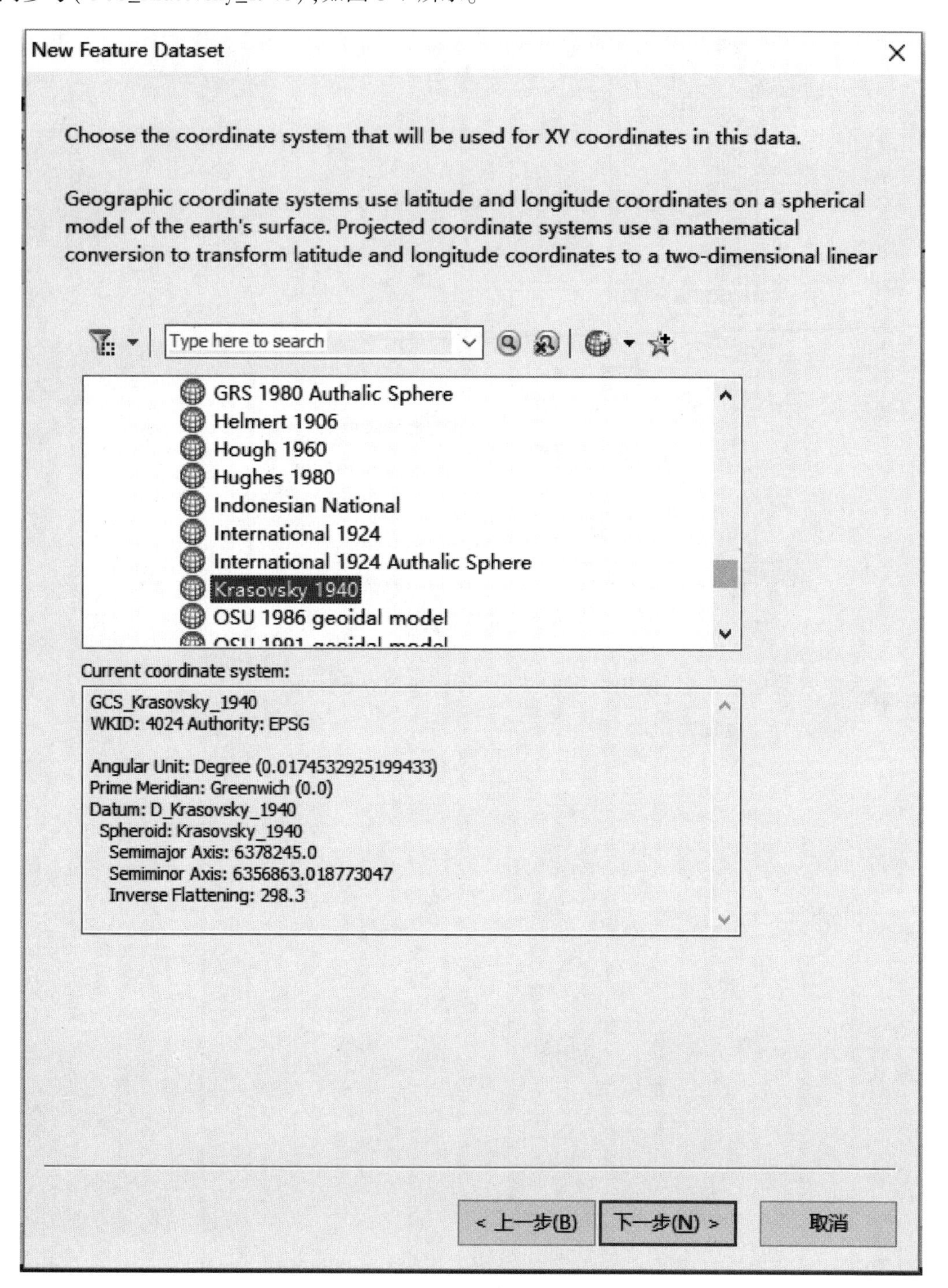

图 6-7 选择要素数据集的空间参考

④ 选择 Z 坐标的坐标系,由于本次实验使用的是二维数据,故此选项选择 None,如图 6-8所示。

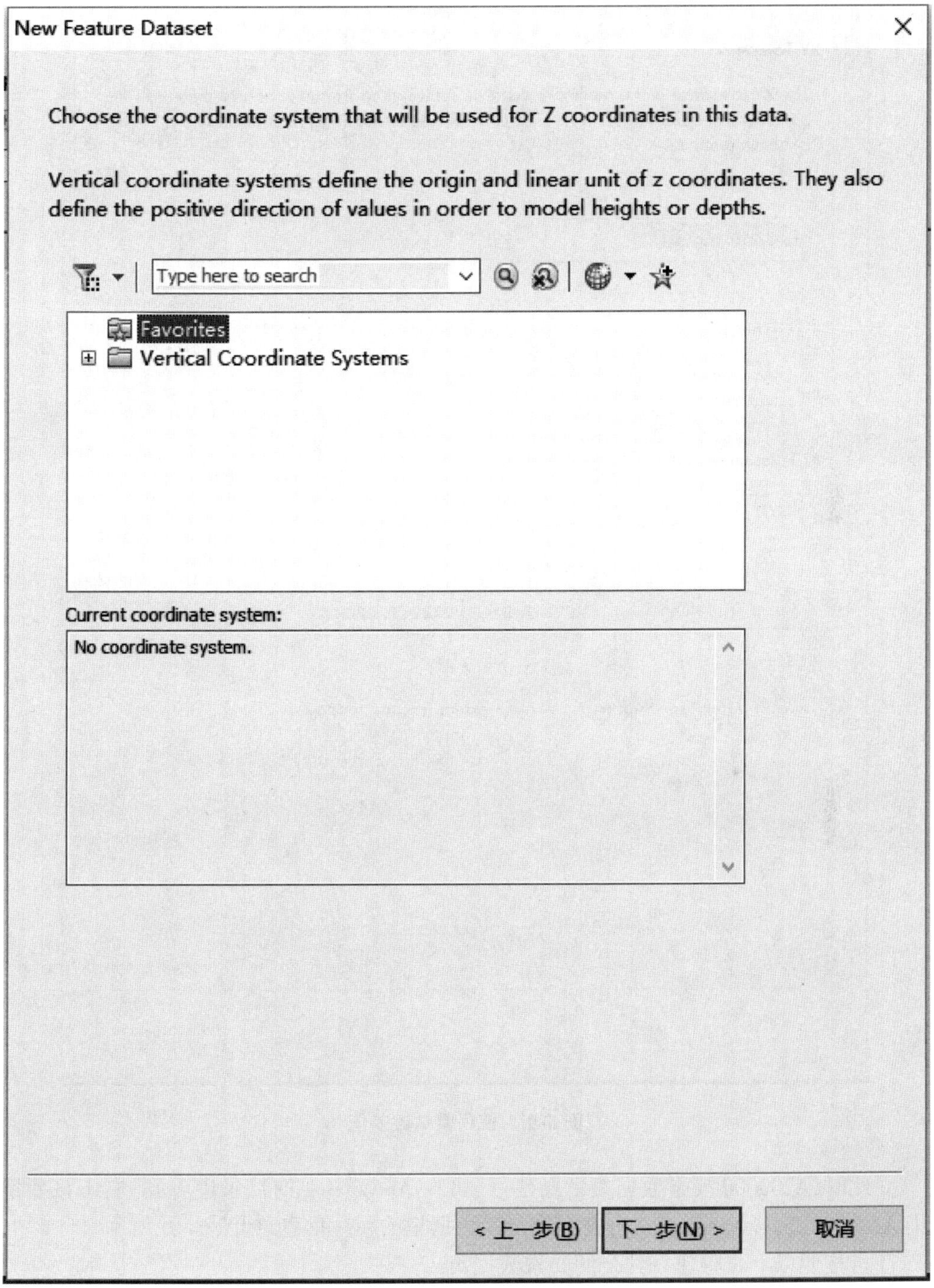

图 6-8　选择 Z 坐标的坐标系

⑤ 不改动 X、Y、Z 和 M 的容差,单击 Finish 按钮完成设置,如图 6-9 所示。

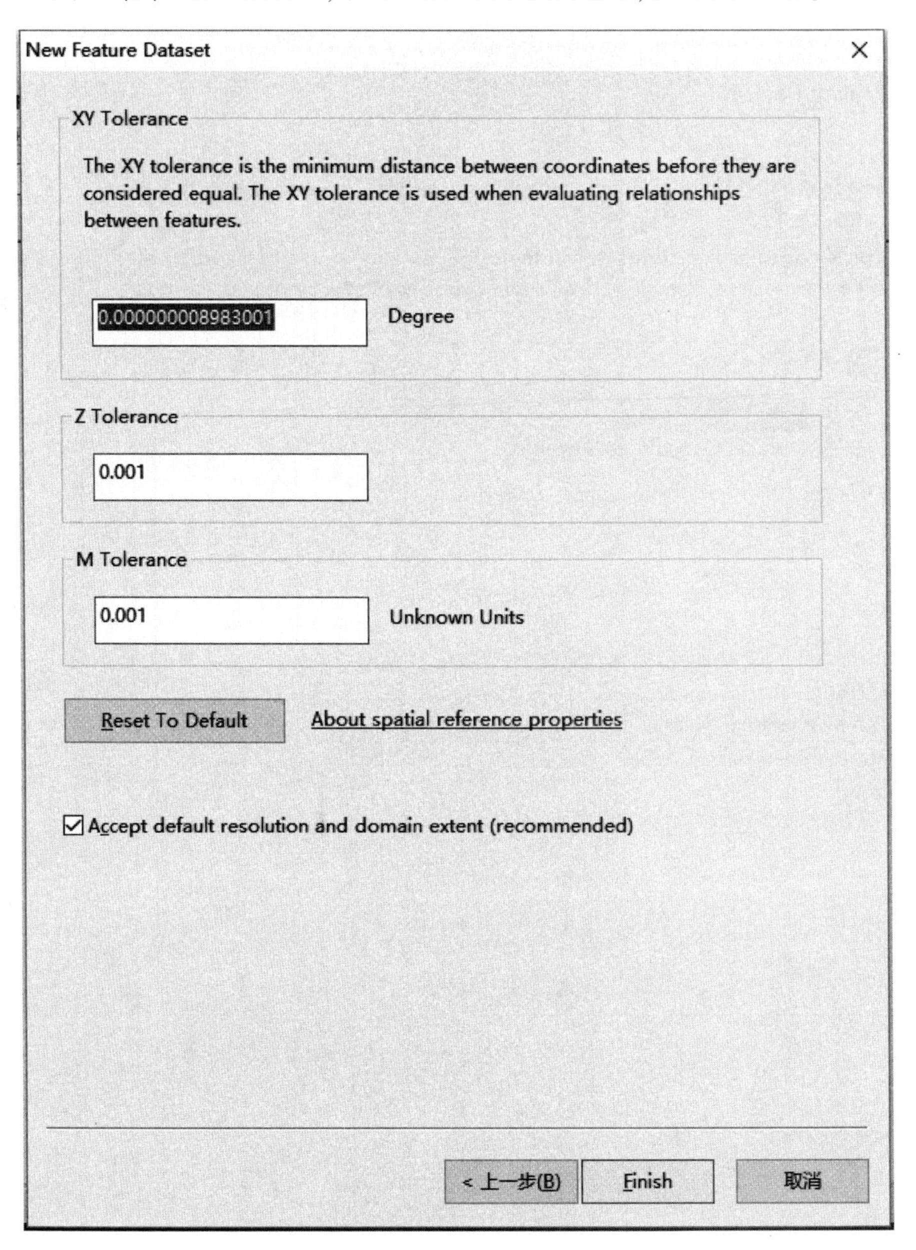

图 6-9　使用默认容差值

⑥ 此时,A200000 要素数据集已经建好,可在 ArcCatalog 的目录中看到,右击该要素数据集 A200000,选择 Properties,可查看该要素数据集的属性信息,如图 6-10 所示。

⑦ 可按照以上步骤建立其余的要素数据集。

(3) 建立新的要素类。

① 以水系为例,在建好的水系要素数据集上右击,选择 New→Feature Class 项,如图 6-11 所示。

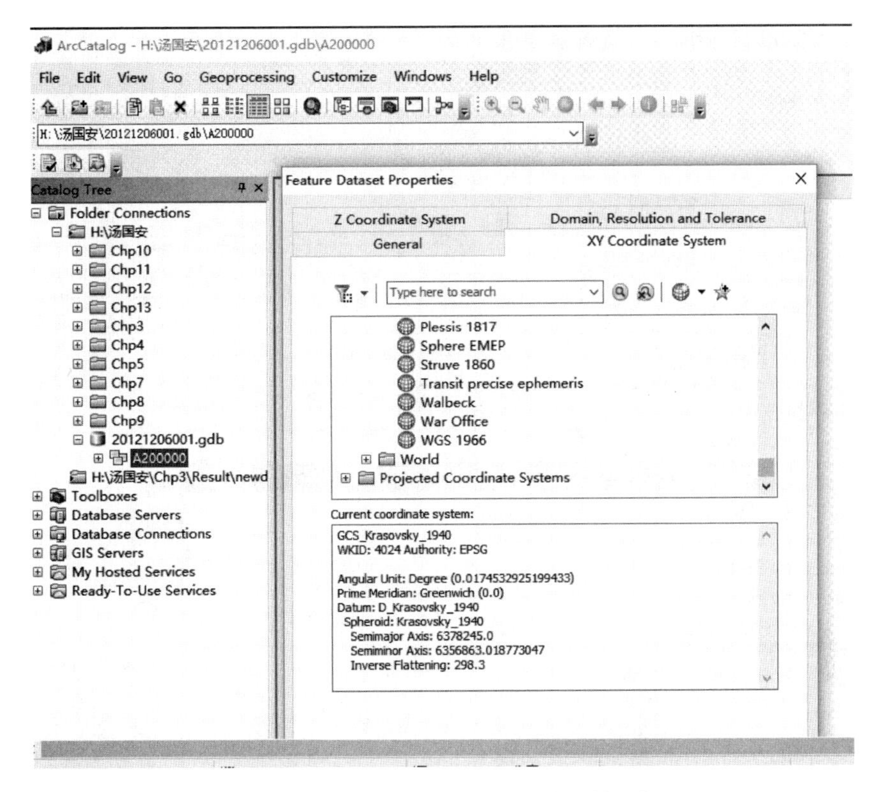

图 6-10　A200000 要素数据集的属性信息

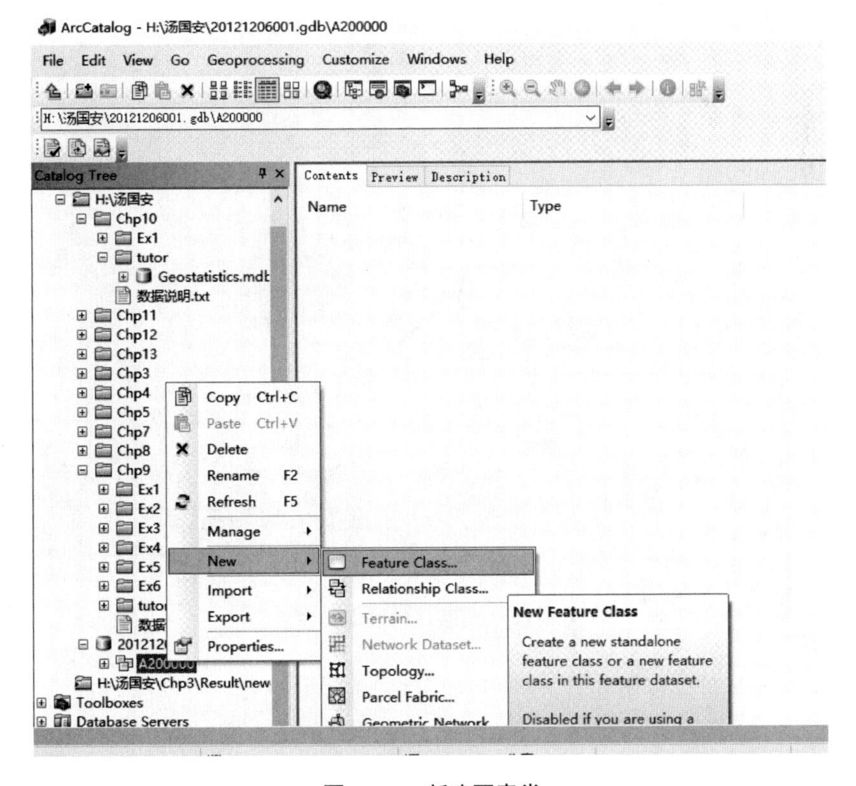

图 6-11　新建要素类

② 为新建的要素类命名,选择新建要素类的类型,如图 6-12 所示。

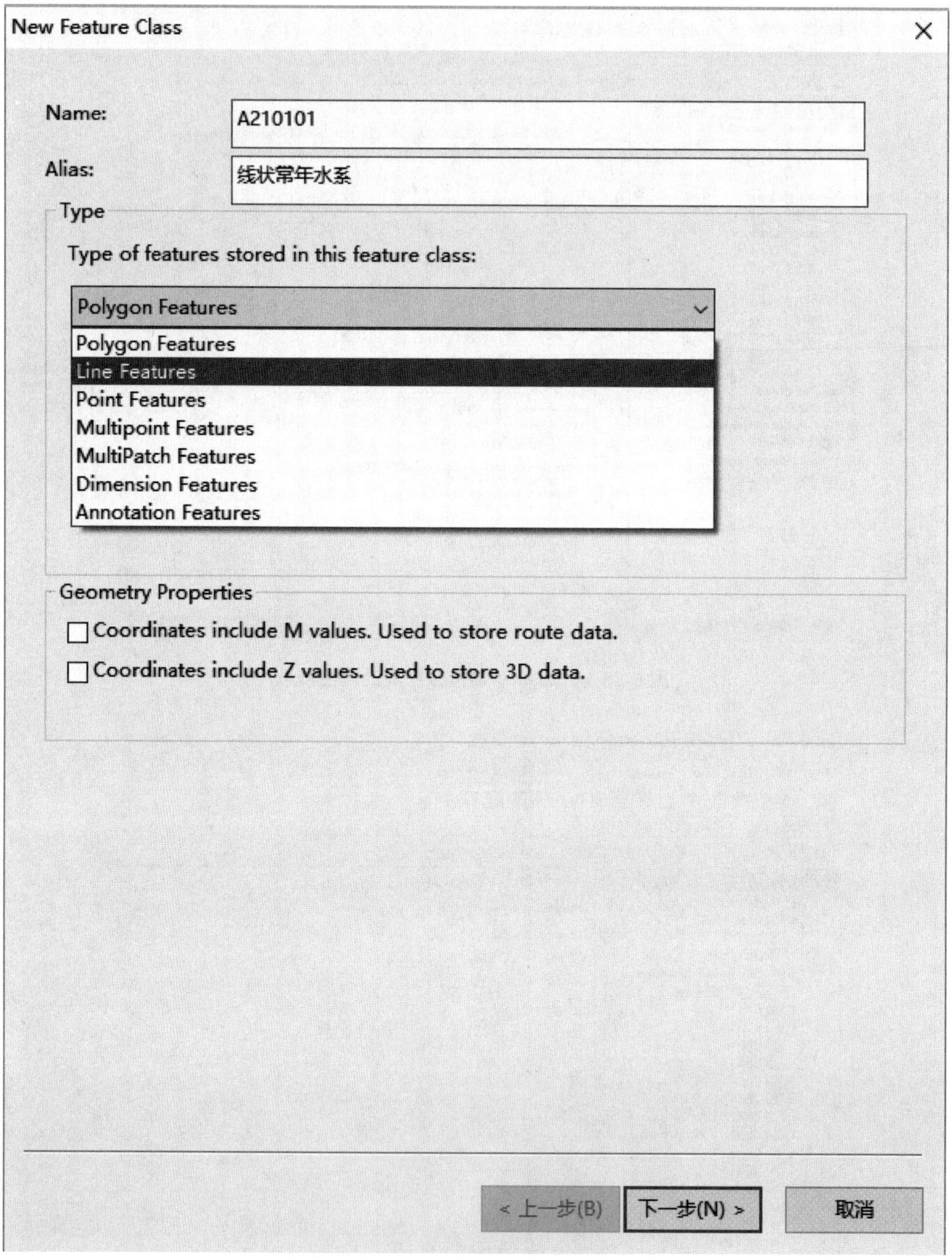

New Feature Class ×

Name: A210101

Alias: 线状常年水系

Type

Type of features stored in this feature class:

Polygon Features

Polygon Features
Line Features
Point Features
Multipoint Features
MultiPatch Features
Dimension Features
Annotation Features

Geometry Properties

☐ Coordinates include M values. Used to store route data.

☐ Coordinates include Z values. Used to store 3D data.

< 上一步(B) 下一步(N) > 取消

图 6-12 为新建的要素类命名

③ 选择 Default 单选按钮配置关键字,如图 6-13 所示。

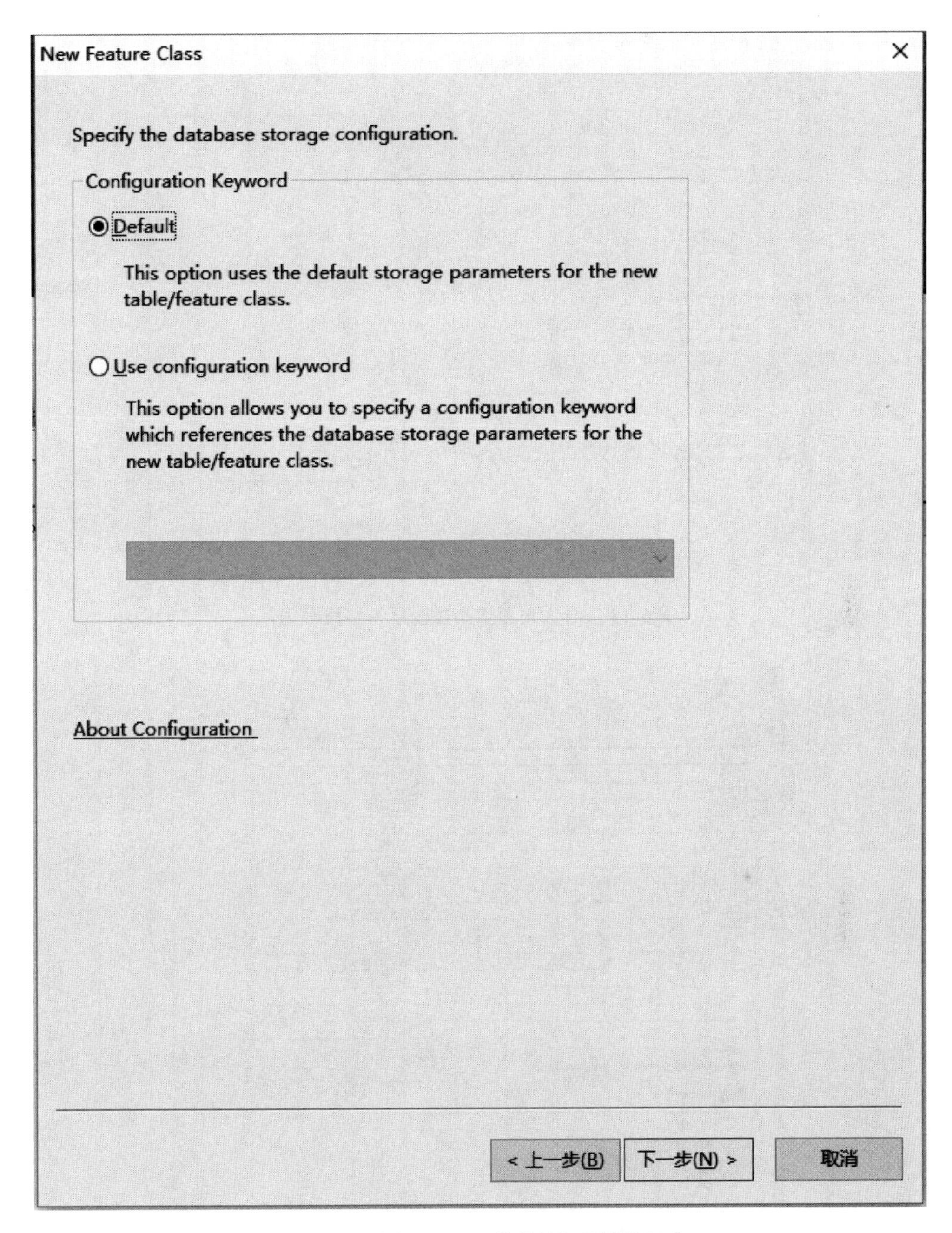

图 6-13　选择 Default 单选按钮配置关键字

④ 为新建的要素类设置字段，如果要载入的数据是矢量格式，如本次实验提供的线状常年水系为 SHAPE 格式，为了完整载入其属性信息，可在 New Feature Class 设置字段的步骤中导入设置要素类的所有字段数据，如图 6-14 所示。

⑤ 数据导入完成后，New Feature Class 的属性字段自动设置完毕，如图 6-15 所示。

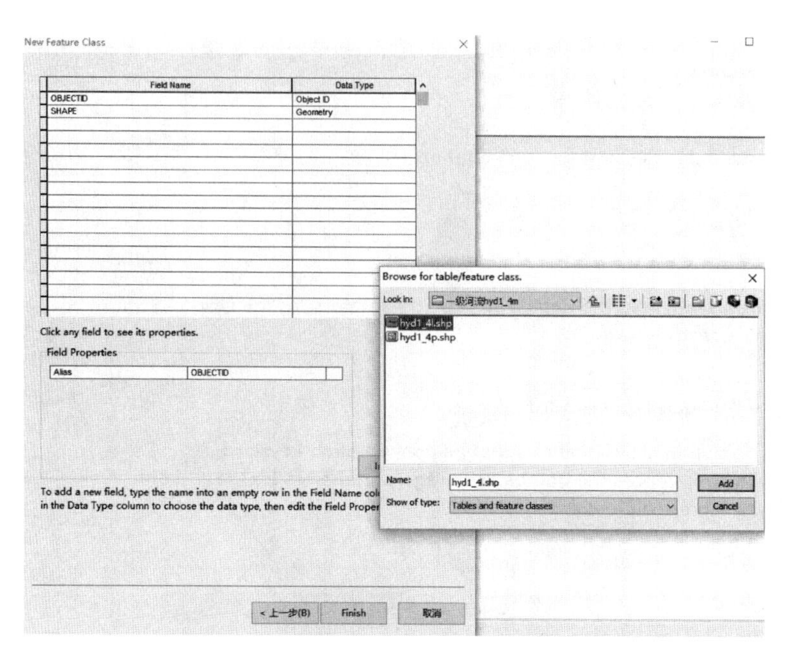

图 6-14　导入设置要素类的所有字段数据

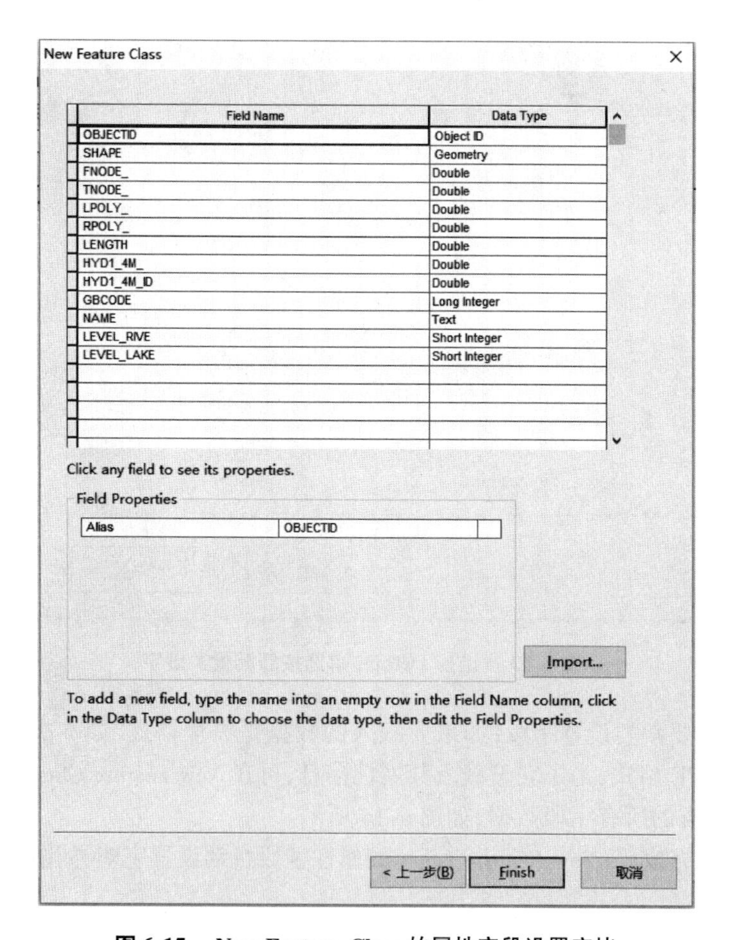

图 6-15　New Feature Class 的属性字段设置完毕

⑥ 单击 Finish 按钮完成操作，在 ArcCatalog 的目录中可以看到新建好的水系要素类 A210101，如图 6-16 所示。

图 6-16　水系要素类 A210101

按照以上步骤，可以新建要素数据集下的不同类型的各个要素类。如果有必要，则可以新建独立的要素类，即不在要素数据集中的要素类。建立独立要素类同建立要素数据集中的要素类步骤基本相同，但需要为独立要素类定义空间参考，空间参考的定义方法与定义要素数据集的空间参考一致。

(4) 为新建的要素类载入数据。

由于新建的所有要素类中均没有数据，所以要载入数据。

① 以新建的 A210101 要素类为例，载入实验提供的原始数据，如图 6-17 所示。

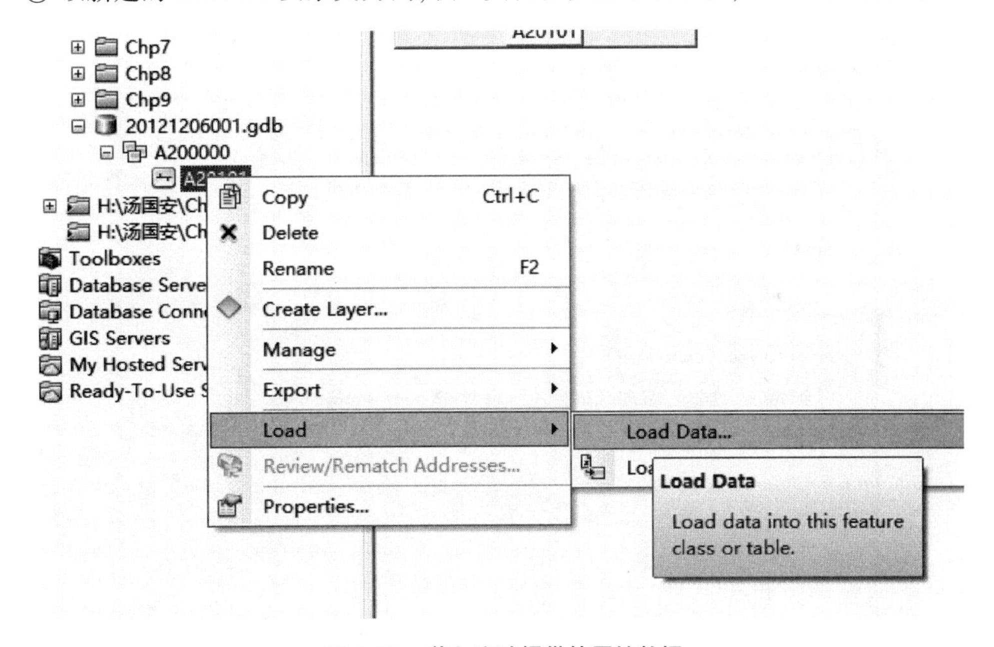

图 6-17　载入实验提供的原始数据

② 单击 Input data 的浏览文件按钮，选择实验提供的原始数据——线状水系文件 hyd1_41. shp，如图 6-18 所示。

③ 选择好数据后，单击对话框下部的 Add 按钮，将选择的数据添加到要加载的源数据列表(List of source data to load)中，如图 6-19 所示。

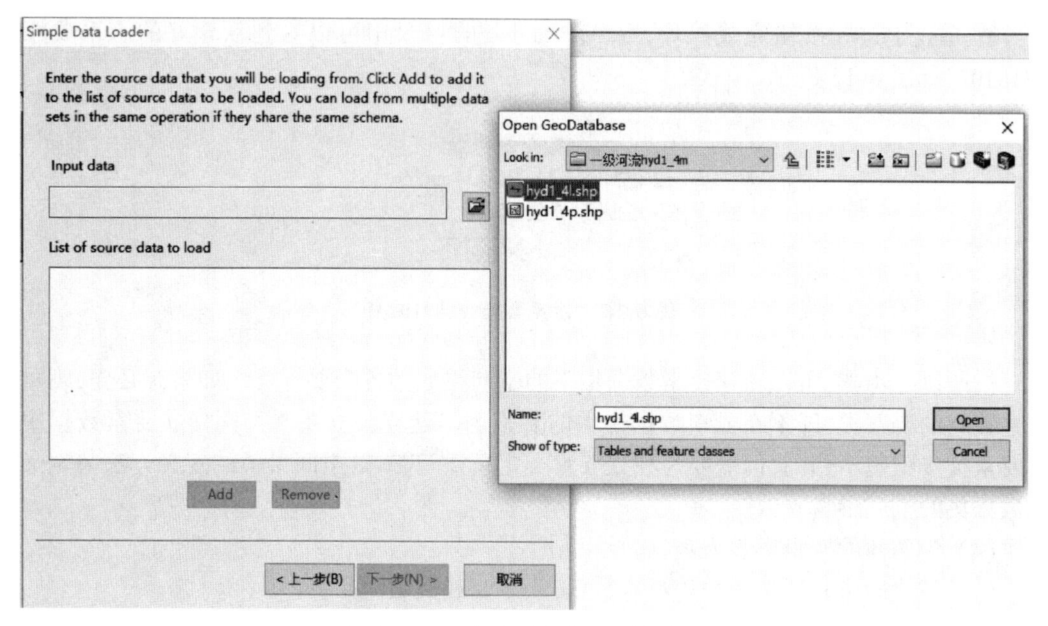

图 6-18　选择实验提供的原始数据

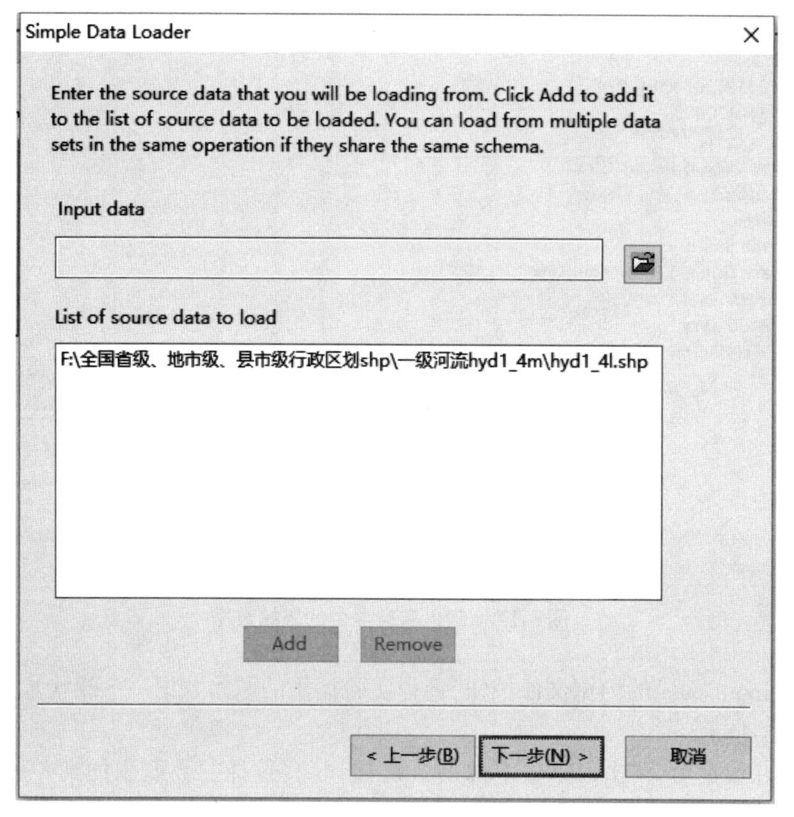

图 6-19　将选择的数据添加到要加载的源数据列表

④ 单击“下一步”按钮，在要加载的目标数据库对话框中选择默认选项，如图6-20所示。

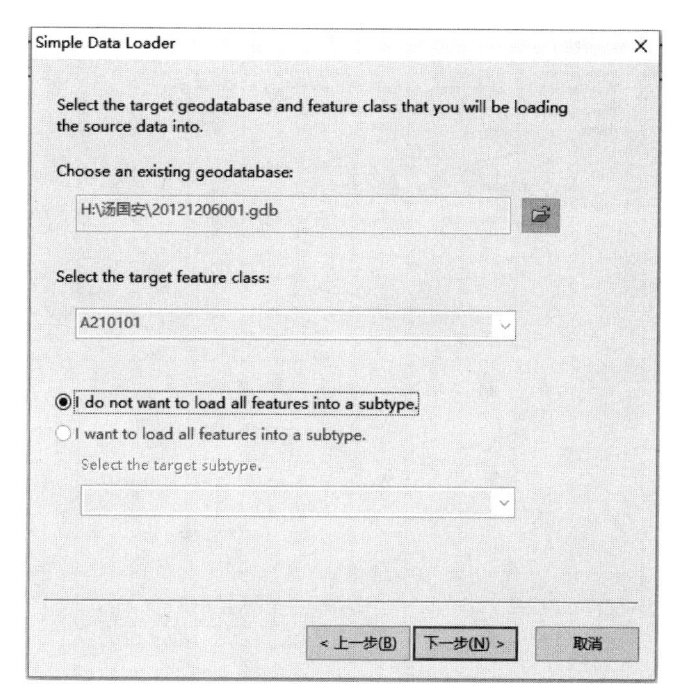

图 6-20　在要加载的目标数据库对话框中选择默认选项

⑤ 单击“下一步”按钮，保持目标字段(Target Field)和匹配源字段(Matching Source Field)的默认设置，无须重置，如图6-21 所示。

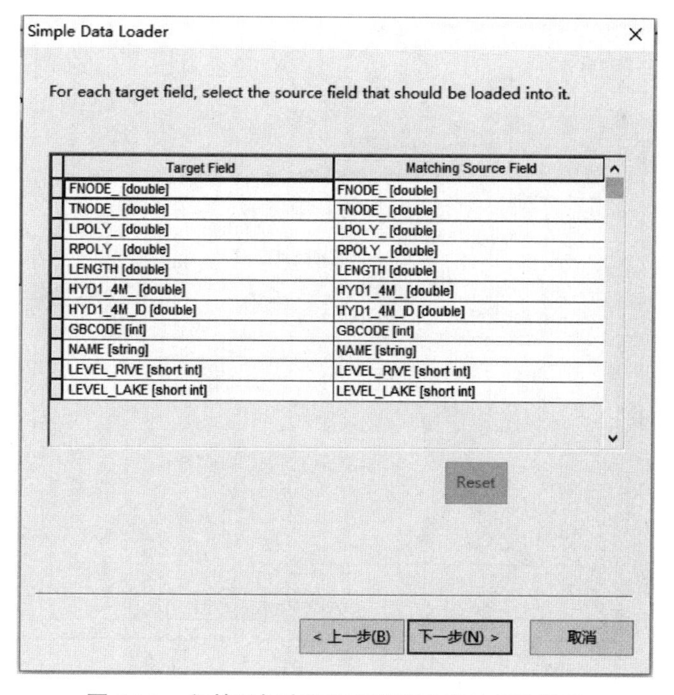

图 6-21　保持目标字段和匹配源字段的默认设置

⑥ 单击“下一步”按钮，在弹出的对话框中选择 Load all of the source data 单选按钮，如图 6-22 所示。

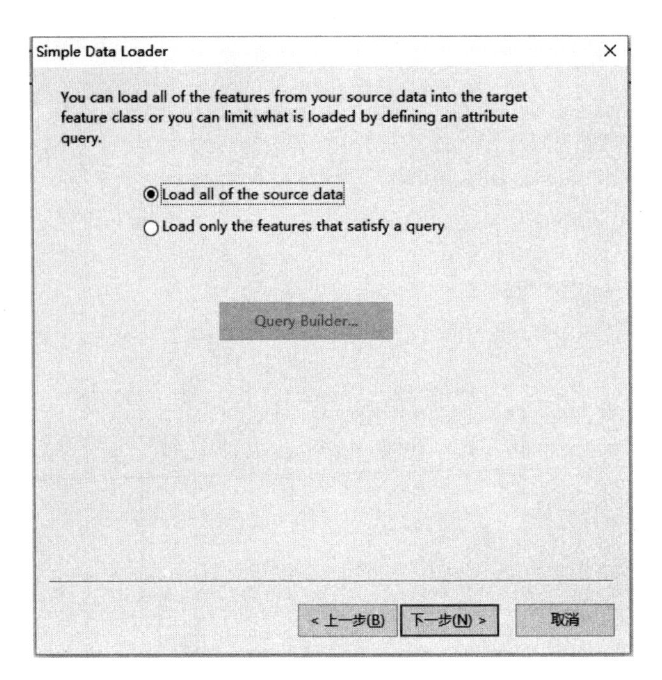

图 6-22　选择 Load all of the source data 单选按钮

⑦ 单击“下一步”按钮，在弹出的 Summary 对话框中单击“完成”按钮，开始加载数据，如图 6-23 所示。

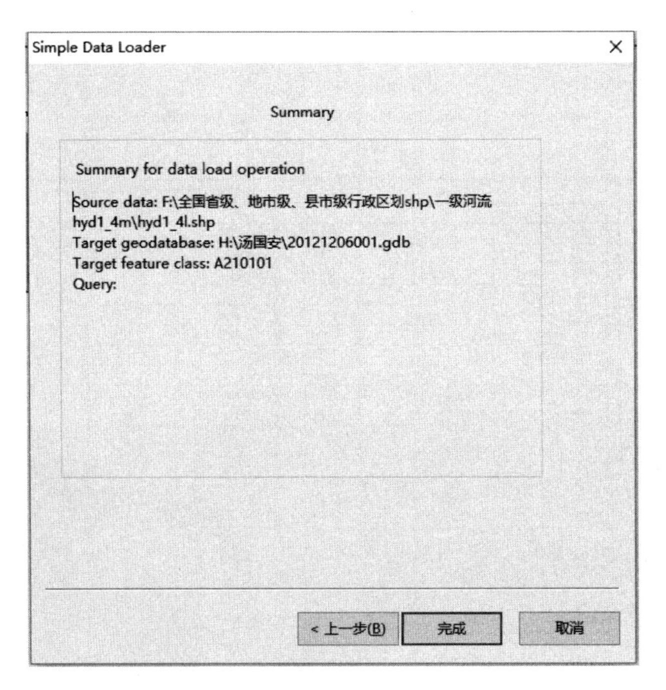

图 6-23　单击“完成”按钮后加载数据

⑧ 数据加载完毕后，在 ArcCatalog 中单击 A200000，在右边的预览(Preview)窗口中，可以看到预览的地理数据——线状水系，如图 6-24 所示。

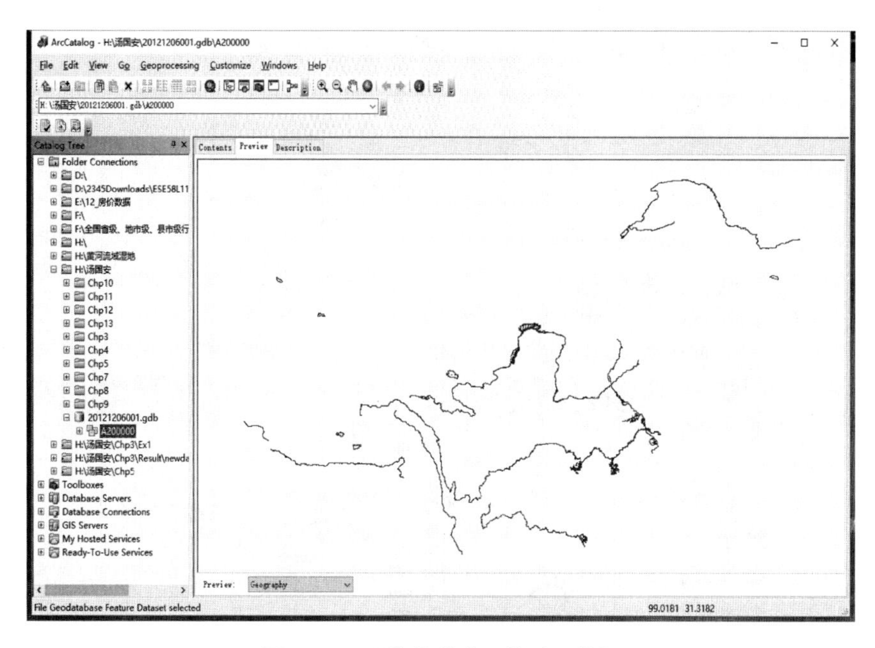

图 6-24　预览线状水系的地理数据

⑨ 在界面下边的预览(Preview)下拉框中选择 Table,可以查看线状水系的属性数据,如图 6-25 所示。

OBJECTID *	SHAPE *	FNODE_	TNODE_	LPOLY_	RPOLY_	LENGTH	HYDL_4M_	HYDL_4M_ID	GBCODE	NAME	LEVEL_RIVE	LEVEL_LAKE
1	Polyline	18	18	6	4	0.075	1	1359	23010	克鲁伦河	3	1
2	Polyline	19	19	5	4	0.111	2	1359	23010	克鲁伦河	3	1
3	Polyline	21	21	7	4	0.104	3	1359	23010	克鲁伦河	3	1
4	Polyline	29	32	10	13	0.418	4	355	21011	乌加河([illegible])	4	0
5	Polyline	31	33	11	12	0.094	5	346	21011	黄河	1	0
6	Polyline	34	30	11	13	0.009	6	346	21011	黄河	1	0
7	Polyline	34	33	15	11	0.289	7	346	21011	黄河	1	0
8	Polyline	33	36	17	12	0.222	8	346	21011	黄河	1	0
9	Polyline	35	36	12	14	0.045	9	346	21011	黄河	1	0
10	Polyline	32	37	10	16	0.24	10	355	21011	乌加河([illegible])	4	0
11	Polyline	38	34	15	13	0.359	11	346	21011	黄河	1	0
12	Polyline	37	39	10	18	0.31	12	346	21011	黄河	1	0
13	Polyline	38	41	21	15	0.345	13	346	21011	黄河	1	0
14	Polyline	36	42	20	14	0.387	14	346	21011	黄河	1	0
15	Polyline	37	43	18	19	0.477	15	355	21011	乌加河([illegible])	4	0
16	Polyline	44	44	18	24	0.135	16	355	23010	乌加河([illegible])	4	3
17	Polyline	40	45	23	18	0.221	17	355	23010	乌加河([illegible])	4	2
18	Polyline	46	46	26	23	0.031	18	355	23010	乌加河([illegible])	4	3
19	Polyline	47	37	16	19	0.417	19	346	21011	黄河	1	0
20	Polyline	48	43	19	22	0.707	20	346	21011	黄河	1	0
21	Polyline	49	32	13	16	0.591	21	346	21011	黄河	1	0
22	Polyline	49	38	21	13	0.387	22	346	21011	黄河	1	0
23	Polyline	51	50	22	27	0.268	23	355	23010	乌加河([illegible])	4	3
24	Polyline	52	52	27	29	0.061	24	355	23010	乌加河([illegible])	4	3
25	Polyline	54	54	30	31	0.043	25	346	21011	黄河	1	0
26	Polyline	55	55	32	30	0.023	26	346	21011	黄河	1	0
27	Polyline	51	53	28	22	0.463	27	346	21011	黄河	1	0
28	Polyline	49	56	16	21	0.168	28	346	21011	黄河	1	0
29	Polyline	41	56	21	25	0.191	29	346	21011	黄河	1	0
30	Polyline	57	57	27	33	0.052	30	355	23010	乌加河([illegible])	4	3

图 6-25　预览线状水系的属性数据

接下来,可以按照以上步骤,把 Exercise Data1 中提供的源数据导入到数据库中。

(5) 新建表。

某些要素类的属性信息过多,为合理设计数据库结构,提高数据库的访问效率,可将部分数据存储到表中。如果要访问该表,则需为该表和相应的要素类建立关系类。

① 如图 6-26 所示，在数据库上右击，选择 New →Table 项。

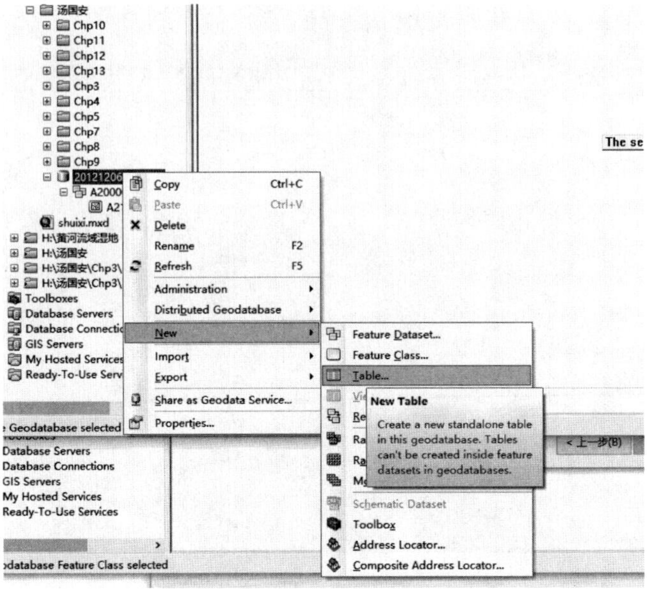

图 6-26　新建表

② 在弹出的 New Table 界面中，设置属性字段，如为该表命名，使用默认配置关键字，并在字段编辑界面添加自己想要的各个字段等，如图 6-27 所示。

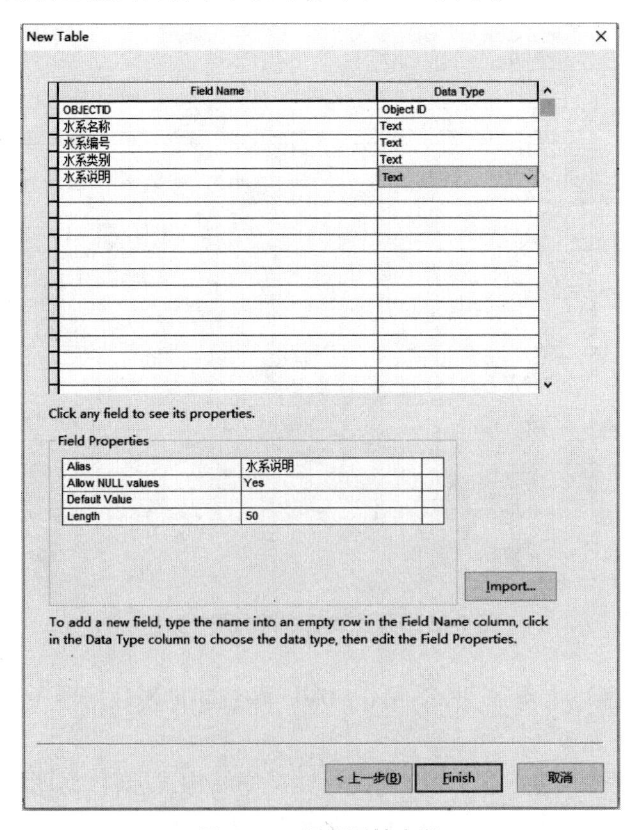

图 6-27　设置属性字段

③ 单击 Finish 按钮后，在数据库中可以看到新建的表，如图 6-28 所示。

图 6-28　新建的表

④ 然后在 ArcMap 中对该表进行编辑，可以录入数据，也可以直接在该表上加载数据，如 Excel 数据等，如图 6-29 所示。

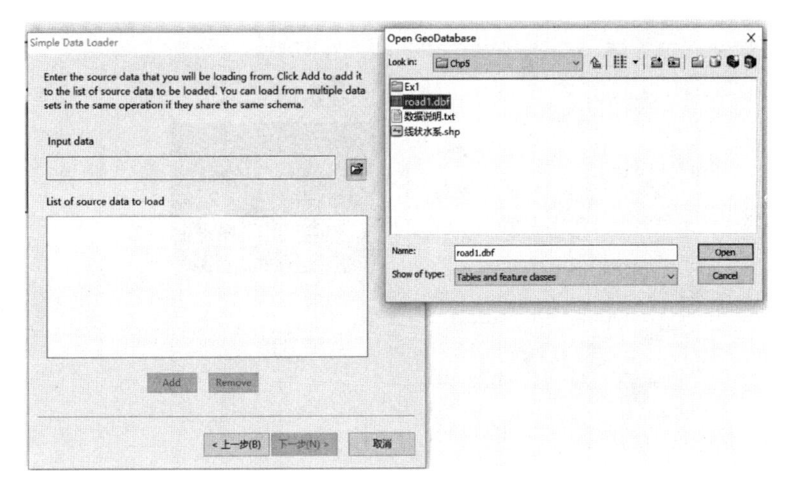

图 6-29　在表上加载数据

(6) 建立关系类。

① 新建完表并录入相关属性信息后，要为该表和相应的要素类建立关系类，打开步骤如图 6-30 所示。

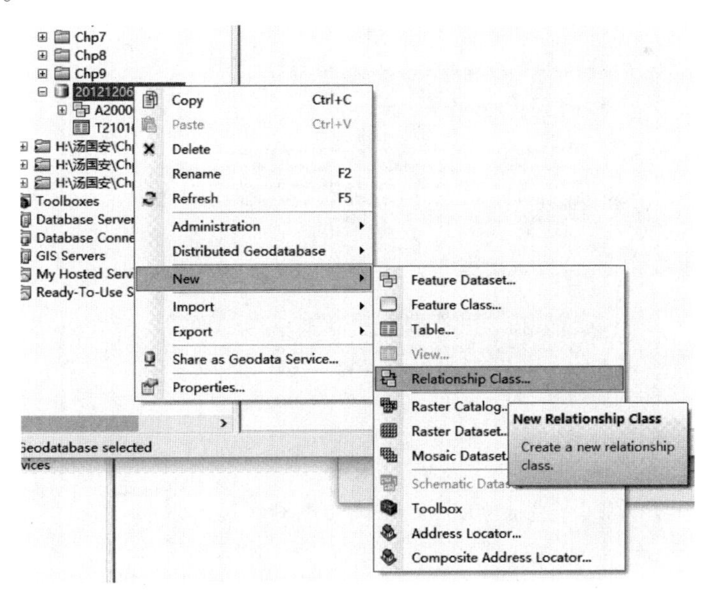

图 6-30　新建关系类的打开步骤

② 接下来完成下面的操作：选择相关联的表和要素类，选择关系类的类型，选择信息传递的方向，选择表间的关系类型，是否为关系类添加属性，为表的连接指定主键，完成新建关

系类等,如图 6-31～图6-37所示。

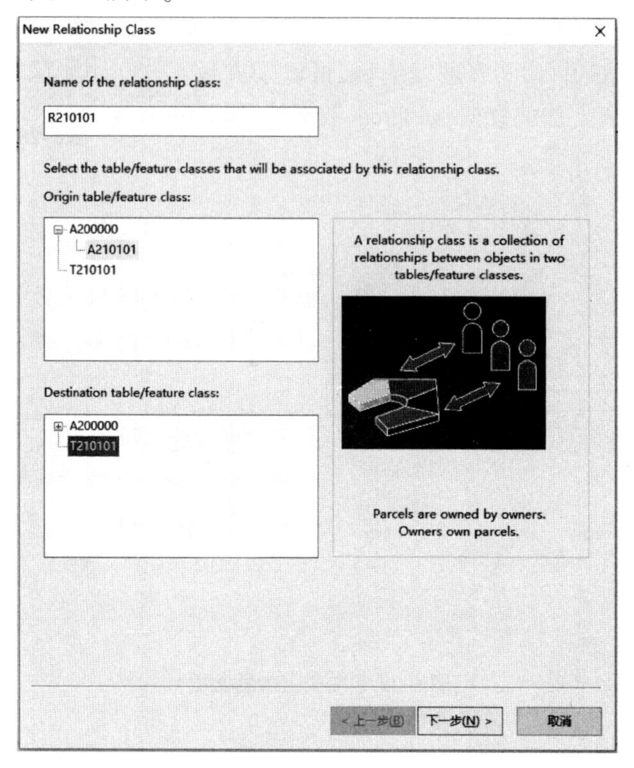

图 6-31　选择相关联的表和要素类

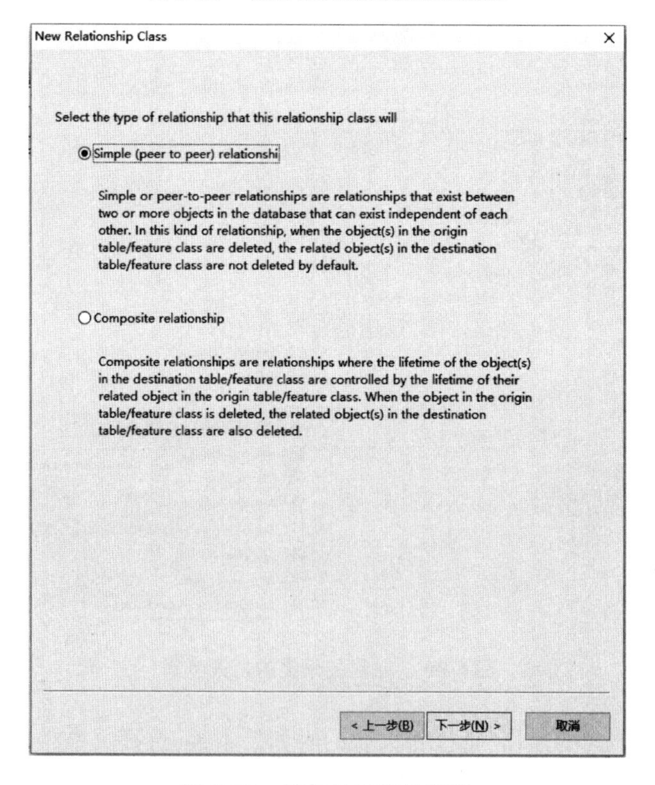

图 6-32　选择关系类的类型

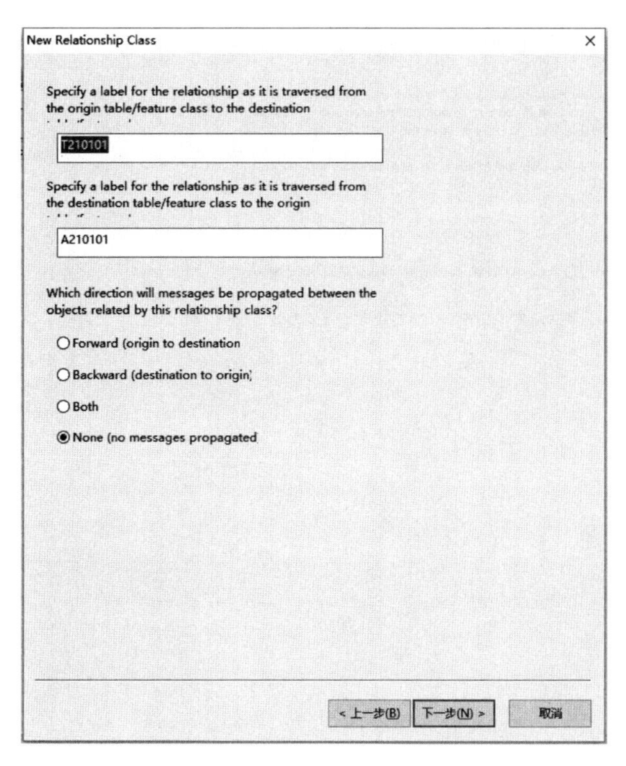

图 6-33　选择信息传递的方向

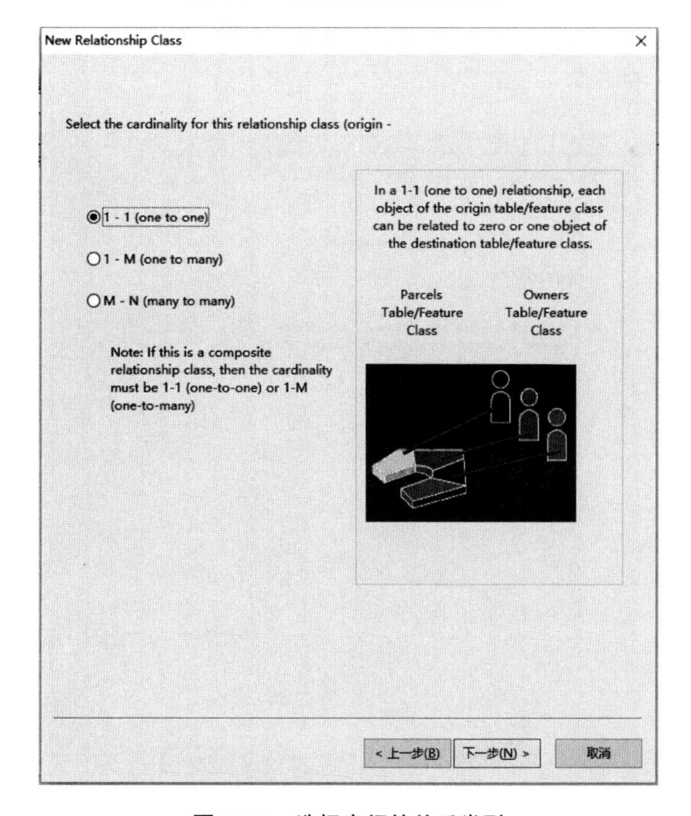

图 6-34　选择表间的关系类型

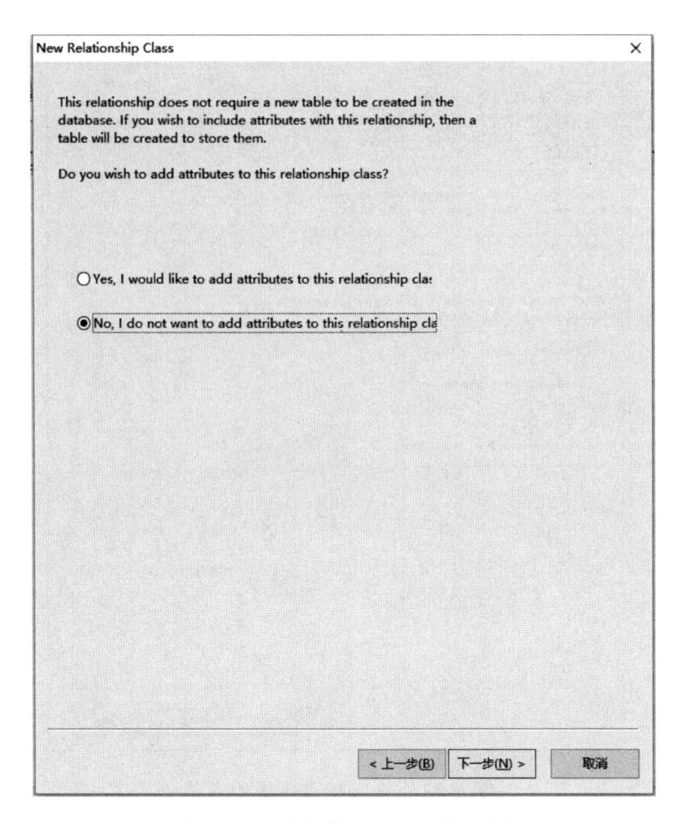

图 6-35　是否为关系类添加属性

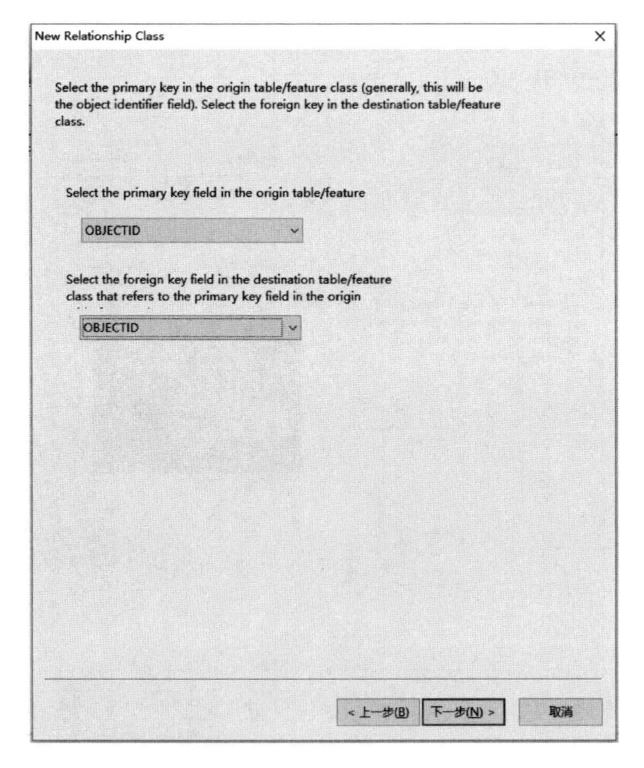

图 6-36　为表的连接指定主键

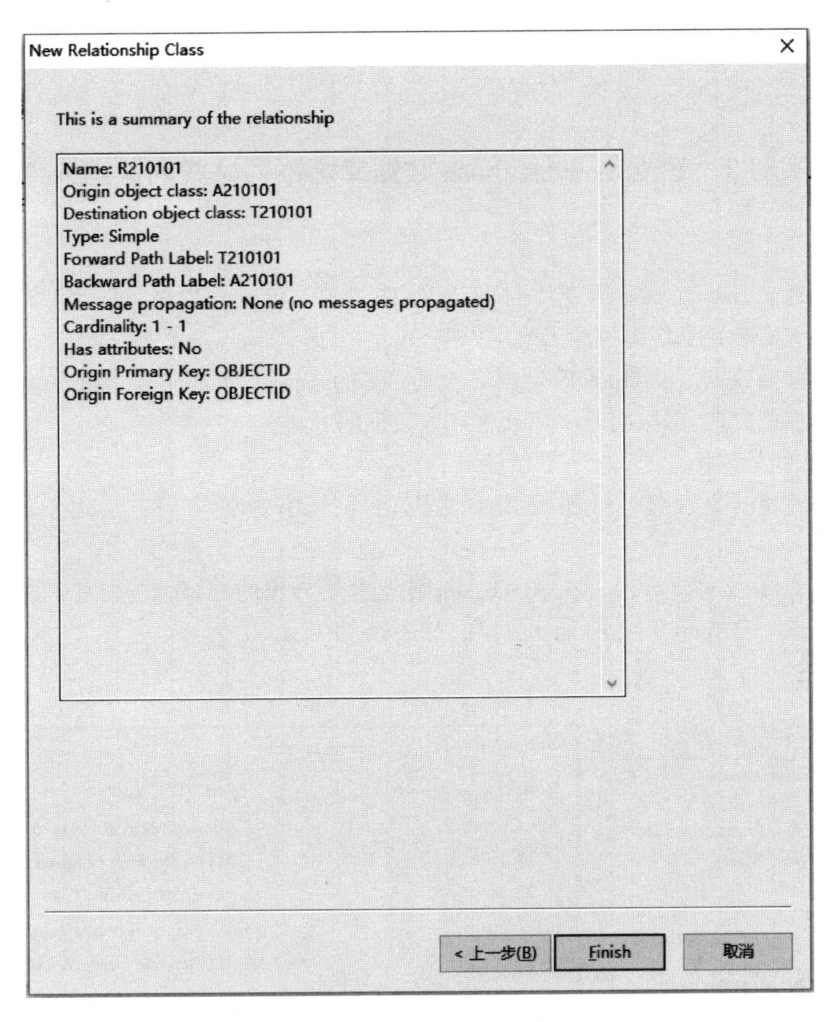

图 6-37 完成新建关系类

③ 单击 Finish 按钮后,可在 ArcCatalog 中看到新建的关系表,如图 6-38 所示。

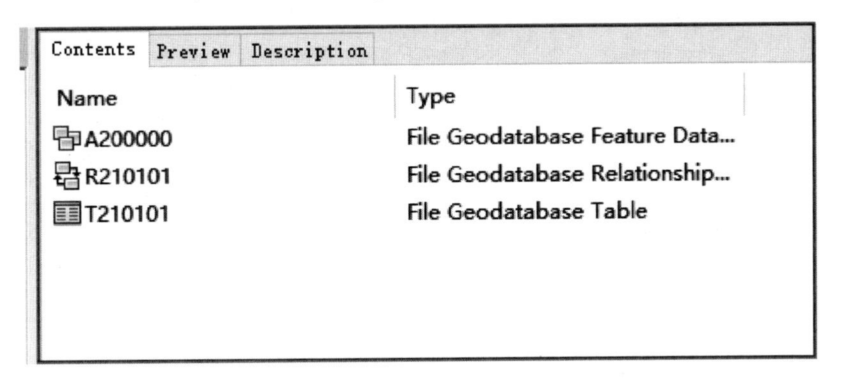

图 6-38 新建的关系表

按照以上步骤,为数据库中的表和要素建立必要的所有关系类。

实验2 建立 Geodatabase 数据库之不同格式的数据入库

如果在建立 Geodatabase 数据库时，有其他格式的矢量数据提供，可以将不同格式的数据入库。本次实验要求将提供的 CAD 数据、Shape 数据、Coverage 数据、其他 Geodatabase 数据和 Raster 栅格数据以及 MapGIS 数据导入到 Geodatabase 数据库中。本章实验1是在新建的要素类上加载数据，本次实验采用其他导入数据的方法。

1. CAD 数据转换

除了在新建的要素类上可加载 CAD 数据之外，还有两种常用方法用于 CAD 数据的转换。

(1) 在 CAD 文件上导出。在 ArcCatalog 中选择要导出的 CAD 数据，右击选择 Export→To Geodatabase →Export To Geodatabase 项，如图 6-39 所示。

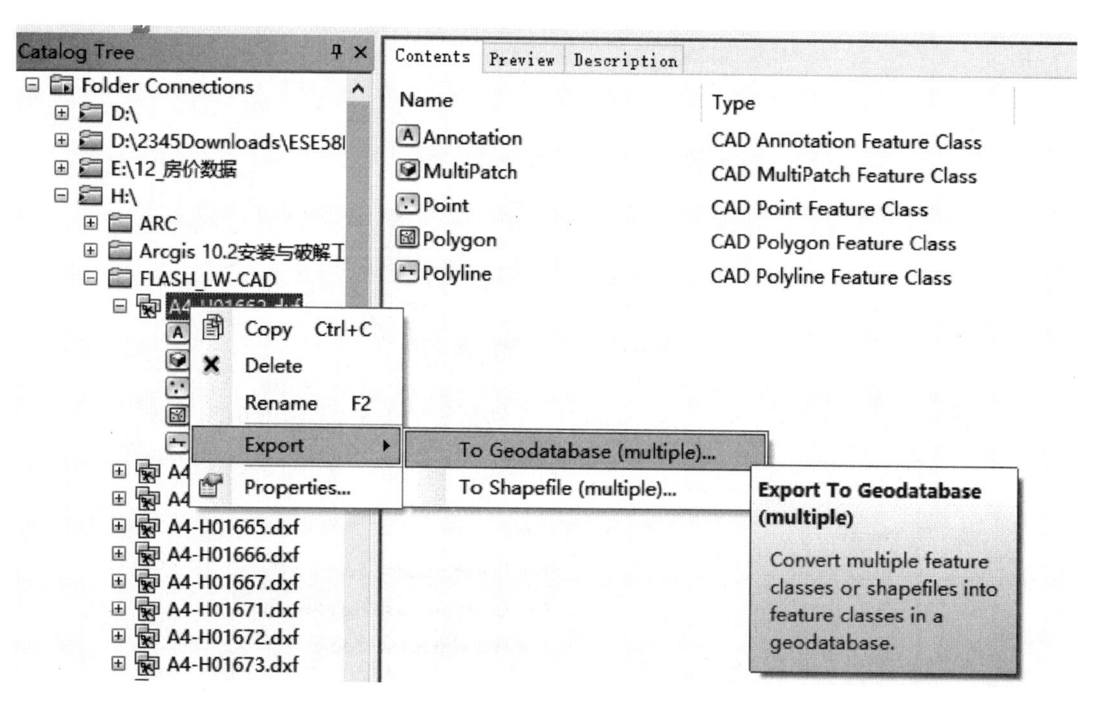

图 6-39 CAD 批量转出至 Geodatabase 数据库

也可以选择单个 CAD 要素层，导出至数据库，在打开的转换对话框中设置输入图层，输入、输出要素类的位置和名字，如图 6-40、图 6-41 所示。

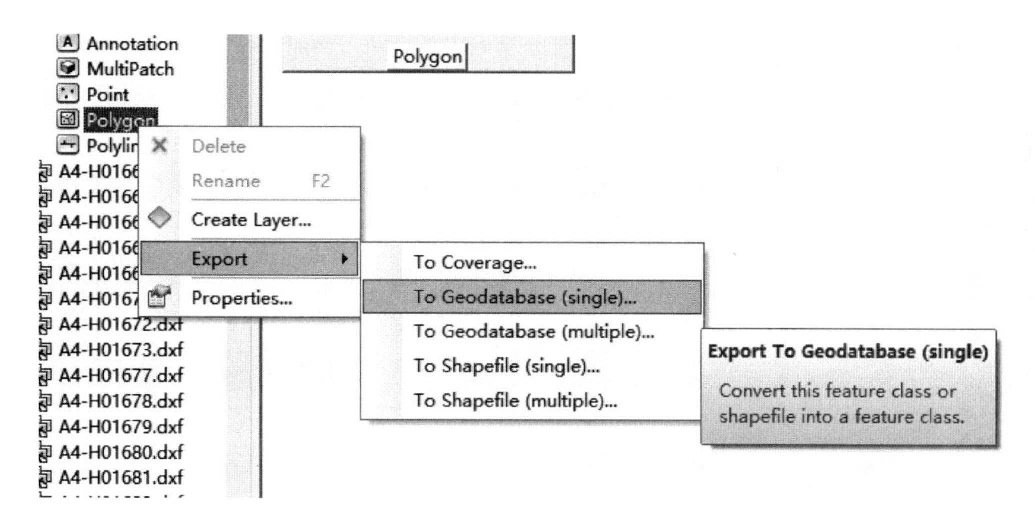

图 6-40　CAD 单个转出至 Geodatabase 数据库

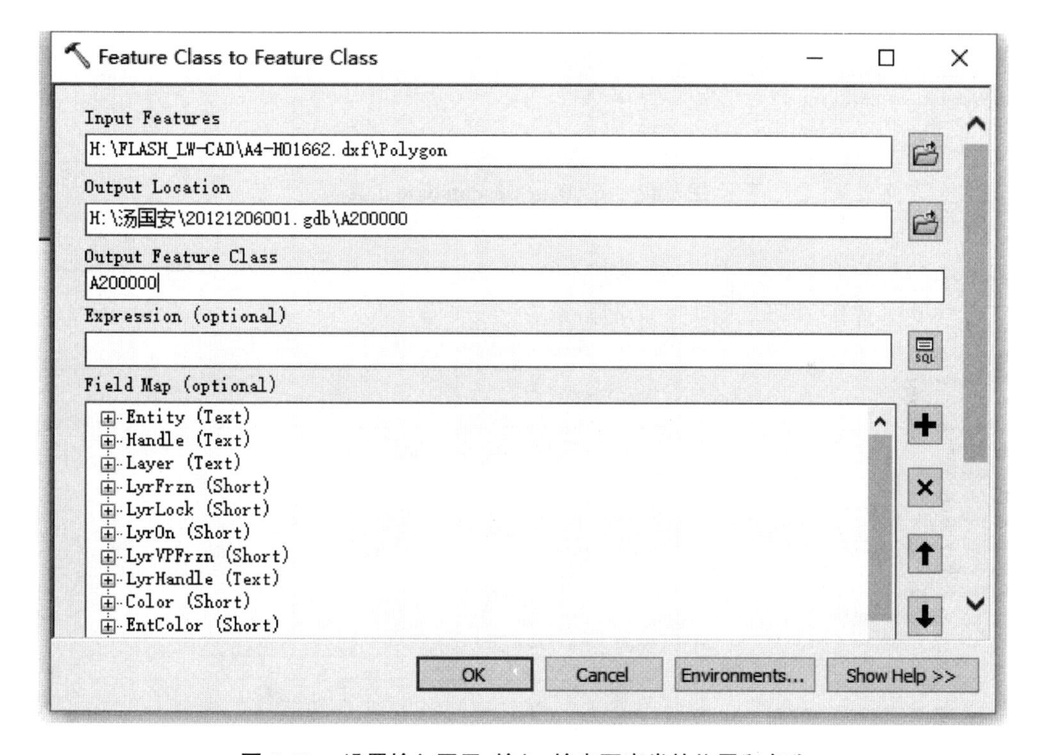

图 6-41　设置输入图层,输入、输出要素类的位置和名称

(2) 在 ArcToolbox 中使用工具进行转换。

在 ArcToolbox 的转换工具——To Geodatabase 中,可以选择 CAD to Geodatabase 工具,该工具可将 CAD 数据集全部转入 Geodatabase 中,如图 6-42 所示。

需要注意的是,CAD 的注记要使用导入 CAD 注记(Import CAD Annotation)工具,如图 6-43所示。

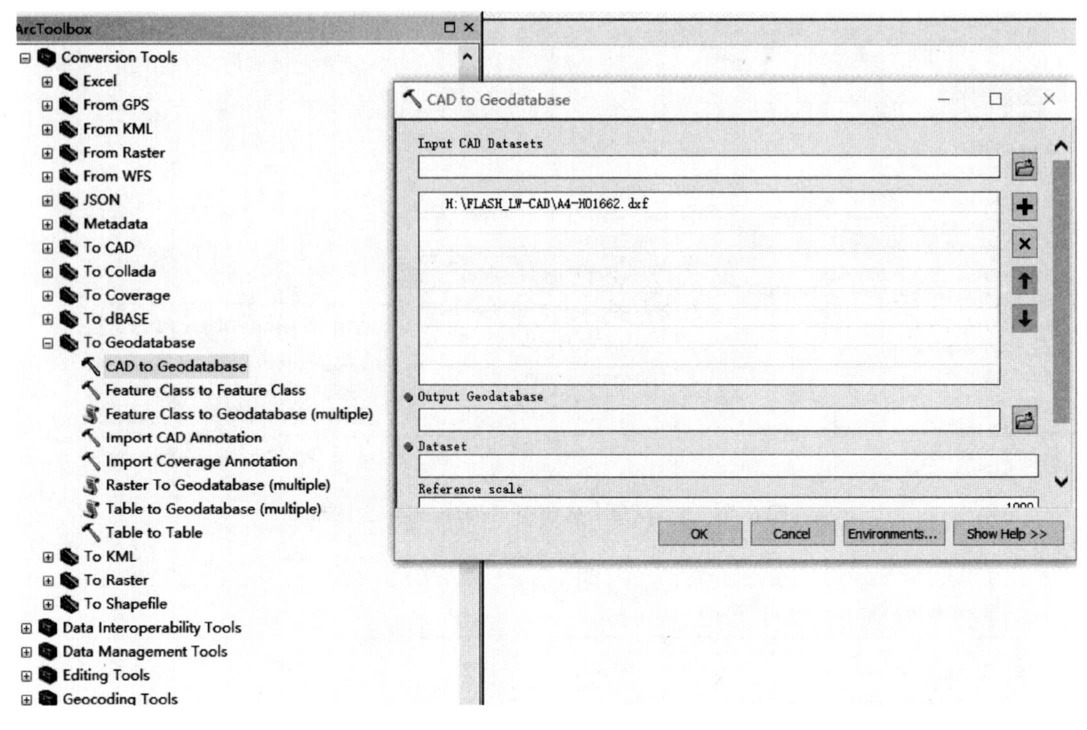

图 6-42　CAD to Geodatabase 工具

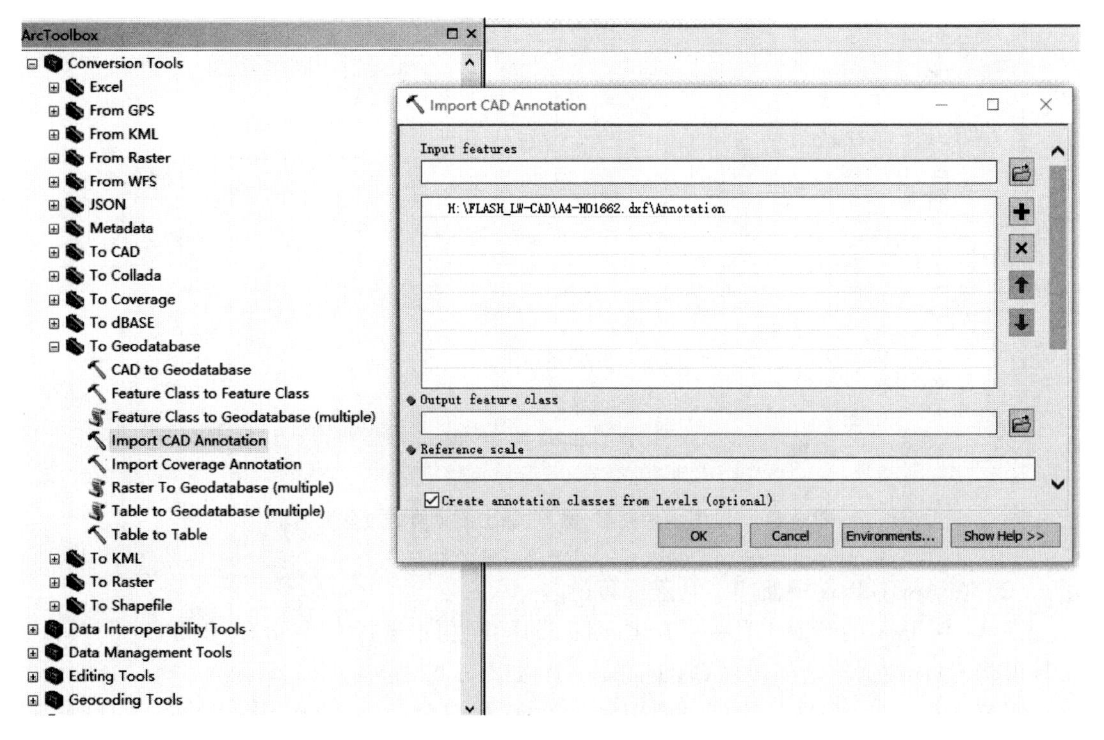

图 6-43　Import CAD Annotation 工具

2. Shape 数据、Coverage 数据、其他 Geodatabase 数据和 Raster 栅格数据转换

与 CAD 的转换方法相似,除了直接在空要素类上加载 Shape 数据、Coverage 数据、其他 Geodtabase 数据和 Raster 栅格数据以外,常用两种方法转换这些格式的数据,即将数据导出至 Geodatabase 数据库和在 Conversion Tools(转换工具箱)中选择相应的工具进行转换。下面以 Shape 数据为例,其转换方法如图 6-44、图 6-45 所示。

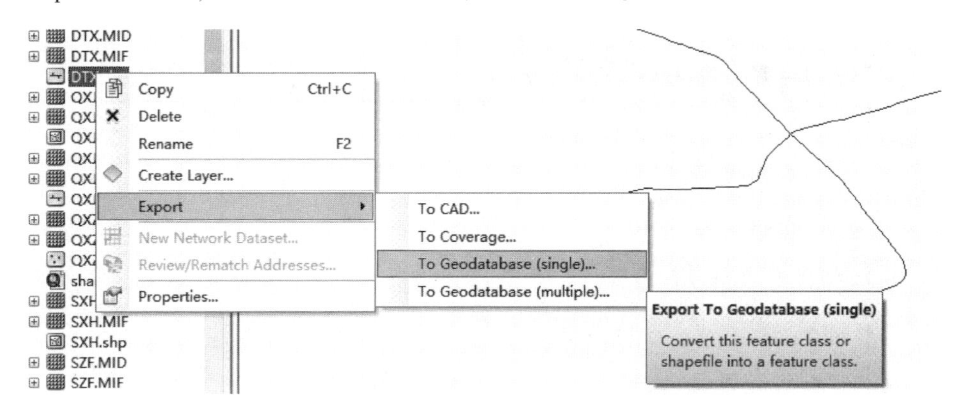

图 6-44　将 Shape 数据导出至 Geodatabase 数据库

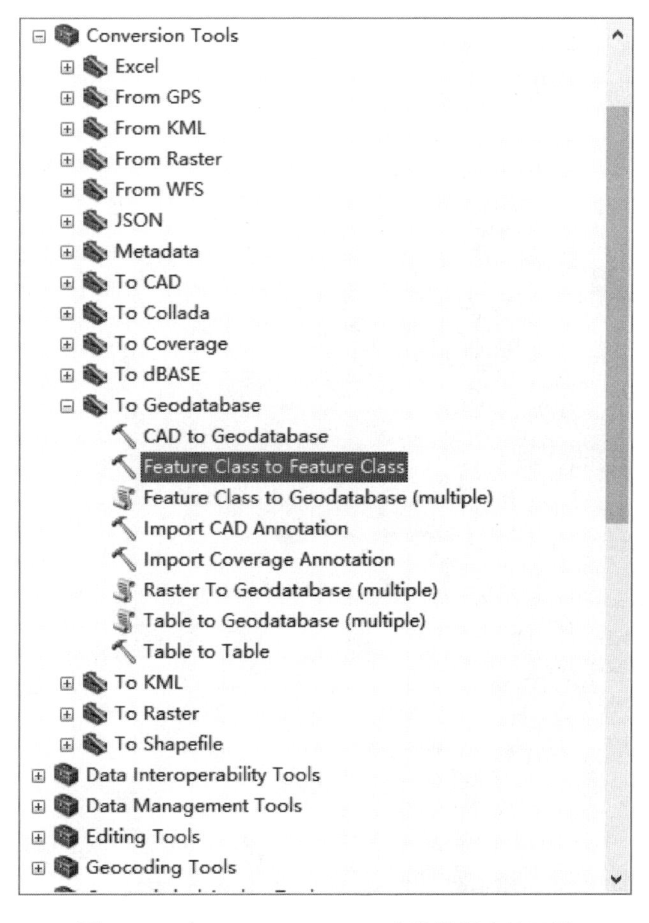

图 6-45　在 Conversion Tools 中选择相应的工具

3. MapGIS 数据转换

通常先把 MapGIS 数据转为 Shape 格式,再由 Shape 格式转入 Geodatabase 数据库中。下面,以 MapGIS 6.7 为例来说明具体操作。

(1) 打开文件转换程序,如图 6-46 所示。

图 6-46　文件转换程序

(2) 在文件菜单中装入要转换的 MapGIS 数据,如图 6-47 所示。

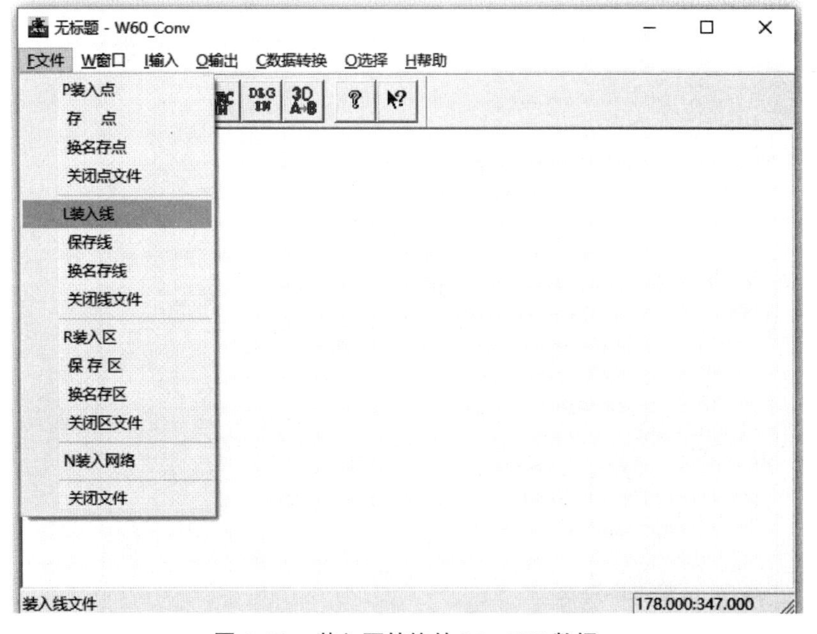

图 6-47　装入要转换的 MapGIS 数据

(3) 选择"输出"→"输出 SHAPE 文件"项并保存,如图 6-48、图 6-49 所示。

图 6-48　选择"输出"→"输出 SHAPE 文件"项

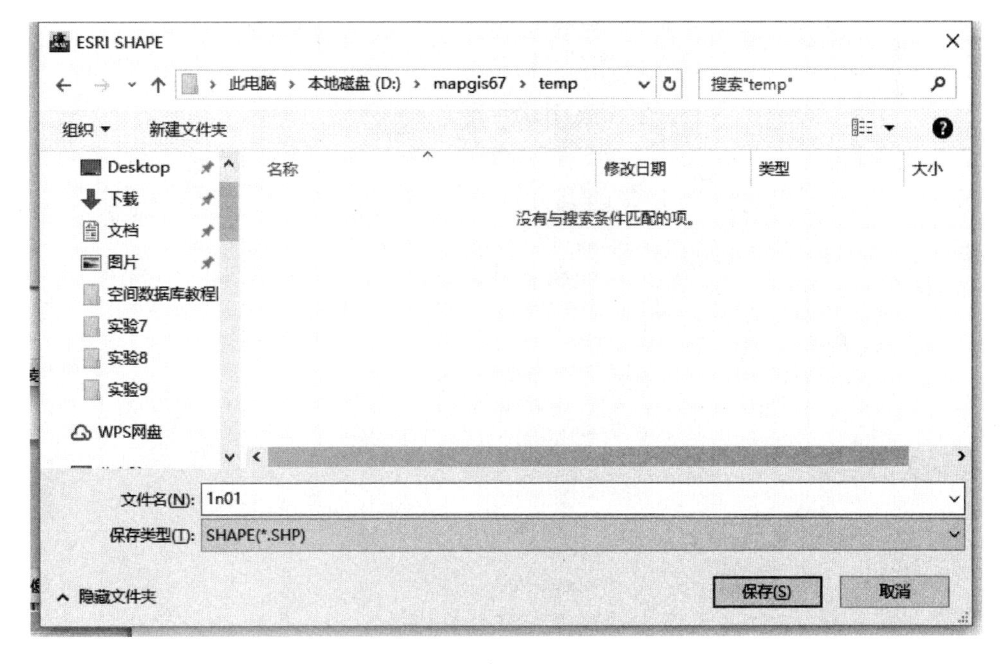

图 6-49　保存为 SHAPE 格式

实验 3　建立 Geodatabase 数据库之图形数据配准

如果 Geodatabase 数据库中要求输入的某些矢量数据没有现成的,则需要我们进行矢量化入库。在图纸扫描后,需要进行配准,再进行矢量化,本次实验要求完成提供的某实验区的 DEM 的配准。

所有图件扫描后都必须经过配准,对扫描后的栅格图进行检查,以确保矢量化工作顺利进行。对影像的配准有很多方法,下面介绍一种常用方法:

(1) 打开 ArcMap,增加地理配准工具条。在 ArcMap 工具栏的空白处右击,在菜单中选择 Georeferencing(地理配准)项,ArcMap 的界面上就会出现 Georeferencing 工具条,如图 6-50、图 6-51 所示。

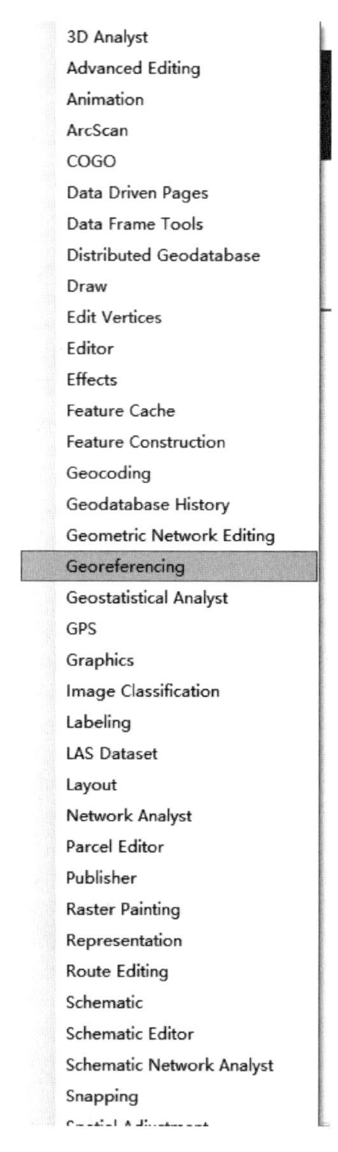

图 6-50　在菜单中选择 Georeferencing 项

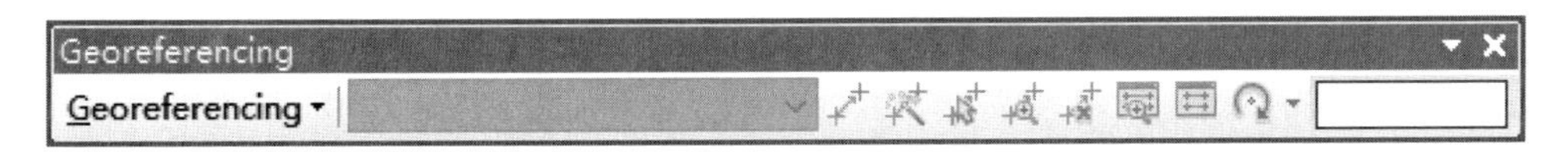

图 6-51　Georeferencing 工具条

(2) 当把需要进行配准的影像增加到 ArcMap 中以后,Georeferencing 工具条中的工具被激活。Georeferencing 工具条在 ArcMap 未加载栅格图时处于未激活状态,只有在加载栅格图后,才会处于激活状态。如图 6-52 所示,可对导入的栅格图 dem50. jpg 文件进行配准。

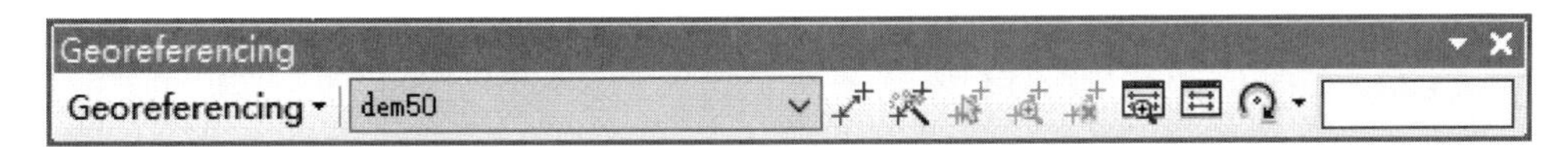

图 6-52　对导入的栅格图 dem50. jpg 文件进行配准

(3) 在配准时需要知道一些特殊点的坐标。一般选取经纬网的交点或明显的特征点,这些点应该均匀分布。可以通过如下方法输入已知坐标的精确点。

建立一个文本文件,输入如下数值:

```
x, y
    107, 39.5
    107.5,36
    105, 39
    104.5, 36.5
```

其中,x 表示经度,y 表示纬度,上述数值是 DEM 图中处于 4 个边角位置的经纬网交点的经纬度,至少要选取 4 个点。

保存文本文件,选择 File→Add Data → Add XY Data 项,如图 6-53 所示。

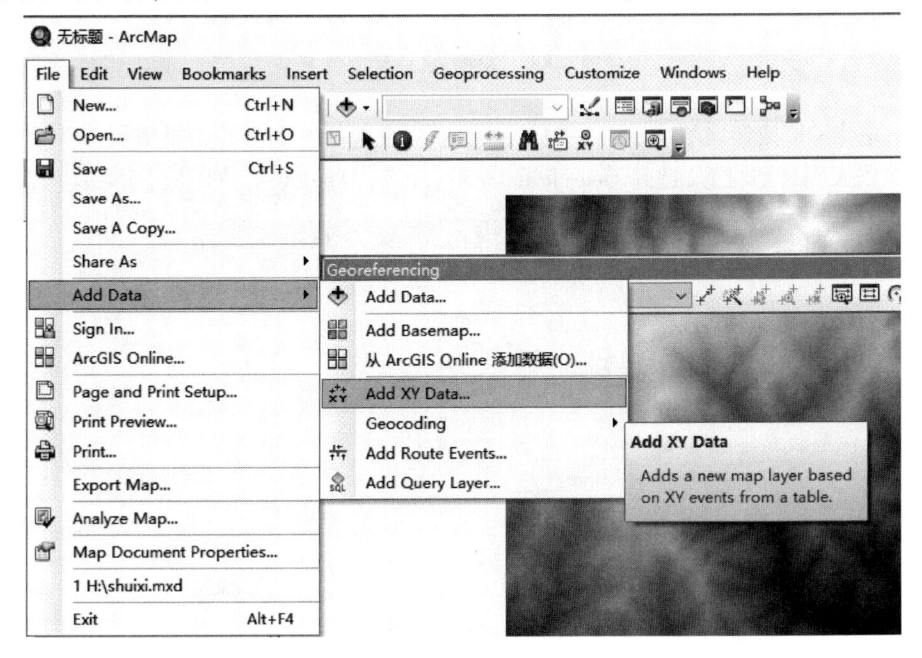

图 6-53　添加 XY 数据

在打开的对话框中,选择刚建好的 TXT 格式文件(或指定的数据表),指定相应的坐标字段,如图 6-54 所示。

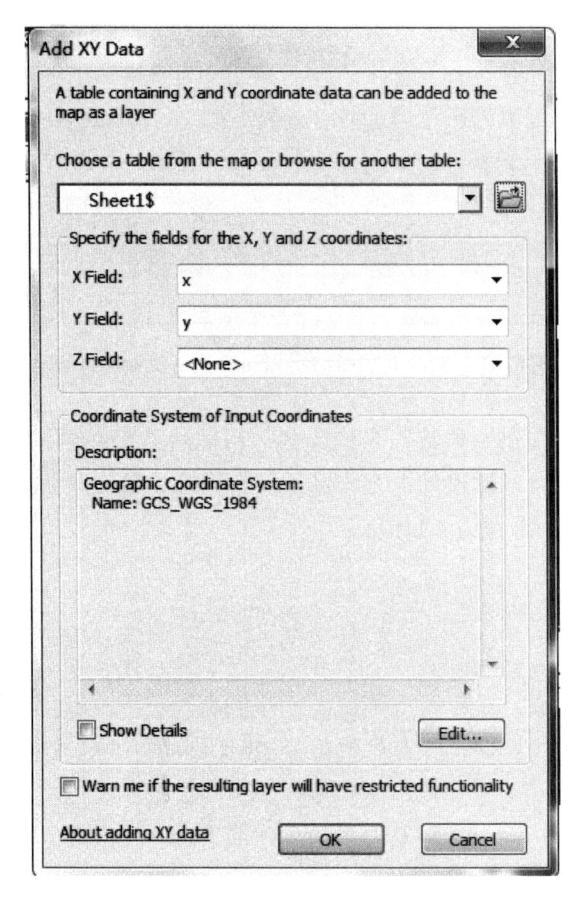

图 6-54　选择 txt 格式文件

(4) 单击 OK 按钮之后,会在 ArcMap 中显示一个包括 4 个点的矢量图层,将 4 个点在显示窗口中放大到合适位置,选择 Georeferencing→Fit To Display 项,如图6-55所示。

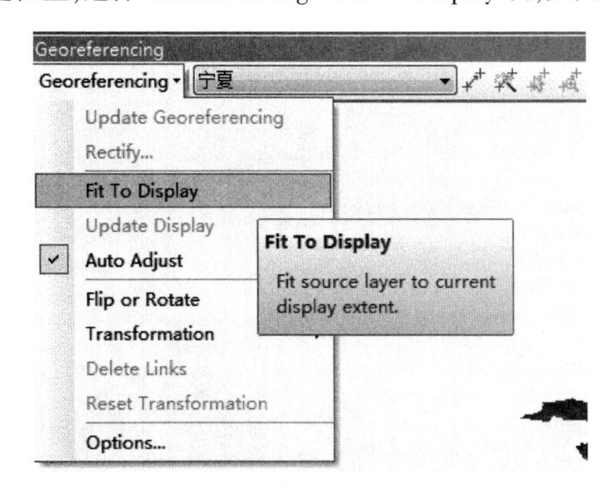

图 6-55　选择 Georeferencing→Fit To Display 项

最终可将矢量点和栅格图大致调整到近似的相应位置。

(5) 在 Georeferencing 工具条上,单击"添加控制点"按钮,使用该工具在扫描图上精确找到一个经纬点单击,再在对应的矢量经纬点上单击。用相同的方法,在影像上增加多个经纬点,注意经纬点要分布均匀,先单击扫描图再单击经纬点,如图 6-56 所示。

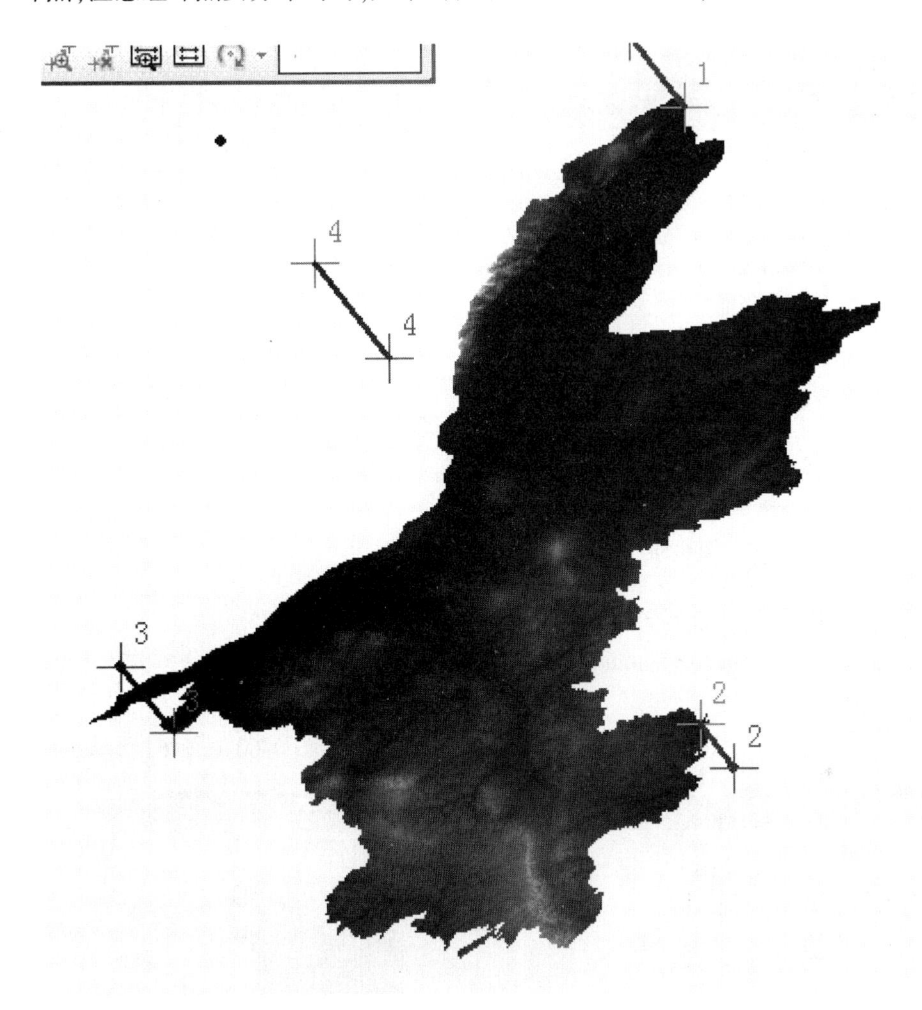

图 6-56　粗调至适应位置

按照以上方法把地图上 4 个控制点设置完毕,就可得到配准好的栅格图。

在配准好的图上移动鼠标,图上各点的位置就是真实的经纬度,可在影像下方的信息栏中看到。

(6) 不使用 TXT 格式文件,直接在图上输入坐标。

如果不想使用 TXT 格式文件输入矢量点,也可以直接在图上输入,在 Georeferencing 工具条上,单击"添加控制点"按钮,使用该工具在扫描图上精确找到一个经纬点单击,然后再右击,在对话框中输入该点的经纬度值,如图 6-57、图 6-58 所示。

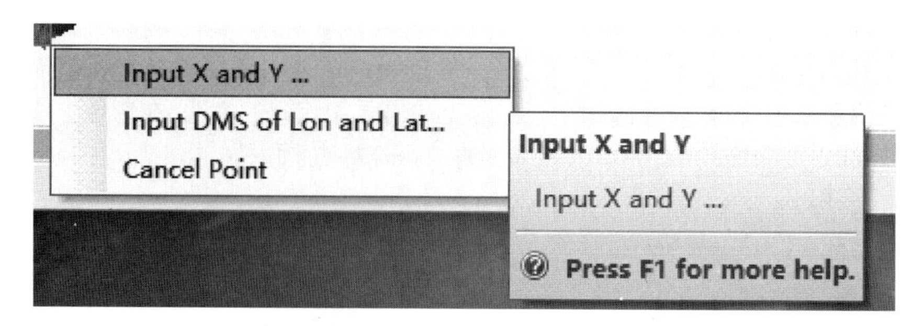

图 6-57　输入 X 和 Y 坐标

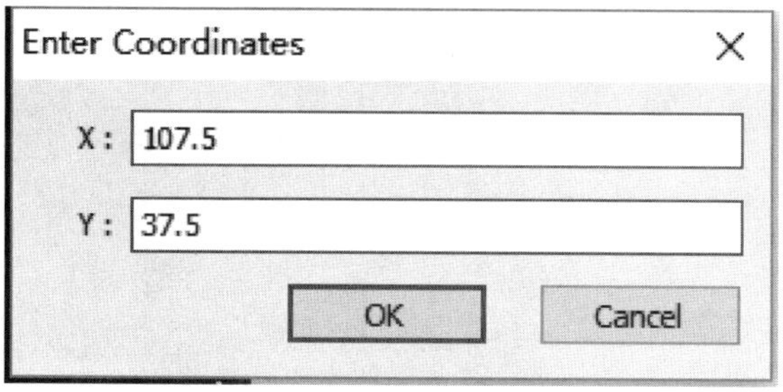

Enter Coordinates

X: 107.5

Y: 37.5

OK　Cancel

图 6-58　输入控制点的经纬度值

用相同的方法，在影像上增加多个控制点，输入它们的实际坐标。

(7) 控制点设置完毕后，选择 Georeferencing→Update Display 项，如图 6-59 所示，更新后，就变成真实的坐标。

(8) 选择 Georeferencing→Rectify 项，将纠正后的影像另存，如图 6-60、图6-61所示。

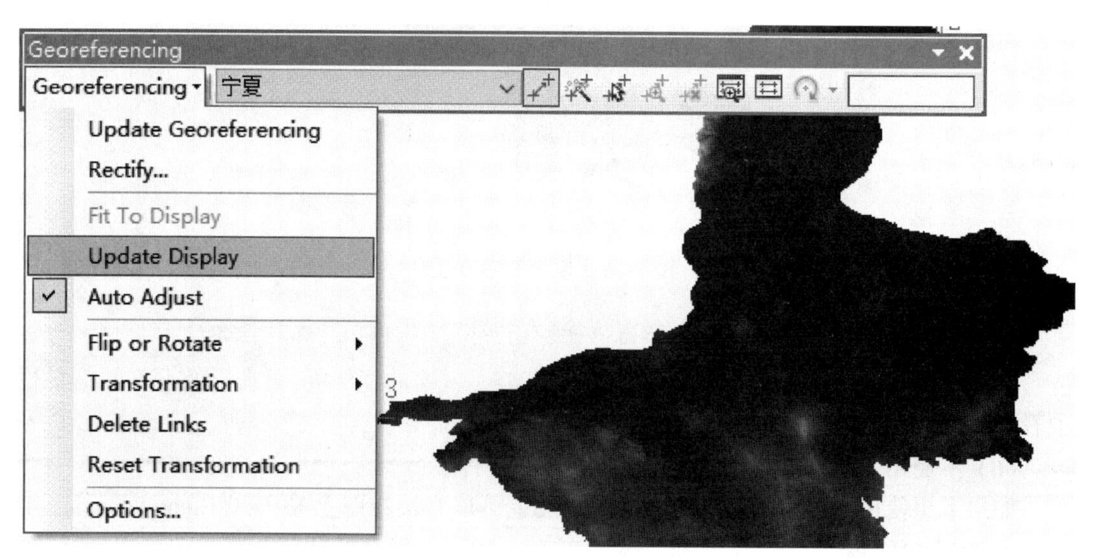

图 6-59　选择 Georeferencing

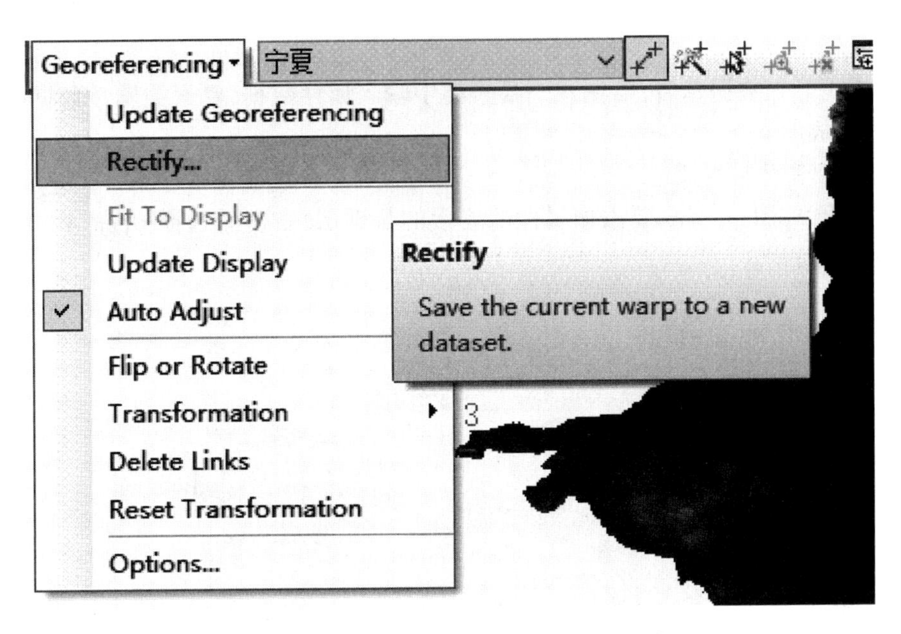

图 6-60 选择 Georeferencing→Rectify 项

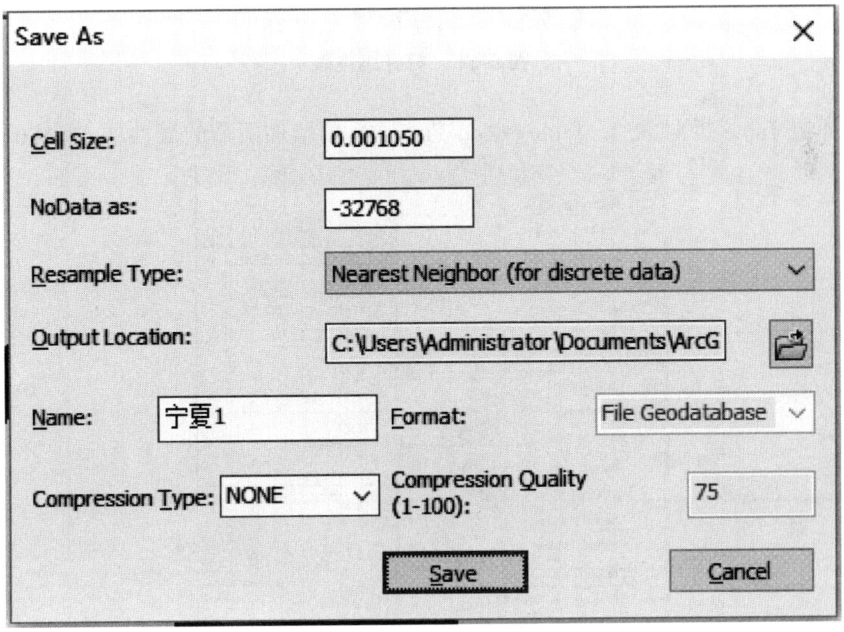

Save As

Cell Size: 0.001050

NoData as: -32768

Resample Type: Nearest Neighbor (for discrete data)

Output Location: C:\Users\Administrator\Documents\ArcG

Name: 宁夏1 Format: File Geodatabase

Compression Type: NONE Compression Quality (1-100): 75

Save Cancel

图 6-61 将纠正后的影像另存

实验 4　建立 Geodatabase 数据库之矢量化数据属性编辑

空间数据导入数据库后，要在各个要素类中输入属性数据，要素类属性数据的编辑在 ArcMap 中完成。

1. 添加要素的属性项

（1）打开 ArcMap，点取要添加属性的要素的数据层，右击后选择 Open Attribute Table 项，如图 6-62 所示。

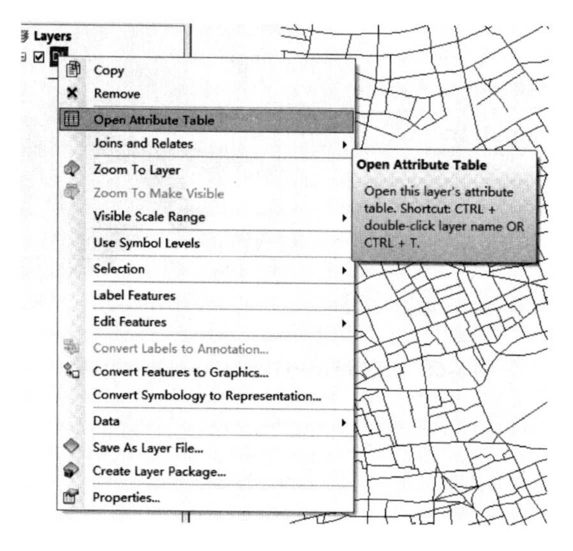

图 6-62　打开属性表

（2）弹出 Table 界面，选择 Table→Add Field 项，可增加所需的属性项，如图 6-63 所示。

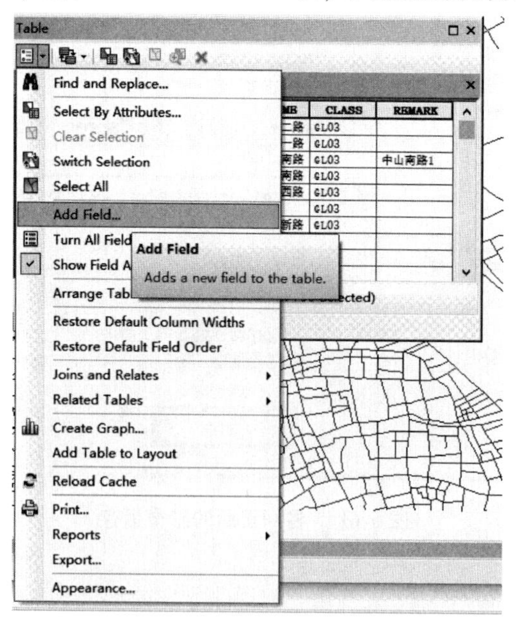

图 6-63　选择 Add Field 命令，可增加所需的属性项

(3) 在 Add Field 界面中可以添加某一字段,如图 6-64 所示。

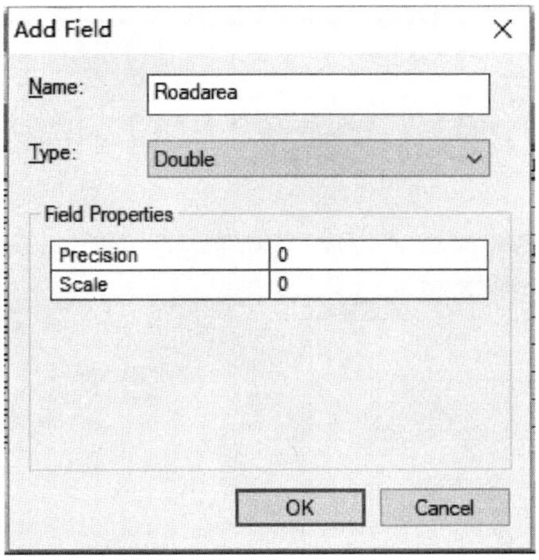

Add Field

Name: Roadarea

Type: Double

Field Properties

Precision	0
Scale	0

OK　Cancel

图 6-64　在 Add Field 界面中可以添加某一字段

(4) 在 Table 界面中出现新建的字段,如图 6-65 所示。

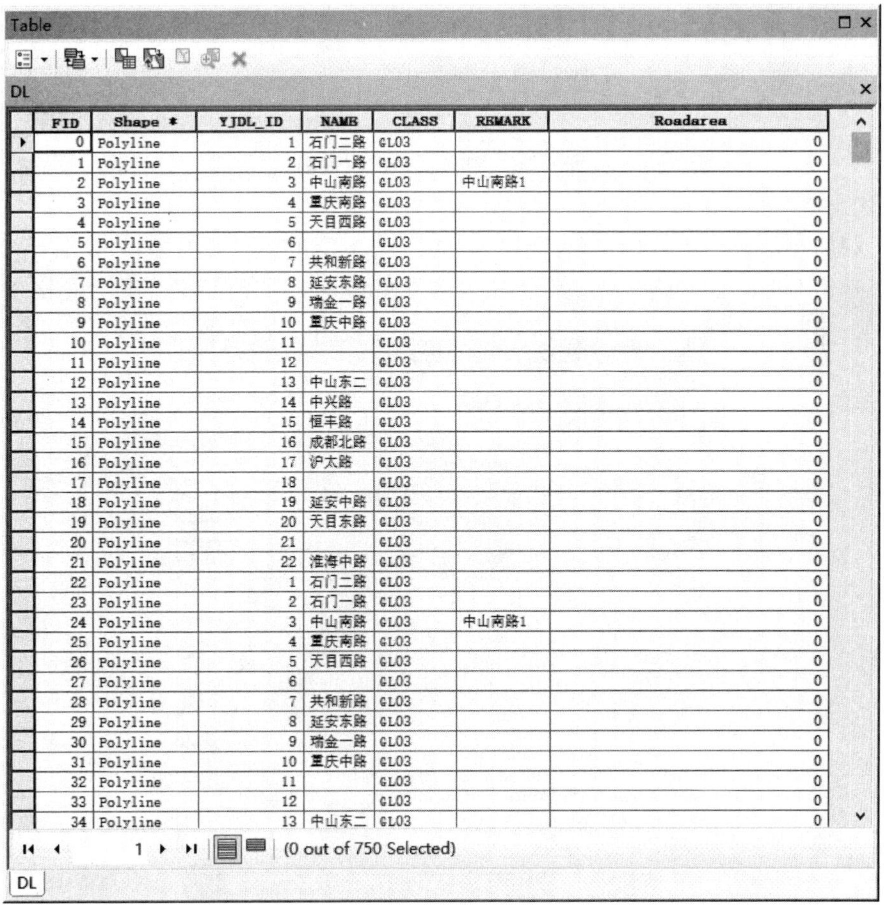

Table

DL

FID	Shape *	YJDL_ID	NAME	CLASS	REMARK	Roadarea
0	Polyline	1	石门二路	GL03		0
1	Polyline	2	石门一路	GL03		0
2	Polyline	3	中山南路	GL03	中山南路1	0
3	Polyline	4	重庆南路	GL03		0
4	Polyline	5	天目西路	GL03		0
5	Polyline	6		GL03		0
6	Polyline	7	共和新路	GL03		0
7	Polyline	8	延安东路	GL03		0
8	Polyline	9	瑞金一路	GL03		0
9	Polyline	10	重庆中路	GL03		0
10	Polyline	11		GL03		0
11	Polyline	12		GL03		0
12	Polyline	13	中山东二	GL03		0
13	Polyline	14	中兴路	GL03		0
14	Polyline	15	恒丰路	GL03		0
15	Polyline	16	成都北路	GL03		0
16	Polyline	17	沪太路	GL03		0
17	Polyline	18		GL03		0
18	Polyline	19	延安中路	GL03		0
19	Polyline	20	天目东路	GL03		0
20	Polyline	21		GL03		0
21	Polyline	22	淮海中路	GL03		0
22	Polyline	1	石门二路	GL03		0
23	Polyline	2	石门一路	GL03		0
24	Polyline	3	中山南路	GL03	中山南路1	0
25	Polyline	4	重庆南路	GL03		0
26	Polyline	5	天目西路	GL03		0
27	Polyline	6		GL03		0
28	Polyline	7	共和新路	GL03		0
29	Polyline	8	延安东路	GL03		0
30	Polyline	9	瑞金一路	GL03		0
31	Polyline	10	重庆中路	GL03		0
32	Polyline	11		GL03		0
33	Polyline	12		GL03		0
34	Polyline	13	中山东二	GL03		0

1　(0 out of 750 Selected)

DL

图 6-65　在 Table 界面中出现新建的字段

注意 当数据层处于图形编辑(开始编辑)状态,Add Field 变灰色显示,表示不可用。

2. 删除要素的属性项

如果要删除某个属性项,可以将鼠标放在属性项上,右击后选择 Delete Field 项,如图6-66 所示。

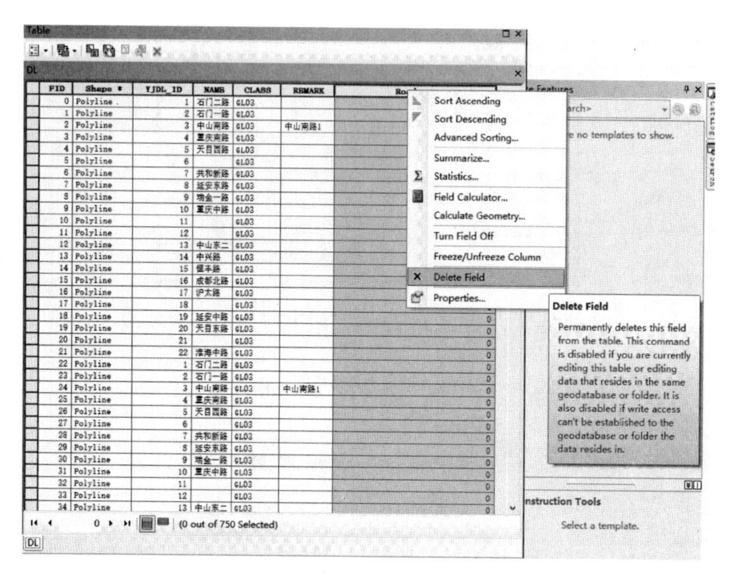

图 6-66 删除要素的属性项

3. 增加或修改属性值

(1) 将数据层设置成编辑状态,选择 Editor→Start Editing 项开始编辑,如图 6-67 所示。

(2) 单击 Editor 工具,选择某要素,右击后选择 Attributes 项查看属性信息,如图 6-68 所示。

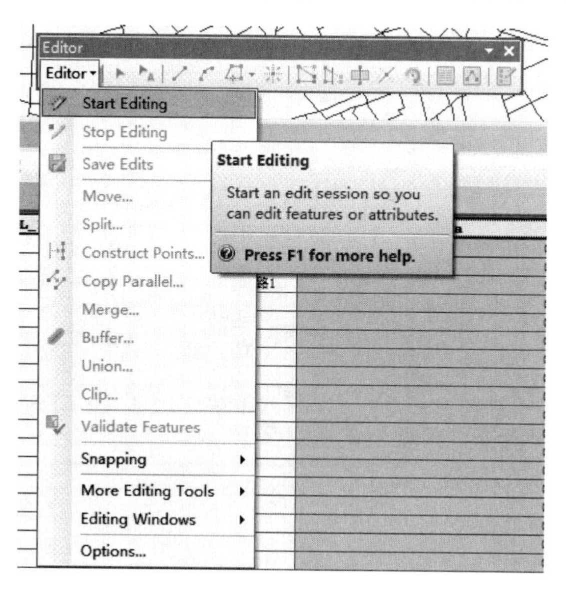

图 6-67 选择 Editor→Start Editing 项开始编辑

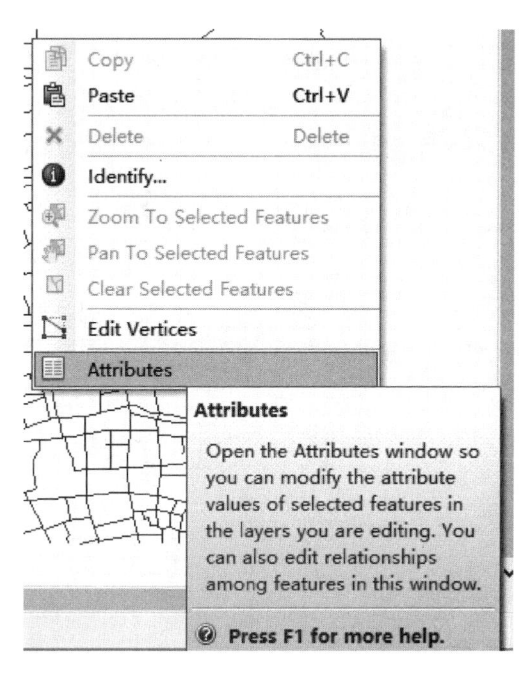

图 6-68　右击后选择 Attributes 项查看属性信息

(3) 进入属性编辑窗口后,即可增加或修改属性值,如图 6-69 所示。

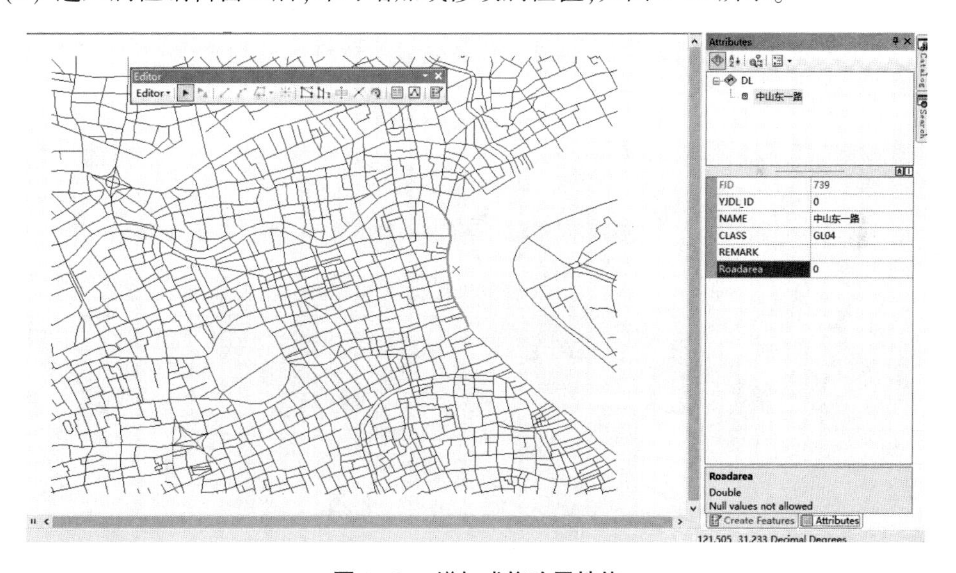

图 6-69　增加或修改属性值

4. 编辑属性表

将数据层设置成编辑状态,选择 Editor→Stert Editing 项。点取编辑要素的数据层,右击后选择 Attributes 项,就可以在属性表里编辑属性,如图6-70所示。

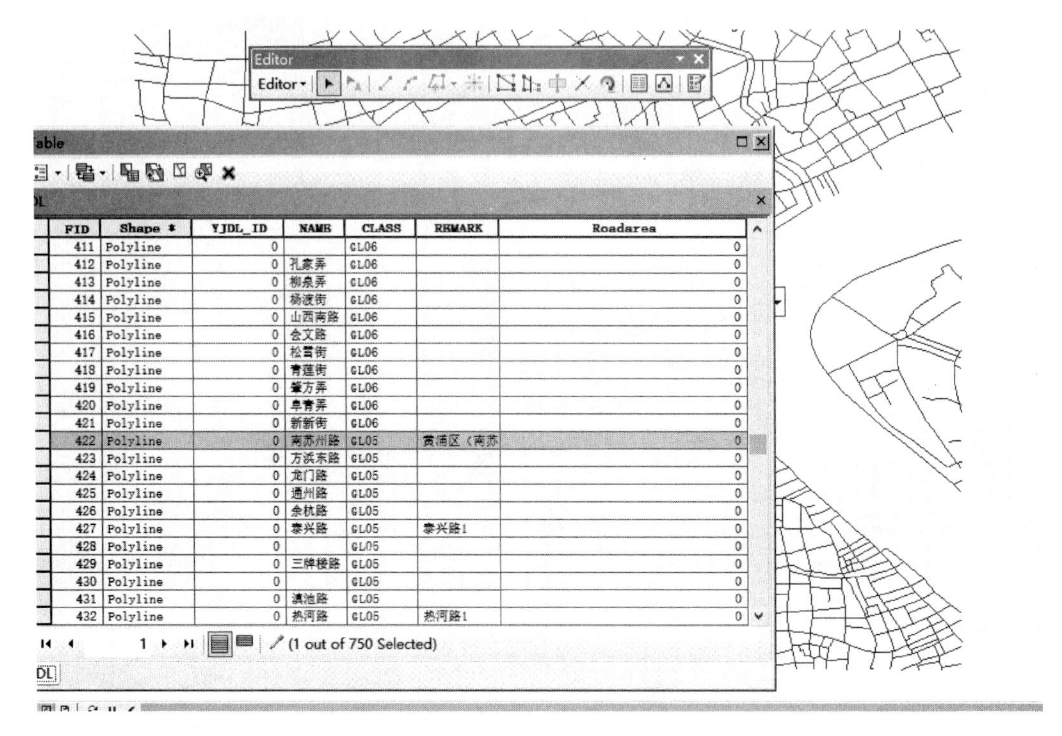

图 6-70　在属性表里编辑属性

也可以在属性表中选择若干行,地图中会高亮显示所选择的地物,可对应进行编辑,如图 6-71 所示。

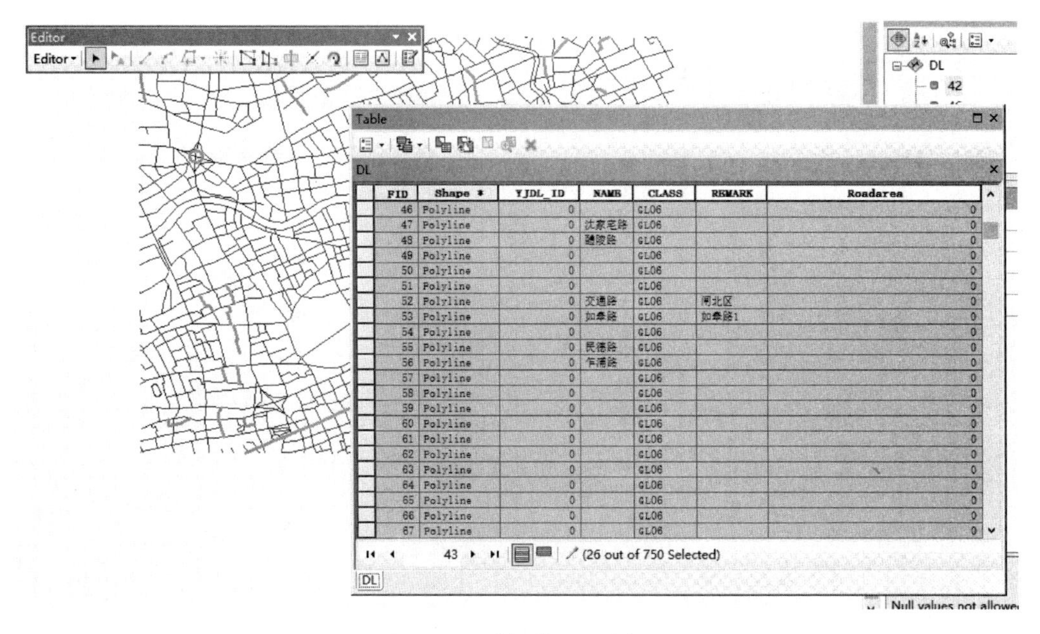

图 6-71　选择若干行编辑

参考文献

[1]杨海霞.数据库实验指导[M].北京:人民邮电出版社,2007.

[2]张宏,乔延春,罗政东.空间数据库实验教程[M].北京:科学出版社,2013.

[3]姜小三.地理信息系统实验[M].北京:国防工业出版社,2014.

[4]汤国安,杨昕,等. ArcGIS 地理信息系统空间分析实验教程[M].2 版.北京:科学出版社,2012.